普通高等教育"十一五"国家级规划教材

单片机原理及应用

（第三版）

李建忠　余新拴

闵永智　杨琳霞　编著

胡　健　康苏明

西安电子科技大学出版社

内 容 简 介

本书以中、小规模单片机应用系统普遍采用的 51 系列单片机为对象，系统地介绍了单片机的硬件结构与原理、指令系统与程序设计、外部功能扩展、并行与串行总线的接口技术、单片机应用系统的软硬件结构与开发方法、C 语言应用程序设计等内容。

本书注重知识的内在联系与规律，采用归纳、类比的方法讲解单片机技术的原理和方法。各章中对关键性内容都结合丰富的实例予以说明，并在章末配有习题供读者练习；同时，着眼于工程实际，选用了大量有实用价值的问题进行讨论。

本书既可作为高等学校电气自动化、计算机及相关专业的教材，也可供从事单片机系统开发应用的工程技术人员参考。

图书在版编目（CIP）数据

单片机原理及应用/李建忠等编著. —3 版. —西安：西安电子科技大学出版社，2013.12(2024.12 重印)

ISBN 978–7–5606–3212–4

Ⅰ. ①单… Ⅱ. ①李… Ⅲ. ①单片微型计算机—高等学校—教材 Ⅳ. ①TP368.1

中国版本图书馆 CIP 数据核字（2013）第 233177 号

策　　划	毛红兵	
责任编辑	邵汉平　毛红兵	
出版发行	西安电子科技大学出版社(西安市太白南路 2 号)	
电　　话	(029)88202421　88201467	邮　编　710071
网　　址	www.xduph.com	电子邮箱　xdupfxb001@163.com
经　　销	新华书店	
印　　刷	陕西天意印务有限责任公司	
版　　次	2013 年 12 月第 3 版　2024 年 12 月第 25 次印刷	
开　　本	787 毫米×1092 毫米　1/16　印张 20.5	
字　　数	479 千字	
定　　价	55.00 元	

ISBN 978 - 7 - 5606 - 3212 - 4

XDUP 3504003-25

如有印装问题可调换

第三版前言

一部精品教材建设的源泉是读者。本书自 2002 年 2 月出版，经 2008 年 2 月全面修订，以普通高等学校"十一五"国家级规划教材出版，已连续 16 次印刷，发行 81 000 册，深得读者厚爱。第二版出版五年来，收到了读者一些宝贵的反馈意见和建议。学生朋友们期望在有利于自学方面再做提高，因为课堂授课时间毕竟有限，大多数内容要靠自学；教师朋友们提出，在部分内容的阐述上进一步突出重点，深入原理和分析方法。读者反馈中，包含有肯定，这是对作者极大的鼓励；改进意见十分中肯，都是教学实践的真实反映。这是本书第三版修订的富有感染力的背景，也是修订的目标。

本次修订，在保持第二版读者肯定的内容体系基础上，做了以下几个方面的工作：

(1) 对第二版全书进行了全面梳理，针对每一个知识点，突出重点，展现条理，语言表达进一步简明准确。

(2) 完善了部分原理性内容的完整性和部分应用性内容的实用性。例如，在第 2 章中增加了 CPU 执行各类指令的时序；在第 5 章的同步串行总线接口技术中增加了模拟总线时序的控制程序等。

(3) 在应用问题上，突出方法分析。在单片机内部资源的应用问题中，详细分析了初始化的内容与步骤，例如在各种定时器应用程序中给出了初值计算方法；在每一个接口实例中增加了结构方法和端口地址的分析。

(4) 提高了全书前后内容的一致性。例如，单片机的 C 语言应用程序设计一章中的绝大多数示例都与前面几章中的汇编源程序示例对应，这样便于前后对照，理解编程的方法及其单片机资源利用的实质方式。

(5) 在大多数编程举例中增加了注释信息量，尤其对单片机的 C 语言应用程序设计一章做了较大幅度修改。这样，能为学生自学提供有力帮助。

在本书的修订过程中，得到陕西理工学院相关领导、教师和西安电子科技大学出版社的高度重视，给予了大力支持，在此表示衷心感谢。

由于作者水平有限，书中错误和不妥之处难免，敬请读者一如既往地关心支持，提出宝贵意见。

作者
2013 年 10 月

第二版前言

随着单片机应用技术的发展，单片机产品不断更新换代，单片机应用的模式、方法也在不断发展。一方面，单片机应用系统的规模越来越大，其外围连接了种类繁多的外设，甚至进入了计算机网络系统，如很多单片机的工业控制系统采用多机分布式系统；另一方面，单片机的嵌入式应用又使其体积越来越小，器件引脚数目要求尽量减少。这两种不同的趋势，对单片机产品的发展产生了不同的影响。

近年来，串行接口设备凭借其控制灵活、接口简单、占用资源少等优点在工业测控、仪器仪表等领域得到广泛应用，这种发展趋势加强了单片机串行通信功能，使串行通信技术成为了单片机应用技术的重要组成部分。为了方便系统与外围设备连接，新一代单片机增加了 I^2C、SPI、1—Wire 等串行接口功能，用户可以通过 I^2C、SPI、1—Wire 串行接口连接各种设备，完成检测功能，把系统情况通过串口传送给上位机管理系统，完成远程设备的控制。同时，单片机外围接口器件不断推陈出新，数据通信芯片、串行存储器、数字化传感器、液晶显示器件等的推出，也要求单片机系统开发人员进一步关注单片机的各种新型接口应用技术。

在硬件发展的同时，单片机软件开发工具日益丰富，出现了众多支持高级语言编程的单片机开发工具。利用 C 语言设计单片机应用程序已成为单片机应用系统开发设计的一种趋势。Keil C51 已被完全集成到一个功能强大的集成化开发环境 μVision2 中。

在本书第一版中，以 Intel 公司的 MCS-51 系列单片机为对象，系统介绍了单片机原理、接口与应用系统开发、设计技术，深得读者厚爱。本书第一版自 2002 年 2 月出版以来，重印 8 次，发行 4 万余册，2006 年被评选为普通高等学校"十一五"国家级规划教材。但随着单片机技术的发展，原书的部分内容已不能很好地适应新技术的发展。在此背景下，编者对原书进行了全面修订，力图从单片机产品、接口技术、开发方法等方面来反映单片机技术新的发展，以更好地适应教学和人才培养的需要。

第二版在保持第一版书的体系、风格、特点的基础上，扩展了与单片机相关的基本概念和应用，更加强调实用性，重点增加了串行总线扩展技术、常用串行器件(串行 A/D 转换器、串行 D/A 转换器、液晶显示器接口等)接口技术。全书共 8 章。第 1 章为概述。第 2、3、4 章介绍了 51 系列单片机的硬件结构、指令系统、汇编语言程序和系统功能的扩展。第 5 章介绍了单片机串行口功能扩展，包括 51 单片机与异步串行通信总线接口、I^2C 串行接口、SPI 串行接口和单总线接口。第 6 章介绍了单片机系统中常见的接口技术。第 7 章介绍了单片机应用系统结构与应用系统的设计内容、过程和一般方法。第 8 章基于 C51 对标准 C 语言的扩展，针对 Keil C51 介绍了单片机应用系统 C 语言应用程序设计的一般方法和典型实例。

由于各著名的半导体厂家相继生产了基于 8051 内核的产品，例如 PHILIPS 公司的 P89

系列、美国 SST 公司的 SST89 系列等，51 单片机实际上代表了一种 8051 内核技术，并不代表某一种产品，因此，本书以"51 单片机"来泛指具有 8051 内核技术的多个厂家的单片机产品。虽然 51 系列单片机并不是功能最强、技术最先进的单片机，但它们源于经典的 MCS-51 系列，且占有相当大的市场应用份额，因此，考虑到教学的连续性和所用实验开发装置的普及性，在作一般共性介绍时，仍采用 51 系列单片机。

　　本书在编写过程中得到了西安电子科技大学出版社的大力支持，在此表示衷心的感谢。

　　由于作者水平有限，书中错误和不妥之处在所难免，敬请读者批评指正。

作者

2007 年 11 月

第 一 版 前 言

单片机技术作为计算机技术的一个分支，广泛地应用于工业控制、智能仪器仪表、机电一体化产品、家用电器等各个领域。"单片机原理及应用"在工科院校各专业中已作为一门重要的技术基础课而普遍开设。学生在课程设计、毕业设计、科研项目中会广泛应用到单片机知识，而且，进入社会后也会广泛接触到单片机的工程项目。鉴于此，提高"单片机原理及应用"课的教学效果，更新教学内容甚为重要。单片机应用技术涉及的内容十分广泛，如何使学生在有限的时间内掌握单片机应用的基本原理和方法，是一个很有价值的教改项目。笔者多年从事"单片机原理及应用"课的教学，针对上述教改内容做过不懈的探索。本书就是由笔者的教案整理而成的。

本书具有以下特点：

(1) 压缩了与通用微机原理的重叠部分。本书直接以单片机与通用微机的结构、原理的异同点作为开头，能使读者集中精力，以通用微机的原理知识作基础，学习单片机原理与应用技术。

(2) 始终贯穿应用观点。例如，在讲解单片机原理结构中明确指出，要抓住单片机的供应状态，即如何正确、合理地使用单片机提供给用户的软、硬件资源。避免读者拘泥于一般理论的学习。

(3) 本书虽仍采用常见教材"以点代面"的讲解方法，但着力使读者达到"以点见面"、"触类旁通"的效果。例如，在每一章节前都概述出相关的一般性内容和方法，然后再以典型内容加以说明。本书以 MCS-51 单片机为讲解对象，但通过学习也可以很容易地掌握其他种类单片机。

(4) 本书着力使学生掌握学习方法。掌握一门学科知识的学习方法，其实质是找出并抓住学科知识的内在联系，并形成一个完整体系，本书力求突出这方面的特色。例如，在对指令系统的讲述中，许多教材采取按功能分类逐条指令罗列讲解，使初学者深感数百条指令像一盘散沙似的，很难理解、记忆。其实，指令系统中有一些操作是具有多条指令的子集合，子集合中的指令只是针对不同的操作对象，即由不同的寻址方式组合而成的；有一些操作不同，但操作数的组合规律却相同或相似，如加、减、逻辑操作指令。本书讲述中用归纳、类推、类比方法进行纵向归类、横向类推、比较；同时对每类/每条指令的讲解，着重揭示其内部执行原理，使初学者达到比较好的学习效果。

(5) 本书最后一章编写了"单片机的 C 语言应用程序设计"，这与现行教材相比较是一个新内容。单片机 C 语言程序设计是带趋势性的单片机应用系统开发设计的新方法，纳入"单片机原理及应用"课的教学内容，是对教学内容的改革。

本书可作为工科院校有关专业"单片机原理及应用"课程的教材或教学参考书，也可作为需要掌握和使用单片机技术的工程技术人员的参考资料。

在本书的编写过程中，编者借鉴了许多现行教材的宝贵经验，在此，谨向这些作者表示诚挚的感谢。

编者力图使本书成为一本包含"单片机原理及应用"课程教学内容，具有教学方法改革特色的教材。但由于编者水平有限，加之时间仓促，书中难免存在不妥或错误之处，敬请读者和同行批评、指正。

编者

2001 年 11 月

目　　录

第1章 概 述

随着计算机技术的发展，单片机技术已成为计算机技术的一个独特的分支；单片机的应用领域也越来越广泛，特别是在工业控制和仪器仪表智能化中扮演着极其重要的角色。本章主要对单片机的基本概念、发展、概况、特点与应用情况以及单片机系列产品进行简要介绍，以使读者对单片机有一个初步了解。

1.1 单片机的基本概念

单片机的全称为单片微型计算机(Single Chip Microcomputer)。从应用领域来看，单片机主要用于控制，所以称它为微控制器(Microcontroller Unit)或嵌入式控制器(Embedded Controller)。单片机是将计算机的基本部件微型化并集成在一块芯片上的微型计算机。

1.1.1 单片机的发展历程

电子数字计算机诞生于1946年，在其后的一个历史进程中，计算机始终是被供养在特殊的机房中、实现数值计算的大型昂贵设备。直到20世纪70年代微处理器的出现，才使得计算机以小型、廉价、高可靠性的特点，迅速走出机房，并被逐渐嵌入到一个对象体系中，实现对象体系的智能化控制。这样一来，计算机便失去了原来的形态，其功能也有所不同。为了区别于原有计算机系统，把嵌入到对象体系中实现对象体系智能化控制的计算机称做嵌入式计算机系统。

早期，人们通过改装通用计算机系统，在大型设备中实现嵌入式应用。然而，在众多的对象系统(如家用电器、仪器仪表、控制单元等)中，无法嵌入通用计算机系统，且嵌入式系统与通用计算机系统的技术发展方向完全不同。因此，必须独立地发展通用计算机系统与嵌入式计算机系统，这就形成了现代计算机技术的两大分支。

通用计算机系统与嵌入式计算机系统的专业分工发展，导致20世纪末计算机技术的飞速发展。计算机专业领域集中精力发展通用计算机系统的软、硬件技术，不必兼顾嵌入式应用的要求，通用微处理器迅速从286、386、486、586到双核甚至四核的64位，操作系统则迅速升级到具有高速海量的数据文件处理能力，使通用计算机进入了一个新的阶段。

嵌入式计算机系统则走上了一条完全不同的道路，这条独立发展的道路就是单片化道路，将计算机做在一块芯片上，从而开创了嵌入式系统独立发展的单片机时代。

单片机是最典型的嵌入式系统，起源于微型计算机时代。单片机的出现实现了最底层的嵌入式系统应用，带有明显的电子系统设计模式的特点，大多数从事单片机应用开发的人员都是对象系统领域中的电子工程师。可以说单片机脱离了计算机专业领域，以"智能化"器件身份进入电子系统领域，不过，单片机仍不具有"嵌入式系统"概念。因此，"单片机"与"嵌入式系统"被看做两个独立的名词。由于单片机是典型的、独立发展起来的嵌入式系统，因此，从学科的角度应该把它统一成"嵌入式系统"。单片机的生产与应用将计算机技术扩展到传统的电子系统领域，使计算机成为人类社会全面智能化时代的有力工具。

1.1.2 单片机技术的多学科交叉特点

嵌入式系统的嵌入式应用特点，决定了它多学科交叉的特点。作为计算机的内容，要求计算机专业领域人员介入其体系结构、软件技术、工程应用方面的研究。然而，要了解对象体系的控制要求，实现系统控制模式，则必须具备对象领域的专业知识。因此，由嵌入式系统发展的历史过程以及嵌入式应用的多样性，形成了两种应用模式，这两种应用模式是电子系统设计模式和计算机应用设计模式。

电子系统设计模式是指单片机以器件形态进入到传统电子技术领域中，以电子技术应用工程师为主体，实现电子系统的智能化。电子技术应用工程师以自己习惯的电子技术应用模式，从事单片机的应用开发。这种应用模式最主要的特点是：软/硬件的底层性、随意性，对象系统专业技术的密切相关性，缺少计算机工程设计方法。

计算机应用设计模式是指基于嵌入式系统软、硬件平台，以网络、通信为主的非嵌入式底层应用，从计算机专业角度介入嵌入式系统应用，带有明显的计算机工程应用特点。

两种应用模式代表了两个专业领域的特色，但又相互交织、相互渗透，形成互补。虽然计算机专业人士会愈来愈多地介入嵌入式系统的应用，但由于对象专业知识的隔阂，其应用领域会集中在网络、通信、多媒体、电子商务等方面，不可能替代原来电子工程师在控制、仪器仪表、机械电子等方面的嵌入式应用。因此，两种应用模式会长期并存，在不同的应用领域中相互补充。电子系统设计模式应从计算机应用设计模式中学习计算机工程方法和嵌入式系统软件技术；计算机应用设计模式应从电子系统设计模式中了解嵌入式系统应用的电路系统特性、基本外围电路设计方法和对象系统的基本要求等。

由于嵌入式系统的两种应用模式并存和互补，形成了单片机技术的多学科交叉特点。正因如此，单片机原理及应用成为电子电气类、机电类、计算机类专业都开设的重要应用技术课程。

1.1.3 单片机的功能结构特征

单片机源于微型计算机，属于计算机的一个应用分支。但单片机问世以来，所走的路与微处理器是不同的。微处理器向着高速运算，数据分析与数据处理，大规模、大容量存储器方向发展，以提高通用计算机的性能；其接口界面也是为了满足外设和网络接口而设计的。单片机则是从工业测控对象、环境、接口特点出发，向着增强控制功能、提高工业环境下的可靠性、灵活方便地构成计算机应用系统的界面接口的方向发展。因此，单片机既有与通用微型计算机相同的功能结构特征，又有自己的功能结构特点。

1. 单片机与微型计算机的基本功能组成部分

由于单片机是从通用微型计算机分化出来的一个应用分支，因此，它的基本功能组成部分和工作原理与通用微型计算机具有一致性。

微型计算机(简称微机)的基本组成结构如图 1.1 所示。

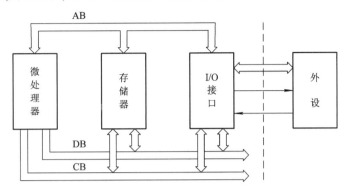

图 1.1 微机基本组成结构框图

微型计算机由微处理器(CPU)、存储器、I/O 接口三大功能部分通过总线连接成一个有机的整体,在外部通过 I/O 接口配置各种外部设备就构成微机的硬件系统。总线按其传输信息的不同分为地址总线(Address Bus,AB)、数据总线(Data Bus,DB)和控制总线(Control Bus,CB)。

单片机也具有微机的三大功能组成部分,且具有类似的结构体系。

2. 单片机与通用微机不同的功能结构特征

由于嵌入式系统与对象系统密切相关,因此其主要技术发展方向是满足嵌入式应用的要求。所以,单片机除具有通用微机的基本功能组成部分外,还包括实时控制所要求的一些相关功能器件。单片机的组成结构可用图 1.2 来描述。

图 1.2 单片机组成框图

从功能组成上看,单片机是这样一种芯片,它把微机的三大组成部分(CPU + 存储器 + I/O 接口)和一些实时控制需要的功能器件集成在一块芯片上。实时控制器件包含的内容十分广泛,可以包括定时器/计数器、中断控制、模/数转换器(ADC)、数/模转换器(DAC)、脉冲调制器(PWM)、电压比较器、看门狗(Watchdog)、DMA、串行口、传感器等,以及 I^2C、SPI、1—Wire 等外部串行总线接口。实时控制器件配置的多少也是衡量单片机性能优劣的重要方面,不同规格、不同系列或型号的单片机实时控制器件的配置可能不同。随着技术的发展,单片机集成的功能越来越强大,并朝着 SOC(System On Chip,片上系统)方向发展。

从结构上看,单片机不但与通用微型计算机一样,是一个有效的数据处理机,而且是一个功能很强的过程控制机。从某种意义上讲,一块单片机就具有一台微型计算机的功能,只需加上所需的输入/输出设备,就可以构成一个完整的系统,满足各种应用领域的需要。

单片机结构中包含了通用微机的功能部分,且也具有较强的数据处理功能,那么,二者的发展能否相互取代呢?其实,单片机与通用微机的相同功能部分在具体构造中存在许多不同点。正因如此,单片机与通用微机是两个不同的发展分支。下面对二者构造中的主要不同进行简要说明。

(1) 通用微机的 CPU 主要面向数据处理,其发展主要围绕数据处理功能、计算速度和精度的进一步提高。例如,现今微机的 CPU 都支持浮点运算,采用流水线作业、并行处理、多级高速缓冲(Cache)技术等,CPU 的主频达到数吉赫兹(GHz),字长达到 32 位以上。单片机主要面向控制,控制中的数据类型及数据处理相对简单,满足控制要求的数据处理容易实现,所以单片机的数据处理功能相对通用微机要弱一些,计算速度和精度也相对要低一些。例如,现在的单片机产品的 CPU 大多不支持浮点运算,CPU 还采用串行工作方式,振荡频率大多在百兆以下,在一些简单应用系统中采用 4 位字长的单片机,在中、小规模应用场合,8 位字长单片机还被广泛采用,在一些复杂的中、大规模的应用系统中,才采用16 位字长、32 位字长单片机。

(2) 通用微机中,存储器组织结构主要针对增大存储容量和 CPU 对数据的存取速度。现今微机的内存容量达到了数吉字节(GB),存储体系采用多体、并读技术和段、页等多种管理模式。单片机中存储器的组织结构比较简单,存储器芯片直接挂接在单片机的总线上,CPU 读/写存储器时直接按物理地址来寻址存储器单元,寻址空间一般都是 64 KB。还有,通用微机中程序存储器(ROM)和数据存储器(RAM)是一个地址空间,而单片机中,把程序存储器和数据存储器设计为两个独立的地址空间,这是考虑了控制的实际需要。

(3) 通用微机中 I/O 接口主要考虑标准外设(CRT、标准键盘、鼠标、打印机、硬盘、光盘等),用户通过标准总线连接外设,能实现即插即用。单片机应用系统的外设都是非标准的,千差万别,种类很多,单片机的 I/O 接口实际上是向用户提供了外设连接的物理界面,用户对外设的连接要设计具体的接口电路,需有熟练的接口电路设计技术。

下面介绍结构上有相同之处但也有区别的几个名词。

• 微处理器(MPU):把运算器、控制器和一定数量的寄存器集成在一块芯片上,是构成微型计算机的核心部件,所以也称为中央处理单元(CPU)。

• 单板机:将微处理器(CPU)、存储器、I/O 接口电路以及简单的输入/输出设备组装在一块印刷电路板上,称为单板微型计算机,简称单板机。一些开发板产品及实验室提供的试验箱都是单板机形态的。

• 微型计算机:微处理器(CPU)、存储器、I/O 接口电路由总线有机地连接在一起的整体,称为微型计算机。

• 微型计算机系统:将微型计算机与外围设备、电源、系统软件一起构成的系统,称为微型计算机系统。

1.2　单片机的发展

目前计算机硬件技术朝着巨型化、微型化和单片化三个方向发展。单片机代表着计算机技术的一个发展方向。自 1975 年美国德克萨斯仪器公司(Texas Instruments)第一块单片机芯片 TMS-1000 问世以来,在短短的 30 多年间,单片机技术已发展成为计算机技术的一个非常有活力的分支,它有着自己的技术特征、规范、发展道路和应用环境。随着电子技术的发展,单片机在集成度、功能、性能、体系结构等方面都得到了飞速发展。

1.2.1 单片机的发展概况

随着超大规模集成电路的发展，单片机先后经历了 4 位机、8 位机、16 位机、32 位机和 64 位机的发展阶段。

1. 4 位单片机

1971 年，美国 Intel 公司首先推出了 4 位微处理器芯片 4004；1975 年美国德克萨斯仪器公司首次推出 4 位单片机 TMS-1000；此后，各个计算机生产公司竞相推出 4 位单片机。例如，美国国家半导体(National Semiconductor)公司的 COP402 系列，日本电气(NEC)公司的 μPD75XX 系列，美国洛克威尔(Rockwell)公司的 PPS/1 系列，日本松下公司的 MN1400 系列，富士通公司的 MB88 系列等。

近几年来，4 位单片机在结构和性能上做了很大的改进，在市场中仍占有一席之地。

4 位单片机的主要应用领域有：PC 机的输入装置(鼠标、游戏杆)，电池充电器，运动器材，带液晶显示的音/视频产品控制器，一般家用电器的控制及遥控器，电子玩具，钟表，计算器，多功能电话等。

2. 8 位单片机

1972 年，美国 Intel 公司首先推出了 8 位微处理器 8008，并于 1976 年 9 月率先推出 MCS-48 系列 8 位单片机，使单片机发展进入了一个新的阶段。在这之后，8 位单片机纷纷面市。例如，莫斯特克(Mostek)和仙童(Fairchild)公司共同合作生产的 3870(F8)系列，摩托罗拉(Motorola)公司的 6801 系列等。

在 1978 年以前，各厂家生产的 8 位单片机受集成度(几千只管/片)的限制，一般没有串行接口，并且寻址空间的范围小(小于 8 KB)，从性能上看属于低档 8 位单片机。

随着集成电路工艺水平的提高，在 1978 年到 1983 年期间，集成度提高到几万只管/片，因而一些高性能的 8 位单片机相继问世。例如，1978 年摩托罗拉公司推出的 MC6801 系列及齐洛格(Zilog)公司的 Z8 系列，1979 年 NEC 公司的 μPD78XX 系列，1980 年 Intel 公司的 MCS-51 系列。这类单片机的寻址能力达 64 KB，片内 ROM 容量达 4～8 KB，片内除带有并行 I/O 口外，还有串行 I/O 口，甚至某些还有 A/D 转换器功能。因此，把这类单片机称为 8 位高档单片机。

随后，在高档 8 位单片机的基础上推出了超 8 位单片机，如 Intel 公司的 8X252、UPI-45283C152，Zilog 公司的 Super8，Motorola 公司的 MC68HC 等，它们不但进一步扩大了片内 ROM 和 RAM 的容量，同时还增加了通信功能、DMA 传输功能以及高速 I/O 功能等。自 1985 年以来，各种高性能、大存储容量、多功能的超 8 位单片机不断涌现，它们代表了单片机的发展方向，在单片机应用领域起着越来越大的作用。

8 位单片机由于功能强，被广泛用于自动化装置、智能仪器仪表、智能接口、过程控制、通信、家用电器等各个领域。

3. 16 位单片机

1983 年以后，集成电路的集成度可达十几万只管/片，各系列 16 位单片机逐渐问世。这一阶段的代表产品有 1983 年 Intel 公司推出的 MCS-96 系列，1987 年 Intel 公司推出的 80C96，美国国家半导体公司推出的 HPC16040，NEC 公司推出的 783XX 系列等。

16 位单片机把单片机的功能又推向了一个新的阶段。如 MCS-96 系列的集成度为 12 万只管/片，片内含 16 位 CPU、8 KB ROM、232 B RAM、5 个 8 位并行 I/O 口、4 个全双工串行口、4 个 16 位定时器/计数器、8 级中断处理系统，具有多种 I/O 功能，如高速输入/输出(HSIO)、脉冲宽度调制(PWM)输出、特殊用途的监视定时器(Watchdog)等。

近几年，16 位单片机在功能、性能、价格等方面采取了许多技术措施，发展迅速，推出了许多新产品。如 Intel 的 80C196、80C251、80C51XA，美国国家半导体公司的 HPC16104，TI 的 MSP430 系列，Motorola 的 68HC11 系列等。

16 位单片机主要应用于工业控制、智能仪器仪表、便携式设备等场合。

4．32 位单片机

随着高新技术在智能机器人、光盘驱动器、激光打印机、图像与数据实时处理、复杂实时控制、网络服务器等领域的应用发展，20 世纪 80 年代末推出了 32 位单片机，如 Motorola 推出的 MC683XX 系列，Intel 的 80960 系列，以及近年来流行的 ARM 系列单片机。32 位单片机是单片机的发展趋势，随着技术的发展及开发成本和产品价格的下降，将会与 8 位单片机并驾齐驱。

5．64 位单片机

近年来，64 位单片机在引擎控制、智能机器人、磁盘控制、语音/图像通信、算法密集的实时控制等场合已有应用，如英国 Inmos 公司的 Transputer T800 是高性能 64 位单片机。

虽然，单片机的发展按先后顺序经历了 4 位、8 位、16 位、32 位、64 位的阶段，但从实际使用情况看，并没有出现像微处理器那样推陈出新，更新换代的局面，这也是单片机发展的一大特点。4 位、8 位、16 位、32 位单片机都存在于市场中，各有应用领域。不过，各类单片机为适应市场需求，都在原来的基础上采取新技术，提高性能，推出新产品。图 1.3 是电子工程师对单片机选型的市场调查，从中可以看出，8 位单片机仍是市场主流产品，但 32 位单片机发展很迅速。

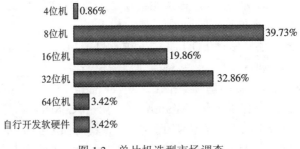

图 1.3　单片机选型市场调查

1.2.2　单片机技术的发展

从单片机 30 多年的发展历程可以看到，单片机技术的发展以微处理器技术及超大规模集成电路技术的发展为先导，表现出以下技术特点。

1．体系结构的变化

从体系结构上看，单片机自诞生以来，经历了从 SCM 到 MCU 再到 SOC 的发展过程。

(1) SCM(Single Chip Microcomputer)——单片微型计算机。其主要是寻求单片形态的

嵌入式系统的最佳体系结构，开创了单片机与通用计算机完全不同的发展道路。MCS-51 奠定了 SCM 的经典体系结构。

(2) MCU(Micro Controller Unit)——微控制器。随着 SCM 在技术上、体系结构上不断扩展嵌入式对象要求的各种控制功能，增加对象系统要求的外围电路与接口电路，突显其对象的智能化控制能力，使单片机迅速进入 MCU 阶段。一块单片机芯片就是一个比较完整的小型控制系统。Philips 公司推出的 80C51 是 MCU 的典型代表。

(3) SOC(System On Chip)——片上系统。片上系统是寻求应用系统在芯片上的最大化解决。单片机芯片上不仅包含完整的硬件系统，并有嵌入软件的全部内容。单片机芯片的内部功能越来越大，目前除了具有 ROM、RAM、I/O 口、定时器/计数器、中断、串行口等传统的内容外，一些新型单片机还扩充了许多新功能，如内置多通道模/数转换器 ADC、数/模转换器 DAC、电压比较器、WDT 看门狗定时器、可编程定时器/计数器阵列 PCA 以及 I^2C、SMBus、SPI 等外部串行总线接口，有的专用单片机甚至还内置 USB、IRDA 红外和无线电接口，并具有在线编程、调试、仿真功能。SOC 使得单片机功能越发完善，用户不需要扩充资源就可以完成项目开发，不仅使开发简单，而且大大提高了系统的可靠性和稳定性。美国 Cygnal 公司推出的 C8051F 系列单片机是真正能独立工作的片上系统 SOC，它具有与 MCS-51 单片机的内核及指令集完全兼容的微控制器，除了具有标准 8051 的数字外设部件外，片内还集成了数据采集和控制系统中常用的模拟部件和其他数字外设及功能部件。

2．单片机速度越来越快

为提高单片机的抗干扰能力，降低噪声和时钟频率而不牺牲运算速度是单片机技术发展的一个方向。一些 8051 单片机兼容厂商改善了单片机的内部时序，在不提高时钟频率的条件下，使运算速度提高了很多，Motorola 单片机使用了锁相环技术或内部倍频技术，使内部总线速度大大高于时钟产生器的频率；68HC08 单片机使用 4.9 MHz 外部振荡器而内部时钟达 32 MB；三星电子新近推出了 1.2 GHz 的 ARM 处理器内核 Halla。

3．低电压与低功耗

几乎所有的单片机都有 Wait、Stop 等省电运行方式，允许使用的电源电压范围也越来越宽。一般单片机都能在 3～6 V 范围内工作，电池供电的单片机不再需要对电源采取稳压措施。低电压供电的单片机电源下限已由 2.7 V 降至 2.2 V、1.8 V，0.9 V 供电的单片机已经问世。

4．低噪声与高可靠性技术

为提高单片机系统的抗电磁干扰能力，使产品能适应恶劣的工作环境，满足电磁兼容性方面更高标准的要求，各单片机商家在单片机内部电路中采取了一些新的技术措施。如 ST 公司的 μPSD 系列单片机片内增加了看门狗定时器，NS 的 COP8 单片机内部增加了抗 EMI 电路，增强了"看门狗"的性能。

5．OTP 与掩膜

OTP(One Time Programable)是一次性写入的单片机。过去认为，一个单片机产品的成熟是以投产掩膜型单片机为标志的。由于掩膜需要一定的生产周期，而 OTP 型单片机价格不断下降，使得近年来直接使用 OTP 完成最终产品制造更为流行。它较之掩膜具有生产周期短、风险小的特点。近年来，OTP 型单片机需求量大幅度上扬，为适应这种需求，许多单片机都采用了在系统编程技术(In System Programming)。未编程的 OTP 芯片可采用裸片 Bonding 技术或表面贴装技术，先焊在印刷板上，然后通过单片机上的编程线、串行数据、时钟线等对单片机编程，解决了批量写 OTP 芯片时容易出现的芯片与写入器接触不好的问题，使 OTP 的裸片得以广泛应用，降低了产品的成本。编程线与 I/O 线共用，不增加单片机的额外引脚。而一些生产厂商推出的单片机不再有掩膜型，全部为有 ISP 功能的 OTP。

6. MTP 向 OTP 挑战

MTP 是可多次编程的意思。一些单片机厂商以 MTP 的性能、OTP 的价位推出他们的单片机，如 ATMEL AVR 单片机，片内采用 FLASH，可多次编程。华邦公司生产的 8051 兼容的单片机也采用了 MTP 性能、OTP 的价位。这些单片机都使用了 ISP 技术，等安装到印刷板线路板上以后再下载程序。

7. 在线编程技术

在线编程目前有两种不同方式：

(1) ISP(In System Programming)，即在系统编程。具备 ISP 的单片机内部集成 FLASH 存储器，用户可以通过下载线以特定的硬件时序在线编程，但用户程序自身不可以对内部存储器做修改。这类产品如 ATMEL8990 系列。

(2) IAP(In Application Programming)，即在应用编程。具备 IAP 的单片机厂家在出厂时向其内部写入了单片机引导程序，用户可以通过下载线对它在线编程，用户程序也可以自己对内存重新修改。这对于工业实时控制和数据的保存提供了方便。这类产品如 SST 的 89 系列。

8. 在线仿真技术

一些新型的 SOC 单片机都具有在线仿真功能，这些单片机都配置了 JTAG 接口。JTAG (Joint Test Action Group，联合测试行动小组)是一种国际标准测试协议(IEEE 1149.1 兼容)，主要用于芯片内部测试。JTAG 接口的引入，使单片机传统的仿真调试产生了彻底的变革。在上位机软件的支持下，通过串行的 JTAG 接口直接对产品系统进行仿真调试。如配置有 JTAG 接口的 C8052F 单片机不仅支持 Flash ROM 的读/写操作及非入侵式在线调试，它的 JTAG 逻辑还为在系统测试提供边界扫描功能。通过边界寄存器的编程控制，可对所有器件引脚、SFR 和 I/O 口的功能实现观察和控制。

9. 增加 I^{2}C、SPI 串行接口功能

单片机增加 I^{2}C、SPI 串行接口功能是为了方便系统与外围设备连接，用户可以通过 I^{2}C、SPI 串行接口连接诸如传感器等设备，完成检测功能，同时把系统情况通过串口传送给上位机管理系统，完成远程设备的控制。大部分单片机厂家的后继产品都提供了这样的功能。

1.3 单片机的特点及应用

1.3.1 单片机的特点

与通用微机相比较，单片机在结构、指令设置上均有其独特之处，主要特点如下：

(1) 单片机的存储器 ROM 和 RAM 是严格区分的。ROM 称为程序存储器，只存放程序、固定常数及数据表格。RAM 则为数据存储器，用作工作区及存放用户数据。这样的结构主要是考虑到单片机用于控制系统中，有较大的程序存储器空间，把开发成功的程序固化在 ROM 中，而把少量的数据存放在 RAM 中。这样，小容量的数据存储器能以高速 RAM 形式集成在单片机片内，以加速单片机的执行速度。

(2) 采用面向控制的指令系统。为满足控制的需要，单片机有更强的逻辑控制能力，特别是单片机具有很强的位处理能力。

(3) 单片机的 I/O 引脚通常是多功能的。由于单片机芯片上引脚数目有限，为了解决实际引脚数和需要的信号线的矛盾，采用了引脚功能复用的方法，引脚处于何种功能，可由指令来设置或由机器状态来区分。

(4) 单片机的外部扩展能力很强。在内部的各种功能部分不能满足应用需求时，均可在外部进行扩展(如扩展 ROM、RAM，I/O 接口，定时器/计数器，中断系统等)，与许多通用的微机接口芯片兼容，给应用系统设计带来极大的方便和灵活。

单片机在控制领域中还有以下几方面的优点：

(1) 体积小，成本低，运用灵活，易于产品化，能方便地组成各种智能化的控制设备和仪器，做到机电一体化。

(2) 面向控制，能针对性地解决从简单到复杂的各类控制任务，因而能获得最佳的性能价格比。

(3) 抗干扰能力强，适用温度范围宽，在各种恶劣的环境下都能可靠地工作，这是其他类型计算机无法比拟的。

(4) 可以方便地实现多机和分布式控制，使整个控制系统的效率和可靠性大为提高。

1.3.2 单片机的应用

单片机的应用范围十分广泛，主要的应用领域有：

(1) 工业控制，单片机可以构成各种工业控制系统、数据采集系统等，如数控机床、自动生产线控制、电机控制、温度控制等。

(2) 仪器仪表，如智能仪器、医疗器械、数字示波器等。

(3) 计算机外部设备与智能接口，如图形终端机、传真机、复印机、打印机、绘图仪、磁盘/磁带机、智能终端机等。

(4) 商用产品，如自动售货机、电子收款机、电子秤等。

(5) 家用电器，如微波炉、电视机、空调、洗衣机、录像机、音响设备等。

1.4 单片机的类型与常用单片机系列

目前单片机产品有 60 多个系列，1000 多种型号，流行体系结构有 30 多个系列，门类齐全，能满足各种应用需求。

1.4.1 单片机的类型

众多的单片机可以从不同角度进行分类。

按单片机数据总线的位数，可将单片机分为 4 位、8 位、16 位、32 位。

4 位单片机在整个单片机市场中所占的比例逐年减少，主要应用于各种规模较小的家电类消费产品。在 4 位单片机市场中，日本厂家生产的产品占据主流地位，使用较多的有 OKI 公司的 MSM64164C、MSM64481，NEC 公司的 75006X 系列，EPSON 公司的 SMC62 系列等。

8 位单片机是目前世界上品种最为丰富、应用最为广泛的单片机。虽然单片机经历了从 SMC 到 SCU 再到 SOC 的变迁，但 8 位单片机始终是嵌入式低端应用的主要机型，而且在未来相当长的时间里，仍会保持这个势头。8 位单片机也是我国单片机市场的主流产品。

16 位单片机的操作速度及数据吞吐能力在性能上比 8 位单片机有较大提高，目前以 Intel 的 MCS-96/196 系列、TI 公司的 MSP430 系列、Motorola 公司的 68HC11 系列为主。

32 位单片机在寻址能力、操作速度、运算能力、开发手段与环境方面大为增强，寻址能力在吉兆级以上，指令执行速度达每秒百万条指令，有的嵌入浮点运算部件，直接支持高级语言和实时多任务执行，是单片机的发展趋势。在 32 位单片机的生产厂家中，Motorola、ATMEL、HITACH、NEC、EPSON、MITSUBISHI、SAMSUNG 等厂商群雄割据，其中以 32 位 ARM 嵌入式微处理器及 Motorola 的 MC683XX、68K 系列应用相对广泛。

对于 8 位单片机，目前主要分为 MCS-51 系列及其兼容机型和非 MCS-51 系列单片机。

MCS 系列单片机是 Intel 公司生产的单片机的总称。Intel 公司是生产单片机的创始者，最早推出的 MCS 系列单片机，因应用早而产生了很大影响，已成为事实上的工业标准。20 世纪 80 年代中期，Intel 公司将 8051 内核使用权以专利互换或出售形式转给世界许多著名 IC 制造厂商，如 PHILIPS、西门子、AMD、OKI、NEC、Atmel 等，这样，8051 就变成有众多制造厂商支持的、发展出数百个品种的大家族。与 MCS-51 单片机兼容的单片机都具有 8051 内核体系结构，引脚信号和指令系统完全兼容。现在一般把与 8051 内核相同的单片机统称为"51 系列单片机"。MCS-51 系列及其兼容单片机因开发工具及软硬件资源齐全而占主导地位，在国内市场流行的 8 位单片机中，8051 体系的占有多半。生产 8051 及其兼容单片机的厂家有 20 多个，代表产品有 Atmel 公司的 89C5X、89S5X 系列，WINBOND 公司的 W77E5X、W78E5X 系列，PHILIPS 公司的 P87C5X、P89C5X、P8LPC7X 系列，SST 公司的 SST89C5X 系列，Cygnal 公司的 C8051F 系列，ST 公司的 μPSD 系列等，粗略统计，仅 51 内核的单片机就有 350 多种衍生品。MCS-51 单片机的体系结构一直是单片机发展过程中的经典体系，在嵌入式系统 SOC 的最终体系中，MCS-51 仍以 8051 内核的形式延续下去，这对国内外从事单片机教学和科研的广大人士来说，无论是过去、现在和未来，都能感受到它带来的好处。正因如此，各高等学校的教材仍以 MCS-51 单片机作为代表，进行应用基础学习。

非 51 系列单片机在我国应用较广的是 Motorola 公司的 68HC05/08 系列、MICROCHIP 公司的 PIC 单片机以及 ATMEL 公司的 AVR 单片机等。

单片机还可以从编程方式上分为 OTPROM 型、Flash 型、ISP 型、IAP 型及 JTAG 接口型；从制造工艺技术上可分为普通 MOS 型、CMOS 型、HMOS 型、CHMOS 型和 HCMOS 型；从功耗上可分为普通型和低功耗型；从性价比上可分为普通型和经济型等。

1.4.2 目前流行的 51 内核的 8 位单片机

目前，在国内市场上流行的单片机不下十几种，占据主导地位的仍是 51 内核及其兼容单片机。这些单片机和 MCS-51 单片机的指令完全兼容，资料和开发设备也比较齐全，价格也比较便宜。另外，从学习的角度来看，有了 51 单片机的基础后，再学习其他单片机则非常容易。

1. MCS-51 系列单片机

MCS-51 系列单片机是 Intel 公司生产的功能比较强、价格比较低、较早应用的单片机，目前仍被广泛应用。MCS-51 系列单片机有三种基本产品：8031/8051/8751；三种基本增强型产品：8032/8052/8752；三种基本低功耗型产品：80C31/80C51/87C51。近几年，又在基本产品的基础上，不断改进性能，形成了不同子系列，有 50 多种型号的产品，如，51 单片机系列、8XC52/54/58 系列、8XC51FA/FB/FC 系列、8XL51FA/FB/FC 系列、8XL51GX/8X152 系列、8XL52/54/58 系列、8XC51SL 系列。MCS-51 系列单片机的主要产品及其性能如表 1.1 所示。

表 1.1 MCS-51 单片机主要产品及其性能

子系列	型号	片内存储器/字节		I/O 口	UART	中断源	定时器/计数器	工作频率/MHz	A/D 通道	空闲和掉电模式
		ROM/EPROM	RAM							
8X51/52 系列	8031	ROMless	128	32	1	5	2	12	0	NO
	8051	4K ROM	128	32	1	5	2	12	0	NO
	8751	4K ROM	128	32	1	5	2	12	0	NO
	8032	ROMless	256	32	1	6	3	12	0	NO
	8052	8K ROM	256	32	1	6	3	12	0	NO
	8752	8K EPROM	256	32	1	6	3	12	0	NO
8XC51/52 系列	80C31	ROMless	128	32	1	5	2	12/16	0	YES
	80C51	4K ROM	128	32	1	5	2	12/16	0	YES
	87C51	4K EPROM	128	32	1	5	2	12/16/20/24	0	YES
	80C32	ROMless	256	32	1	6	3	12/16/20/24	0	YES
	80C52	8K ROM	256	32	1	6	3	12/16/20/24	0	YES
	87C52	8K EPROM	256	32	1	6	3	12/16/20/24	0	YES
8XC54/58 系列	80C54	16K ROM	256	32	1	6	3	12/16/20/24	0	YES
	87C54	16K EPROM	256	32	1	6	3	12/16/20/24	0	YES
	80C58	32K ROM	256	32	1	6	3	12/16/20/24	0	YES
	87C58	32K EPROM	256	32	1	6	3	12/16/20/24	0	YES
8XC51/FA/FB/FC 系列	80C51FA	ROMless	256	32	1	7	3+5PCA	12/16	0	YES
	83C51FA	8K ROM	256	32	1	7	3+5PCA	12/16	0	YES
	87C51FA	8K EPROM	256	32	1	7	3+5PCA	12/16/20/24	0	YES
	83C51FB	16K ROM	256	32	1	7	3+5PCA	12/16/20/24	0	YES
	87C51FB	16K EPROM	256	32	1	7	3+5PCA	12/16/20/24	0	YES
	83C51FC	32K ROM	256	32	1	7	3+5PCA	12/16/20/24	0	YES
	87C51FC	32K EPROM	256	32	1	7	3+5PCA	12/16/20/24	0	YES

续表

子系列	型号	片内存储器/字节		I/O 口	UART	中断源	定时器/计数器	工作频率/MHz	A/D通道	空闲和掉电模式
		ROM/EPROM	RAM							
8XL51/FA/FB/FC 系列	80L51FA	ROMless	256	32	1	7	3+5PCA	12/16/20	0	YES
	83L51FA	8K ROM	256	32	1	7	3+5PCA	12/16/20	0	YES
	87L51FA	8K OTPROM	256	32	1	7	3+5PCA	12/16/20	0	YES
	83L51FB	16K ROM	256	32	1	7	3+5PCA	12/16/20	0	YES
	87L51FB	16K OTPROM	256	32	1	7	3+5PCA	12/16/20	0	YES
	83L51FC	32K ROM	256	32	1	7	3+5PCA	12/16/20	0	YES
	87L51FC	32K OTPROM	256	32	1	7	3+5PCA	12/16/20	0	YES
8XL51GX/8XC152 系列	80C51GB	ROMless	256	48	1	15	3+10PCA	12/16	8	YES
	83C51GB	8K ROM	256	48	1	15	3+10PCA	12/16	8	YES
	87C51GB	8K EPROM	256	48	1	15	3+10PCA	12/16	8	YES
	80C152JA	ROMless	256	40	1	11	2	16.5	0	YES
	80C152JB	ROMless	256	58	1	11	2	16.5	0	YES
	83C152JA	8K ROM	256	40	1	11	2	16.5	0	YES

2．ATMEL 公司的 89 系列单片机

美国 ATMEL 公司的 89 系列单片机是以 8051 核构成的，它和 8051 系列单片机是兼容的系列。在应用中，只要用相同引脚的 89 系列单片机可直接取代 51 单片机。89 系列单片机内含 Flash 存储器，因此在系统的开发过程中可以十分容易地进行程序修改，反复进行试验，这就大大缩短了系统的开发周期，同时可以保证用户的系统设计达到最优，而且可以随用户的需要和发展，能使系统不断追随用户的最新要求。

ATMEL 公司为适应技术及市场的变化和需求，在 AT89C51、AT89C52 系列单片机的基础上又推出了 ISP_Flash、I^2C_Flash 等系列单片机。其主要机型及性能如表 1.2 所示。

表 1.2　ATMEL 公司的 89 系列单片机主要产品及其性能

子系列	型号	片内存储器/字节		I/O 口	UART	中断源	定时器/计数器	工作频率/MHz	A/D通道	其他特性
		Flash	RAM							
8 位 Flash 系列	AT89C51	4 K	128	32	1	5	2	33	0	
	AT89C52	8 K	256	32	1	5	3	33	0	
	AT89C51RC	32 K	512	32	1	6	3	40	0	WDT
	AT89LV51	4 K	128	32	1	6	2	16	0	
	AT89LV52	8 K	256	32	1	6	3	16	0	
	AT89LV55	20 K	256	32	1		3	12	0	
	AT89C1051	1 K	64	15	1		2	24	0	
	AT89C2051	2 K	128	15	1		2	25	0	
	AT89C4051	4 K	128	15	1		2	26	0	

续表

子系列	型号	片内存储器/字节		I/O 口	UART	中断源	定时器/计数器	工作频率/MHz	A/D通道	其他特性
		Flash	RAM							
ISP_Flash 系列	AT89S51	4 K	128	32	1	5	2	124	0	WDT/ISP
	AT89S52	8 K	256	32	1	5	3	25	0	WDT/ISP
	AT89S53	12 K	256	32	1	6	3	24	0	WDT/ISP
	AT89S8252	8 K	256	32	1	6	3	24	0	ISP
	AT89LS51	4 K	128	32	1	6	2	16	0	ISP
	AT89LS52	8 K	256	32	1		3	16	0	ISP
	AT89LS53	12 K	256	32	1		3	12	0	ISP
	AT89C5115	16 K	256		1	6	2	40	8	WDT/ISP
I^{2}C_Flash 系列	AT89C51RB2	16 K	256	32	1	6	3	60	0	WDT/SPI/ISP
	AT89C51AC2	32 K	256	34	1	6	3	40	0	WDT/ISP
	AT89C51RD2	64 K	256	32/48	1	6	3	40	0	WDT/SPI/ISP
	AT89C51ED2	64 K	256	44	1	9	3	40	0	WDT/SPI/ISP

3. SST 公司的 SST89 系列单片机

美国 SST 公司生产的 SST89 系列单片机以 51 为内核,与 MCS-51 系列单片机完全兼容。它具有独特的超级 Flash 技术和小扇区结构设计,其最大特点是采用在应用可编程(IAP)和在系统可编程(ISP)技术。在不占用户资源和无须改动硬件的情况下,可通过串口实现"在系统"仿真和"在线"远程升级,无须专用仿真器和编程器。SST89 系列单片机还在其他功能上有很大的改进和提高,如高速度,双倍数(6 clock/机器周期,12 clock/机器周期;大容量内部 RAM(1K),C 语言编程更方便;内部扩展的 4K/8K EEPROM 可确保重要数据在系统掉电后不丢失;双 DPTR 数据指针,使查表、寻址更方便;SPI 串行接口总线,增强型 UART;低电压、低功耗、省电模式、WDT、降低 EMI 高可靠性措施等。SST 生产的与51 内核兼容的单片机主要机型及其性能如表 1.3 所示。

表 1.3 SST89 系列单片机主要机型及其性能

型号	时钟频率		Flash 存储器	RAM	串口		PCA	中断		DPTR	降低EMI	掉电检测	WDT
	5 V	2.7~3.6 V			UART	SPI		源	优先级				
SST89C54	0~33 MHz	0~12 MHz	16 KB+4 KB	256 B	1ch		0	6	2	1			√
SST89C58	0~33 MHz	0~12 MHz	32 KB+4 KB	256 B	1ch		0	6	2	1			√
SST89E554RC	0~40 MHz		32 KB+8 KB	1 KB	1ch+	√	5ch	9	4	2	√	√	√
SST89E564RD	0~40 MHz		64 KB+8 KB	1 KB	1ch+	√	5ch	9	4	2	√	√	√
SST89V554RC		0~40 MHz	32 KB+8 KB	1 KB	1ch+	√	5ch	9	4	2	√	√	√
SST89V564RD		0~40 MHz	64 KB+8 KB	1 KB	1ch+	√	5ch	9	4	2	√	√	√

4. PHILIPS 公司的增强型 80C51 系列单片机

PHILIPS 公司的增强型 8 位 80C51 单片机系列提供了完整的产品类型,可满足各个应用领域的需求。其产品类型包括通用型、Flash 型、OTP 型和低成本经济型。其主要产品系列包括 P80、P87、P89、LPC76、LPC900 等系列,包含 50 多种产品。

通用型系列单片机内部基本功能结构和引脚信号与 MCS-51 系列单片机保持一致，但功能、性能方面进一步加强。采用低功耗静态设计，宽工作电压范围(2.7～5.5 V)，宽工作频率(0～33 MHz)，有两种软件方式可供选择：空闲和掉电模式。空闲模式下，冻结 CPU，而 RAM、定时器、串行口和中断系统继续工作。由于是静态设计，所以在掉电模式下，保存 RAM 数据，时钟振荡停止，停止芯片内其他功能。CPU 唤醒后，从时钟断点处继续执行程序。通用型系列产品机型有 P80C31、P80C32、P80C51、P80C52、P80C54、P80C58、P87C51、P87C52、P87C54、P87C58。其中 P87 四种机型片内采用 OTP 程序存储器。

P89 系列属于 Flash 类型单片机，内部采用 Flash 程序存储器，其他性能和通用型系列是一致的。其主要产品机型有 P89C51、P89C52、P89C54、P89C58。

LPC76 系列属于加速 80C51 指令周期、内部采用 OTP 程序存储器、低价位、多功能、少引脚的单片机。该类单片机指令周期比 80C51 快两倍，可提供高速或低速石英晶体振荡或 RC 的震荡功能，可编程端口输出配置，可选择斯密特触发输入，LED 驱动输出；同时，口线的转换速度亦可控，引脚数为 14/16/20。其主要产品机型有 P87LPC760、P87LPC761、P87LPC762、P87LPC764、P87LPC767、P87LPC768。

LPC900 系列是 PHILIPS 公司推出的低成本、少引脚、高集成度 Flash 单片机，适合于要求并不复杂的小型消费类产品的应用场合。在同一时钟频率下这类单片机的运行速度是 8051 的 6 倍，应用编程(IAP)和在线编程(ICP)允许用户 EPROM 实现简单的串行代码编程，使得程序存储器可用于非易失性数据的存储，配有模拟比较器、WDT、复位电路等，芯片仅有 8 个引脚。PHILIPS 公司的增强型 80C51 系列单片机的主要产品及其性能见表 1.4。

表 1.4　PHILIPS 公司 80C51 系列单片机主要机型及其性能

子系列	型号	片内存储器/字节		I/O 口	UART	中断源	定时器/计数器	工频率/MHz	A/D 通道	其他特性
		程序存储器	RAM							
通用型系列	P80C31	ROMless	128	32	1	5	2	33	0	
	P80C32	ROMless	256	32	1	6	3	33	0	
	P80C51	4K ROM	128	32	1	5	2	33	0	
	P80C52	8K ROM	256	32	1	6	3	33	0	
	P80C54	16K ROM	256	32	1	6	3	33	0	
	P80C58	32K ROM	256	32	1	6	3	33	0	
	P87C51	4K OPT	128	32	1	5	2	30/33	0	
	P87C52	8K OPT	256	32	1	6	3	30/33	0	
	P87C54	16K OPT	256	32	1	6	3	30/33	0	
	P87C58	32K OPT	256	32	1	6	3	30/33	0	
Flash 型系列	P89C51	4K Flash	128	32	1	6	3	33	0	
	P89C52	8K Flash	256	32	1	6	3	33	0	
	P89C54	16K Flash	256	32	1	6	3	33	0	
	P89C58	32K Flash	256	32	1	6	3	33	0	
	P89C51RX2	16～64K Flash	512	32	1	7	4	33	0	ISP/IAP

习　题　一

1-1　何谓单片机？与通用微机相比，两者在结构上有何异同？

1-2　何谓嵌入式系统？

1-3　单片机的体系结构经历了哪几个阶段的发展变化过程？

1-4　ISP、IAP 的含义是什么？

1-5　单片机有哪些应用特点？主要应用在哪些领域？

1-6　51 单片机与通用微机相比，在结构上有哪些主要特点？

1-7　51 单片机有哪些主要系列产品？

第2章　51系列单片机的硬件结构

51系列单片机是具有8051内核体系结构、引脚信号和指令系统及其性能完全兼容的单片机的总称。本章主要从应用角度介绍51系列单片机的硬件结构特性。站在应用角度学习单片机的硬件结构时，主要应抓住单片机的供应状态，即单片机提供给用户哪些可用资源以及怎样合理地使用这些资源。

2.1　51系列单片机简介

51系列单片机是指MCS-51系列单片机和其他公司使用8051内核生产的派生产品的总称。

2.1.1　MCS-51系列单片机

MCS-51系列单片机最早是由Inter公司推出的通用型单片机。MCS-51系列单片机产品可分为两大系列：51子系列和52子系列。

51子系列的基本产品是8031、8051和8751三种机型，分别与这三种机型兼容的低功耗COMS器件产品是80C31、80C51和87C51，它们的指令系统与芯片引脚完全兼容。从表1.1可以看出，它们的差别仅在于片内有无ROM或EPROM。

52子系列的基本产品是8032、8052和8752三种机型。从表1.1可以看出，51子系列和52子系列的不同之处在于：片内数据存储器增至256 B；片内程序存储器增至8KB(8032无)；3个16位定时/计数器；6个中断源。其他性能与51子系列相同。

2.1.2　8051派生产品

8051派生产品是各个厂家以8051为基本内核而推出的单片机产品。这些派生产品在8051内核基础上增加了存储器、通信接口和实时控制部件的数量与种类，增强了8051单片机的调试与应用能力。这些增强型的8051单片机产品都是基于CMOS工艺的，通常称为80C51系列单片机。例如，ATMEL公司的AT89C52、AT89C2051就属于80C51系列单片机。

虽然这些单片机产品在某些方面存在差异，但它们的基本结构和功能是相同的。为兼顾51系列单片机的多种产品，本书以"51单片机"统称它们，讲述51系列单片机的基本功能和特性。在后面的叙述中若无特殊说明，"51单片机"均指统称。

2.2 51 单片机的内部结构与引脚信号

2.2.1 51 单片机的基本组成

51 系列单片机的内部结构框图如图 2.1 所示。

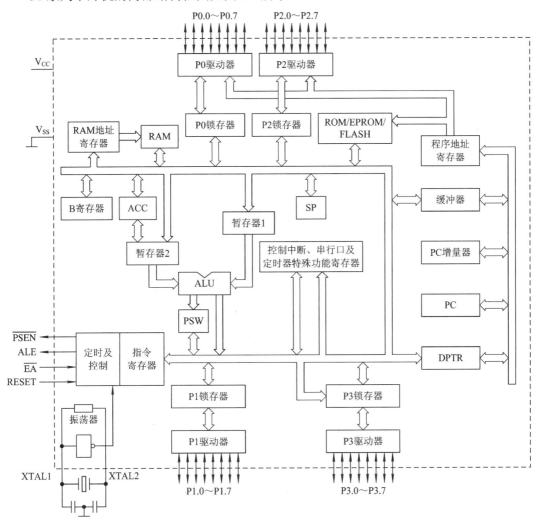

图 2.1 51 单片机内部结构框图

从图 2.1 可看出，51 单片机组成结构中包含运算器、控制器、片内存储器、4 个并行 I/O 口、串行口、定时/计数器、中断系统、振荡器等功能部件。图中 SP 是堆栈指针寄存器；PC 是程序计数器；PSW 是程序状态字寄存器；DPTR 是数据指针寄存器。

2.2.2 51 单片机的引脚信号

任何集成电路芯片，其内部功能都是通过引脚展现给用户，即用户通过引脚来使用其内部功能。引脚是应用集成电路芯片的物理界面。所以先从引脚信号开始，了解单片机的供应状态(内部资源)。

双列直插(DIP)式封装的 51 单片机芯片一般为 40 条引脚，其引脚示意及功能分类如图 2.2 所示。

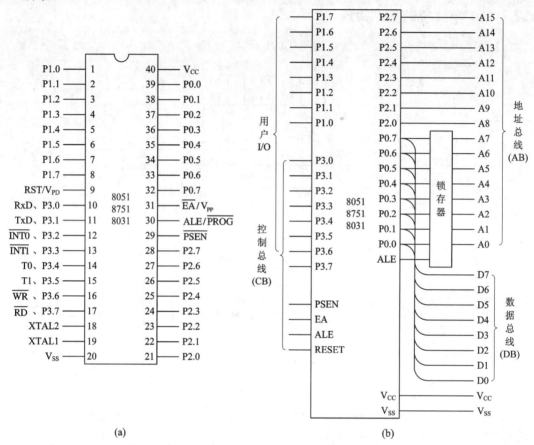

图 2.2　51 单片机引脚及总线结构

(a) 管脚图；(b) 引脚功能分类

各引脚功能说明如下：

1. 主电源引脚

V_{CC}(40 脚)：接 +5 V 电源正端；

V_{SS}(20 脚)：接 +5 V 电源地端。

2. 外接晶体引脚

XTAL1(19 脚)、XTAL2(18 脚)：在单片机内部有一个高增益反相放大器，XTAL1 是反相放大器的输入端，XTAL2 是反相放大器的输出。只要在 XTAL1、XTAL2 外接晶振就可构成单片机的时钟振荡器。这两个引脚是外部晶振的接入端。

3. 输入/输出引脚

51 单片机提供了 4 个 8 位并行输入/输出口，分别称之为 P0、P1、P2、P3 口。

(1) P0.0～P0.7(39～32 脚)：是 P0 口的 8 位数据输入/输出线。在应用中，外部无扩展存储器或 I/O 口时, P0 口作为连接外部设备的 8 位输入/输出线; 在外部有扩展存储器或 I/O 口时, P0 口作为 8 位系统总线, 分时复用为低 8 位地址总线和双向数据总线(如图 2.2(b) 所示)。

(2) P1.0～P1.7(1～8 脚): 是 P1 口的 8 位数据输入/输出线。对于 52 子系列, P1.0 与 P1.1 还有第二功能: P1.0 可用作定时/计数器 2 的计数脉冲输入端 T2; P1.1 可用作定时/计数器 2 的外部控制端 T2EX。

(3) P2.0～P2.7(21～28 脚): 是 P2 口的 8 位数据输入/输出线。在应用中, 外部无扩展存储器或 I/O 口(或有扩展, 但扩展空间小于 256 字节)时, P2 口作为连接外部设备的 8 位输入/输出线; 在外部扩展存储器或 I/O 口空间大于 256 字节时, P2 口作为系统高 8 位地址总线(如图 2.2(b)所示)。

(4) P3.0～P3.7(10～17 脚): 是 P3 口的 8 位数据输入/输出线。P3 口除作为 I/O 口使用外, 还定义了第 2 功能, 见表 2.1。应用中, P3 口作为第 2 功能的口线时, 就不能作 I/O 口使用了; 不作为第 2 功能的口线时, 可按位使用为 I/O 口线。

表 2.1　P3 口第二功能表

引　脚	第　二　功　能	
P3.0	RxD	串行口输入端
P3.1	TxD	串行口输出端
P3.2	$\overline{\text{INT0}}$	外部中断 0 请求输入端,　低电平有效
P3.3	$\overline{\text{INT1}}$	外部中断 1 请求输入端,　低电平有效
P3.4	T0	定时/计数器 0 计数脉冲输入端
P3.5	T1	定时/计数器 1 计数脉冲输入端
P3.6	$\overline{\text{WR}}$	外部数据存储器写选通信号输出端,　低电平有效
P3.7	$\overline{\text{RD}}$	外部数据存储器读选通信号输出端,　低电平有效

4. 控制线

控制线的作用是控制单片机外部功能器件的操作。控制线主要包含对外部存储器、I/O 口的读/写操作控制信号线, 还包含对中断以及对单片机本身的控制信号线。

(1) ALE/$\overline{\text{PROG}}$ (30 脚): 地址锁存有效信号输出端, 主要用于控制 P0 口连接锁存器的地址锁存允许。对 P0 口传送的地址允许锁存, 输出为低 8 位地址; 对 P0 口传送的数据不允许锁存, 输出为 8 位数据。经 ALE 锁存控制, 将分时传输的地址和数据分开, 就形成了系统的低 8 位地址线和 8 位双向数据线。在访问片外程序存储器期间, ALE 以每个机器周期两次输出高电平脉冲信号, 其下降沿控制锁存 P0 输出的低 8 位地址, 用于控制两次指令的读取; 在不访问片外程序存储器期间, ALE 端仍以上述频率(振荡频率 f_{osc} 的 1/6)输出, 可作为对外输出的时钟脉冲。在访问片外数据存储器期间, ALE 在每个机器周期只有一次有效的高电平脉冲, 控制数据读/写。注意, 此时作为时钟输出就不妥了(详见 2.3 节 CPU 时序)。

对于片内含有 EPROM 的机型, 在编程期间, 该引脚用作编程脉冲 $\overline{\text{PROG}}$ 的输入端。

(2) $\overline{\text{PSEN}}$ (29 脚): 片外程序存储器读选通信号输出端, 低电平有效。当从外部程序存储器读取指令或常数期间, 每个机器周期内该信号两次有效, 控制通过数据总线(P0 口)

读回指令或常数。在访问片外数据存储器期间，PSEN信号将不出现。

（3）RST/V$_{PD}$(9 脚)：RST 即为 RESET，V$_{PD}$为备用电源。该引脚为单片机的上电复位或掉电保护端。当单片机振荡器工作时，该引脚上出现持续两个机器周期的高电平，就可实现复位操作，使单片机回复到初始状态。上电时，考虑到振荡器有一定的起振时间，该引脚上高电平需持续 10 ms 以上才能保证有效复位。

当 V$_{CC}$发生故障，电平值降低到规定限值或掉电时，该引脚可接上备用电源 V$_{PD}$(+5 V)为内部 RAM 供电，以保证 RAM 中的数据不丢失。

（4）$\overline{EA}$/V$_{PP}$(31 脚)：$\overline{EA}$为片外程序存储器选用控制端。该引脚低电平时，只选用片外程序存储器(从片外程序存储器读取指令)，否则单片机上电或复位后选用片内程序存储器(从片内程序存储器读取指令)。

对于片内含有 EPROM 的机型，在编程期间，此引脚用作编程电源 V$_{PP}$ 的输入端。

综上所述，51 单片机的引脚可归纳为以下两点：

（1）单片机功能多，引脚数少，因而许多引脚都具有第二功能。

（2）单片机对外呈现 3 总线形式，由 P2、P0 口组成 16 位地址总线；由 P0 口分时复用为数据线；由 ALE、$\overline{PSEN}$、RST、$\overline{EA}$ 与 P3 口中的 $\overline{INT0}$、$\overline{INT1}$、T0、T1、$\overline{WR}$、$\overline{RD}$ 共 10 个引脚组成控制总线，如图 2.2(b)所示。由于是 16 位地址线，因此，可使片外存储器的寻址范围达到 64 KB。

2.3　微处理器

微处理器又称 CPU，是单片机内部的核心部件，它决定了单片机的主要功能特性。CPU 由运算部件和控制部件两大部分组成。

2.3.1　运算部件

运算部件是以算术逻辑单元 ALU 为核心，再加上累加器 ACC、寄存器 B、暂存器、程序状态字 PSW 等部件构成的。它能实现数据的算术逻辑运算、位变量处理和数据传输操作。

1．算术逻辑单元 ALU 与累加器 ACC、寄存器 B

算术逻辑单元不仅能完成 8 位二进制的加、减、乘、除、加 1、减 1 及 BCD 加法的十进制调整等算术运算，还能对 8 位数据进行逻辑"与"、"或"、"异或"、循环移位、求补、清零等逻辑运算，并具有数据传输、程序转移等功能。累加器(ACC，简称累加器 A)为一个 8 位寄存器，它是 CPU 中使用最频繁的寄存器。ALU 作算术和逻辑运算的操作数多来自于 A，运算结果也常送回 A 保存。寄存器 B 一般作暂存器用，在 ALU 进行乘除法运算时，配合累加器 A，存放规定的数据。

2．程序状态字寄存器

程序状态字 PSW 是一个专用寄存器，用于存储 CPU 操作的有关状态标志信息，作为程序查询或判断的依据，对于应用来说，是一个经常使用的重要的资源。它是一个 8 位标志寄存器，按位定义了特征信息。其格式定义如下：

PSW	PSW.7	PSW.6	PSW.5	PSW.4	PSW.3	PSW.2	PSW.1	PSW.0	字节地址
	C	AC	F0	RS1	RS0	OV	---	P	D0H

C：进位标志位。在执行某些算术操作类、逻辑操作类指令时，可被硬件或软件置位或清零。它表示运算结果是否有进位或借位。如果在最高位有进位(加法时)或有借位(减法时)，则自动被置1，否则被清0。

AC：辅助进位(或称半进位)标志。它表示两个8位数运算，低半字节(低4位)向高半字节(高4位)有无进/借位的状况。加(或减)运算时，若D3位向D4位有进位(或有借位)，则自动被置1，否则被清0。该标志位主要用于BCD运算的调整。

F0：用户自定义标志位。给用户保留的一个标志位，用户可根据需要设置自己的标志。如可表示某一事件是否发生，发生了用指令置1，没有发生则清0。

RS1、RS0：工作寄存器组选择位，用于选定当前使用的工作寄存器组。51单片机提供4组工作寄存器，某一时段只使用其中一组。用户可通过对这2位的设置来选择当前使用的寄存器组(详见2.4节)。

OV：溢出标志位，表示运算结果是否溢出。当运算结果超出了运算器的数值范围时，被自动置1，否则被清0。8位无符号数处理的数值范围为0~255，超此数值范围则溢出；带符号数在机内用补码表示，其数值范围为 −128~+127，超出此范围则溢出。做无符号数加法或减法时，OV与进位标志C的状态相同；在做有符号数加或减法时，如最高位、次高位之一有进(借位)，OV被置1，即OV的值为最高位和次高位的异或($C_7 \oplus C_6$)。

执行乘法指令(MUL AB)时，积>255时 OV = 1，否则 OV = 0。

执行除法指令(DIV AB)时，如B中所放除数为0，OV = 1，否则 OV = 0。

P：奇偶标志位，表示操作结果中"1"的个数是奇数还是偶数。当"1"的个数是奇数时，被自动置1，否则清0。该标志对串行通信的奇偶校验有重要应用价值。

3. 布尔处理机

布尔处理机(即位处理)是51单片机所具有的一种特殊功能。51单片机提供了一个完整的位处理功能体系，包含有位累加器(PSW.7(C))，位存储空间，位处理指令子集，构成了51单片机内的布尔处理机。ALU可把位作为独立的数据对象进行处理，如置位、清零、取反、测试转移以及逻辑"与"、"或"等位操作。但位处理机并不是独立设置的，而只是在单片机中设置了位处理功能，所以称之为相对独立的布尔处理机。

2.3.2 控制部件及振荡器

控制部件是单片机的神经中枢，它包括定时和控制电路、指令寄存器、译码器以及信息传送控制等部件。它以主振频率为基准发出CPU的时序，对指令进行译码，然后发出各种控制信号，完成一系列定时控制的微操作，用来协调单片机内部各功能部件之间的数据传送、数据运算等操作，并对外发出地址锁存 ALE、外部程序存储器选通 $\overline{PSEN}$，以及通过P3.6和P3.7发出数据存储器读 $\overline{RD}$、写 $\overline{WR}$ 等控制信号，并且接收处理外接的复位和外部程序存储器访问控制 $\overline{EA}$ 信号。

单片机的定时控制功能是通过一系列时序信号来完成的。51单片机的时序信号有两类：

一类用于片内各功能部件的控制，这类信号对用户来说是没有意义的；另一类用于片外存储器或 I/O 端口的控制，通过单片机的引脚送到片外，这部分时序信号对于分析或设计硬件电路是至关重要的。

　　单片机的时序定时单位共有 4 个，从小到大依次是振荡周期(节拍)、状态周期、机器周期和指令周期，如图 2.3 所示。

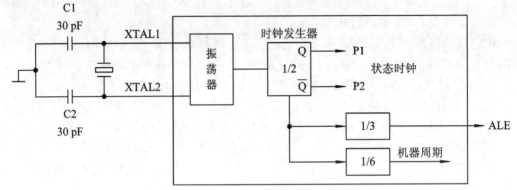

图 2.3　51 单片机时序信号产生逻辑图

1.　振荡周期

　　振荡脉冲是单片机的一个基准定时信号，其他定时信号是在它的基础上产生的。振荡脉冲信号由振荡器产生。51 单片机片内有一个高增益反相放大器，其输入端(XTAL1)、输出端(XTAL2)对外，只要外接作反馈原件的晶振体(呈感性)与电容组成的并联谐振回路，就构成一个自激振荡器，如图 2.3 所示。振荡器的频率主要取决于晶体的振荡频率，一般晶体可在 1.2～12 MHz 之间任选。电容 C1、C2 的值有微调作用，通常取 30 pF 左右。

　　振荡脉冲信号也可由外部振荡电路产生，仍通过 XTAL1 和 XTAL2 接入，但不同工艺制造的单片机芯片，其接法有所不同，见表 2.2。

表 2.2　单片机外部时钟接法表

芯片类型	接　　法	
	XTAL1	XTAL2
HMOS 型	接地	接片外振荡脉冲输入端(带上拉电阻)
CHMOS 型	接片外振荡脉冲输入端(带上拉电阻)	悬浮

2.　状态周期

　　振荡脉冲信号不被系统直接使用，经 2 分频形成的状态周期信号，才作为系统使用的时钟信号。即 2 个振荡周期为一个状态周期，称为时钟周期，用 S 表示。2 个振荡周期作为 2 个节拍分别称为节拍 P1 和节拍 P2。在状态周期的前半周期 P1 期间，通常完成算术逻辑操作；在后半周期 P2 期间，一般进行内部寄存器之间的传输。

3.　ALE 周期信号

　　状态周期经 3 分频(振荡周期的 6 分频)后形成 ALE 周期信号。单片机访问片外程序存储器(取指令)、片外数据存储器或 I/O 端口(读/写数据)控制地址锁存。ALE 在一个机器周期两次有效。ALE 是一个控制信号，不属于内部定时单位信号，但可作为外部定时信号使用。

4. 机器周期

状态周期经 6 分频(振荡周期的 12 分频)形成机器周期定时信号。机器周期是单片机指令操作的定时单位。如单周期指令在一个机器周期内完成指令操作；双周期指令在 2 个机器周期内完成指令操作。一个机器周期包含 6 个状态周期，用 S1、S2、…、S6 表示，共12 个节拍，依次可表示为 S1P1、S1P2、S2P1、S2P2、…、S6P1、S6P2。单片机执行一条指令的各种内部微操作，都在规定的状态周期的规定节拍发生。如 ALE 在一个机器周期两次有效发生在 S1P2 和 S4P2，产生地址锁存操作。振荡频率确定后，机器周期随之确定。如振荡频率是 12 MHz，则一个机器周期时间就是 1 μs；如振荡频率是 6 MHz，则一个机器周期时间就是 2 μs。

5. 指令周期

指令周期是最大的时序定时单位，执行一条指令所花费的时间称之为指令周期。指令周期用机器周期来表示。51 单片机除乘法、除法是 4 周期指令外，其他都是单周期指令和双周期指令。

单片机的所有操作都是在这 4 种定时信号控制下完成的。单片机执行一条指令，首先到程序存储器取出指令码，经译码，由时序部件产生一系列时序信号，控制其指令操作的完成。

2.3.3　指令操作时序

下面通过取片内程序存储器指令的执行时序、取片外程序存储器指令的执行时序和访问片外数据存储器指令的执行时序，进一步揭示单片机的工作原理。

1. 取片内程序存储器(ROM)指令的执行时序

单片机执行一条指令要经过取指令和执行指令两个阶段。取指令阶段，把 PC 中的地址送地址总线，从寻址单元读出指令操作码和操作数。执行阶段，对指令译码，产生一系列控制信号完成指令操作。几种从片内程序存储器读取的典型指令的执行时序如图 2.4所示。

单字节单周期指令(例如：INC A)只需进行一次读指令操作，在一个机器周期执行完，其时序如图 2.4(a)所示。在 S1P2 进行读指令操作，因为是单字节指令，PC 不加 1；在 S4P2仍进行读指令操作，但读出的仍是原指令码，属于一次无效操作。

双字节单周期指令(例如：ADD A，#data)需要进行两次读指令操作，在一个机器周期执行完，其时序如图 2.4(b)所示。在 S1P2 进行读指令操作，PC 加 1；在 S4P2 读指令的第二字节(本例是立即数)。

不需片外存储器数据的单字节双周期指令(例如：INC DPTR)，只需进行一次读指令操作，在两个机器周期执行完，其时序如图 2.4(c)所示。两个机器周期发生 4 次读指令操作，但第一次读指令，PC 不加 1，所以后三次读指令无效。

需从片外数据存储器取数据的单字节双周期指令(MOVX 类指令)，其时序如图 2.4(d)所示。在第一个机器周期，第一次读指令，PC 不加 1，第二次读指令无效。第二个机器周期，对外部数据存储器进行访问，不产生读指令操作。从 S5P1～S4P1 进入访问数据存储器操作时序。

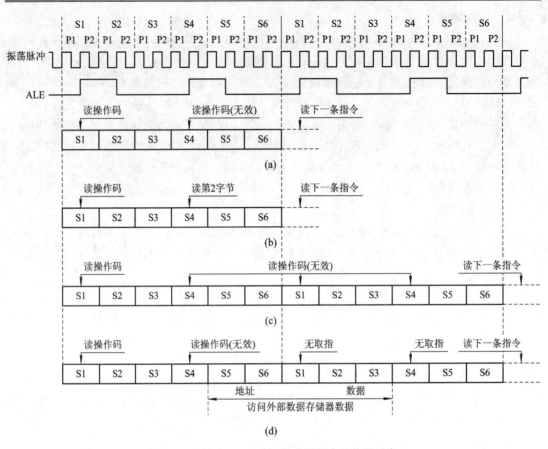

图 2.4 取片内 ROM 的几种典型指令的执行时序

(a) 单字节单周期指令；(b) 双字节单周期指令；(c) 单字节双周期指令；(d) 单字节双周期指令

从图 2.4 可以看出，单片机执行内部程序存储器的指令，ALE 在每个机器周期两次有效，在 S1P2 和 S4P2 产生两次读指令操作，在指令规定的周期内由内部时序信号控制完成操作，不需要其他外部控制信号。

2. 取片外程序存储器(ROM)指令的执行时序

单片机从片外程序存储器取指令的执行时序如图 2.5 所示。中心线以上是不需片外数据存储器数据的指令(不是 MOVX 指令)时序，中心线以下是需片外数据存储器数据的指令(是 MOVX 指令)时序。

从片外程序存储器取出的不是 MOVX 指令，第一个机器周期取指令操作码，第二个机器周期取指令的第二个字节是操作数。ALE、$\overline{PSEN}$ 在一个机器周期两次有效。P2 口只传送 PCH 的高 8 位地址，P0 口分时传送 PCL 的低 8 位地址和一个字节指令或程序存储器中的数据。ALE 下降沿锁存 P0 口传送的 PCL 中低 8 位地址。$\overline{PSEN}$ 有效，将寻址单元的指令或数据送到 P0 口线。

从片外程序存储器取出 MOVX 指令，第一个机器周期取指令操作码，第二个机器周期从片外数据存储器取操作数。在第一个机器周期 ALE 第一次有效的下降沿锁存 P0 口传送 PCL 的低 8 位地址，P2 口出现的是 PCH 高 8 位地址，$\overline{PSEN}$ 有效后，从片外程序存储器读指令操作码。第一个机器周期 ALE 第二次有效的下降沿锁存 P0 口传送 DPL 的低 8 位地址(数据存储器的低 8 位地址)，P2 口出现的是 DPH 地址(片外数据存储器的高 8 位地址)，$\overline{PSEN}$ 也不再有效，取而代之的是 $\overline{RD}$ 有效。从而，在第二个机器周期进行从片外数据存储器读取操作数的操作。在第二个机器周期的 S1P2 不产生有效 ALE，到 S4P2 再产生 ALE 有效。由此可知，在访问片外数据存储器一个机器周期中 ALE 要轮空一个。在这种情况下，ALE 用作外部时钟就不妥了。

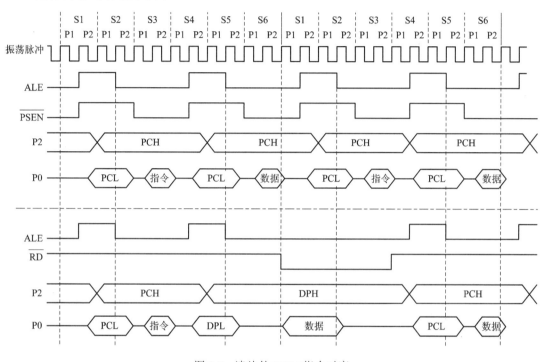

图 2.5　读片外 ROM 指令时序

3. 访问片外数据存储器(RAM)的指令时序

访问片外 RAM 即是执行 MOVX 指令，其时序如图 2.6 所示。中心线以上是输入数据指令(执行 MOVX A，@DPTR)的时序，中心线以下是输出数据指令(执行 MOVX @DPTR，A)的时序。

输入数据操作从 S1P2 时刻开始，ALE 有效，DPL 中低 8 位地址送 P0 口，DPH 中高 8 位地址送 P2 口；ALE 下降沿(S2P2)锁存 P0 口低 8 位地址有效，P2 口高 8 位地址同时有效；S3P2 时刻 P0 口 8 位线变为高阻状态；S4P1 时刻 $\overline{RD}$ 有效，S4P2 时刻外部 RAM 寻址单元的数据被送上 P0 口；一个机器周期结束时，完成读操作，$\overline{RD}$ 失效，P0 口呈现为高阻状态，P2 口高 8 位地址仍保持在总线上(因为 P0 口对输入无锁存能力，P2 对输出有锁存能力)，一直到下一次操作。

输出数据时序和输入数据时序相似。相同的操作从图中显而易见。不同的操作有：向 P0 口送地址后紧接着就送要写入的数据，在 S3P2 时刻 P0 口直接由地址状态翻转为数据状态；输出用的是写控制信号 $\overline{WR}$；一个机器周期结束时，完成写操作，$\overline{WR}$ 失效，P0 口的数据仍保持在总线上(因为 P0 口对输出有锁存能力)，一直到下一次操作。

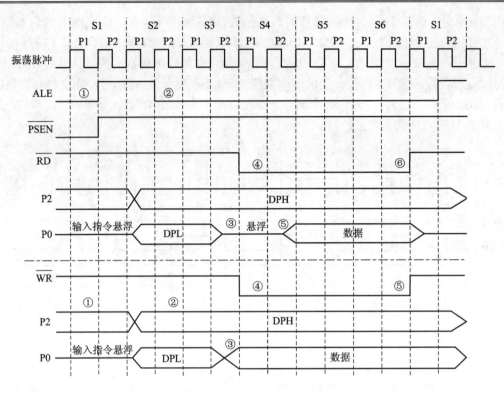

图 2.6　访问片外 RAM 指令时序

从上述时序图容易看出：读程序存储器指令，一个机器周期 ALE 两次有效；读片存储器指令由 $\overline{PSEN}$ 控制读操作；访问片外数据存储器，一个机器周期 ALE 只有一次有效，由 $\overline{RD}$ 或 $\overline{WR}$ 控制读或写操作。

2.4　存　储　器

51 单片机系统的存储器组织方式与通用单片机系统不同，程序存储器地址空间和数据存储器地址空间相互独立。

51 单片机存储器从物理结构上可分为片内、片外程序存储器(8031 和 8032 没有片内程序存储器)与片内、片外数据存储器 4 个部分；从功能上可分为程序存储器、片内数据存储器、特殊功能寄存器、位地址空间和片外数据存储器 5 个部分；其寻址空间可划分为程序存储器、片内数据存储器和片外数据存储器 3 个独立的地址空间。

2.4.1　程序存储器

1. 编址与访问

51 单片机的程序存储器用于存储程序代码和一些固定表格常数。它可由只读存储器 ROM 或 EPROM 等组成。为了有序地读出指令，设置了一个专用寄存器——程序计数器 PC，用以存放将要执行的指令地址。每取出指令的 1 个字节后，其内容自动加 1，指向下一字节地址，依次使 CPU 从程序存储器取指令并加以执行。寻址程序存储器的唯一方式是通过 PC。由于 51 单片机的程序计数器为 16 位，因此，可寻址的程序存储器地址空间为 64 KB。

51 系列单片机从物理配置上有片内、片外程序存储器，但作为一个编址空间，其编址规律为：先片内，后片外，片内、外连续，二者一般不重叠。图 2.7 给出了程序存储器编址图。

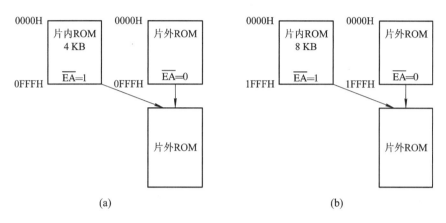

图 2.7　51 单片机程序存储器编址
(a) 51 子系列；(b) 52 子系列

单片机执行指令，是从片内程序存储器取指令，还是从片外程序存储器取指令，是由单片机的 $\overline{EA}$ 引脚电平的高低来决定的：$\overline{EA} = 1$(接高电平)时，先执行片内程序存储器的指令，当 PC 的地址值超过片内程序存储器地址的最大值(51 子系列为 0FFFH，52 子系列为 1FFFH)时，将自动转去执行片外程序存储器中的指令；$\overline{EA} = 0$(接低电平)时，CPU 从片外程序存储器中取指令执行。对于片内无程序存储器的 51 单片机，$\overline{EA}$ 引脚应接低电平。对于片内有程序存储器的单片机，如果 $\overline{EA}$ 引脚接低电平，将强行执行片外程序存储器中的程序。这种方式多用在片外程序存储器中存放调试程序，使单片机工作在调试状态。片外程序存储器存放调试程序的部分其编址与片内程序存储器的编址是可以重叠的，借EA的换接可实现分别访问。

2．程序的入口地址

程序地址空间可由用户根据需要任意安排使用。但有几个地址是 CPU 执行特殊程序的入口地址，用户必须按规定存放相应程序。特殊程序的入口地址规定见表 2.3。

从表 2.3 看出，51 单片机对复位后 CPU 执行程序的入口地址和响应中断后 CPU 执行中断服务程序的入口地址做了规定。当发生复位操作时，PC 被自动置 0000H 地址，从此执行程序。当 CPU 响应中断时，PC 被自动置相应中断服务程序入口地址，从此执行中断服务程序。所以，要求用户必须把监控程序从 0000H 开始存放，把中断服务程序从规定的入口地址开始存放。否则，程序执行将会出现"走飞"现象，即不按正常的执行流执行。

从表 2.3 还可以看出，入口地址互相离得很近，只隔几个字节，程序起始地址与外部中断 0 的入口地址仅隔 3 个字节，中断服务程序之间仅隔 8 个字节(实际程序规模往往不止几个字节)。实际应用中，可在规定的入口地址处存放一条无条件转移指令，使程序执行跳转到存放地址处执行。这样，就可以把各种程序按用户自己的安排存放了。

表 2.3　51 单片机复位、中断入口地址

操　作	入口地址
复位	0000H
外部中断 0	0003H
定时器/计数器 0 溢出	000BH
外部中断 1	0013H
定时器/计数器 1 溢出	001BH
串行口中断	0023H
定时器/计数器 2 溢出或 T2EX 端负跳变(52 子系列)	002BH

2.4.2　数据存储器

1. 编址与访问

51 单片机片内、外数据存储器是两个独立的地址空间，分别单独编址。片内数据存储器除 RAM 块外，还有特殊功能寄存器(SFR)块。对于 51 子系列，前者有 128 个字节，其编址为 00H～7FH；后者也占 128 个字节，其编址为 80H～FFH；二者连续而不重叠。对于 52 子系列，前者有 256 个字节，其编址为 00H～FFH；后者占 128 个字节，其编址为 80H～FFH。后者与前者高 128 个字节的编址是重叠的。地址虽有重叠，但使用不同寻址方式的指令访问，并不会引起混乱。片外数据存储器采用 16 位编址。数据存储器的编址如图 2.8 所示。

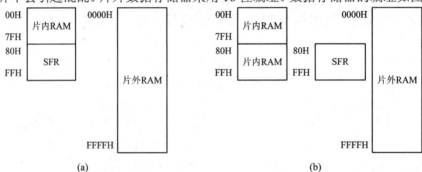

图 2.8　51 单片机数据存储器编址

(a) 51 子系列；(b) 52 子系列

片外数据存储器的低 256 字节，也可使用 8 位地址访问，访问的地址为 00H～FFH。在这种情况下，地址空间与片内数据存储器重叠，但访问片内、外数据存储器使用的指令是不同的，也不会引起冲突。

片外数据存储器与程序存储器的地址空间是重叠的，但也不会发生冲突。因为它们是两个独立的地址空间，使用不同的指令访问，控制信号也不同。访问程序存储器时，用 $\overline{\text{PSEN}}$ 信号选通，而访问片外数据存储器时，由 $\overline{\text{RD}}$ (读)和 $\overline{\text{WR}}$ (写)选通信号。

2. 片内数据存储器

片内数据存储器在应用中是非常紧缺的资源。为了合理地使用，对低 128 字节 RAM 空间划分了不同的功能区。图 2.9 给出了 51 子系列单片机片内 RAM 的配置图。由图可见，片内数据存储器划分为工作寄存器区、位寻址区、数据缓冲区 3 个区域。

		D7	D6	D5	D4	D3	D2	D1	D0	
工作寄存器区	00H	R0								工作寄存器0组
	01H	R1								
	⋮	⋮								
	07H	R7								
	08H	R0								工作寄存器1组
	09H	R1								
	⋮	⋮								
	0FH	R7								
	10H	R0								工作寄存器2组
	11H	R1								
	⋮	⋮								
	17H	R7								
	18H	R0								工作寄存器3组
	19H	R1								
	⋮	⋮								
	1FH	R7								
位寻址区	20H	07	06	05	04	03	02	01	00	
	21H	0F	0E	0D	0C	0B	0A	09	08	
	22H	17	16	15	14	13	12	11	10	
	23H	1F	1E	1D	1C	1B	1A	19	18	
	24H	27	26	25	24	23	22	21	20	
	25H	2F	2E	2D	2C	2B	2A	29	28	
	26H	37	36	35	34	33	32	31	30	
	27H	3F	3E	3D	3C	3B	3A	39	38	
	28H	47	46	45	44	43	42	41	40	
	29H	4F	4E	4D	4C	4B	4A	49	48	
	2AH	57	56	55	54	53	52	51	50	
	2BH	5F	5E	5D	5C	5B	5A	59	58	
	2CH	67	66	65	64	63	62	61	60	
	2DH	6F	6E	6D	6C	6B	6A	69	68	
	2EH	77	76	75	74	73	72	71	70	
	2FH	7F	7E	7D	7C	7B	7A	79	78	
数据缓冲区	30H									
	31H									
	⋮					⋮				
	7EH									
	7FH									

图 2.9　51 单片机片内 RAM 的配置图

1) 工作寄存器区

00H～1FH 为工作寄存器区。工作寄存器也称通用寄存器，用于临时寄存 8 位信息。工作寄存器分成 4 组，每组都有 8 个寄存器，用 R0～R7 来表示。程序中每次只用 1 组，其他各组不工作。使用哪一组寄存器工作由程序状态字 PSW 中的 PSW.3(RS0)和 PSW.4(RS1)两位来选择。通过软件设置 RS0 和 RS1 两位的状态，就可选择使用某一组工作寄存器。其选择编码与寄存器组的对应关系如表 2.4 所示。这个特点使 51 单片机具有快速现场保护功能，对于提高程序效率和响应中断的速度是很有利的。

表 2.4　工作寄存器组的选择表

PSW.4(RS1)	PSW.3(RS0)	当前使用的工作寄存器组 R0~R7
0	0	0 组(00H~07H)
0	1	1 组(08H~0FH)
1	0	2 组(10H~17H)
1	1	3 组(18H~1FH)

2) 位寻址区

20H~2FH 是位寻址区，这 16 个单元(共计 128 位)的每一位都赋予了一个位地址，位地址范围为 00H~7FH。位寻址区的每一位都可当作软件触发器，由程序直接进行位处理。通常可以把各种程序状态标志、位控制变量存于位寻址区内。

3) 数据缓冲区

30H~7FH 是数据缓冲区，也称之为用户 RAM 区，共 80 个单元，用于存储当前程序处理的数据。工作寄存器区、位寻址区、数据缓冲区统一编址，使用同样的指令访问，这三个区的单元既有自己独特的功能，又可统一调配使用。因此，前两个区未使用的单元也可作为一般的用户 RAM 单元，使容量较小的片内 RAM 得以充分利用。

52 子系列片内 RAM 有 256 个单元，前两个区的单元数与地址都和 51 子系列保持一致，用户 RAM 区却为 30H~FFH，有 208 个单元。

4) 堆栈和堆栈指针

堆栈是按先进后出或后进先出原则进行读写的特殊 RAM 区域。51 单片机堆栈区是不固定的，原则上可设置在内部 RAM 的任一区域。实际应用中，要根据对片内 RAM 各功能区的使用情况灵活设置，应避开工作寄存器区、位寻址区和用户实际使用的数据区，一般设在 2FH 地址单元以后的区域。栈顶的位置由专门设置的堆栈指针寄存器 SP 指出。51 单片机的 SP 是 8 位寄存器，堆栈属向上生长型的(即栈顶地址总是大于栈底地址，堆栈从栈底地址单元开始，向高地址端延伸)，如图 2.10 所示。

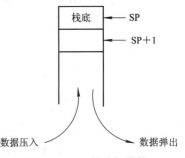

图 2.10　51 单片机堆栈

当数据压入堆栈时，SP 的值自动加 1，作为本次进栈的指针，然后再存入数据。当数据从堆栈弹出时，先读取数据，SP 值自动减 1。复位时，SP 的初值为 07H，堆栈实际上从 08H 开始堆放信息，即工作寄存器区内。实际应用中，用户在初始化程序中要给 SP 重新赋值，以规定堆栈的初始位置，即栈底位置。

3. 特殊功能寄存器块

特殊功能寄存器(SFR，Special Function Registers)又称专用寄存器，用于控制、管理片内算术逻辑部件、并行 I/O 口、串行 I/O 口、定时器/计数器、中断系统等功能模块的工作。在应用中，用户可以访问这些特殊功能寄存器，编程时可以置数设定，却不能自由移作它用。在 51 子系列单片机中，各专用寄存器(PC 例外)与片内 RAM 统一编址，且作为直接寻址字节。除 PC 外，51 子系列有 18 个专用寄存器，其中 3 个为双字节寄存器，共占用 21

个字节；52 子系列有 21 个专用寄存器，其中 5 个双字节寄存器。共占用 26 个字节。按地址排列的各特殊功能寄存器的名称、表示符、地址等如表 2.5 所示。其中有 12 个专用寄存器可以位寻址，它们字节地址的低半字节都为 0H 或 8H(即可位寻址的特殊功能寄存器字节地址具有能被 8 整除的特征)，共有可寻址位 12×8 − 3(未定义) = 93 位。在表 2.5 中也表示出了这些位的位地址与位名。

表 2.5　特殊功能寄存器的名称、表示符、地址一览表

专用寄存器名称	符号	地址	位地址与位名称							
			D7	D6	D5	D4	D3	D2	D1	D0
P0 口	P0	80H	87	86	85	84	83	82	81	80
堆栈指针	SP	81H								
数据指针低字节	DPL	82H								
数据指针高字节	DPH	83H								
定时器/计数器控制	TCON	88H	TF1 8F	TR1 8E	TF0 8D	TR0 8C	IE1 8B	IT1 8A	IE0 89	IT0 88
定时器/计数器方式控制	TMOD	89H	GATE	C/$\overline{\text{T}}$	M1	M0	GATE	C/$\overline{\text{T}}$	M1	M0
定时器/计数器 0 低字节	TL0	8AH								
定时器/计数器 1 低字节	TL1	8BH								
定时器/计数器 0 高字节	TH0	8CH								
定时器/计数器 1 高字节	TH1	8DH								
P1 口	P1	90H	97	96	95	94	93	92	91	90
电源控制	PCON	97H	SMOD	—	—	—	GF1	GF0	PD	IDL
串行控制	SCON	98H	SM0 9F	SM1 9E	SM2 9D	REN 9C	TB8 9B	RB8 9A	TI 99	RI 98
串行数据缓冲器	SBUF	99H								
P2 口	P2	A0H	A7	A6	A5	A4	A3	A2	A1	A0
中断允许控制	IE	A8H	EA AF	—	ET2 AD	ES AC	ET1 AB	EX1 AA	ET0 A9	EX0 A8
P3 口	P3	B0H	B7	B6	B5	B4	B3	B2	B1	B0
中断优先级控制	IP	B8H	— —	— —	PT2 BD	PS BC	PT1 BB	PX1 BA	PT0 B9	PX0 B8
定时器/计数器 2 控制	T2CON*	C8H	TF2 CF	EXF2 CE	RCLK CD	TCLK CC	EXEN2 CB	TR2 CA	C/$\overline{\text{T2}}$ C9	CP/$\overline{\text{RL2}}$ C8
定时器/计数器 2 自动重装低字节	RLDL*	CAH								
定时器/计数器 2 自动重装高字节	RLDH*	CBH								
定时器/计数器 2 低字节	TL2*	CCH								
定时器/计数器 2 高字节	TH2*	CDH								
程序状态字	PSW	D0H	C D7	AC D6	F0 D5	RS1 D4	RS0 D3	OV D2	— D1	P D0
累加器	A	E0H	E7	E6	E5	E4	E3	E2	E1	E0
B 寄存器	B	F0H	F7	F6	F5	F4	F3	F2	F1	F0

注：表中带 * 的寄存器都与定时器/计数器 2 有关，只在 52 子系列芯片中存在；RLDH、RLDL 也可写作 RCAP2H、RCAP2L，分别称为定时器/计数器 2 捕捉高字节、低字节寄存器。

必须注意：在 SFR 块的地址空间 80H～FFH 中，仅有 21 个(51 子系列)或 26 个(52 子系列)字节作为特殊功能寄存器离散分布在这 128 个字节范围内。其余字节无定义，但用户不能对这些字节进行读/写操作。若对其进行访问，则将得到一个不确定的随机数，因而是没有意义的。

2.5　并行输入/输出接口

51 系列单片机有 4 个 8 位并行输入/输出接口：P0、P1、P2 和 P3。这 4 个口既可以并行输入或输出 8 位数据，又可以按位使用，即每 1 位均能独立作输入或输出用。虽然 4 个口统称为并行 I/O 口，但各具不同的功能特性。只有充分了解它们的功能特性，才能正确使用。下面分别从各口内部接口结构来说明其功能特性。

2.5.1　P0 口

1. P0 口结构

P0 口是 1 个三态双向口，可作为地址/数据分时复用口，也可作为通用 I/O 接口。其 1 位的结构原理如图 2.11 所示。P0 口由 8 个这样的电路组成。锁存器起输出数据锁存作用，8 个位锁存器构成了特殊功能寄存器 P0；场效应管(FET)V1、V2 组成输出驱动器，以增大带负载能力；三态门 1 是引脚输入缓冲器；三态门 2 是读锁存器端口缓冲器；与门 3、反相器 4 及模拟转换开关构成了输出控制电路。

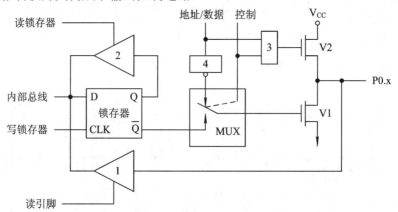

图 2.11　P0 口 1 位内部结构

2. 地址/数据分时复用功能

当 P0 口作为地址/数据分时复用总线时，可分为两种情况：一种是从 P0 口输出地址或数据，另一种是从 P0 口输入数据。

从 P0 口输出地址或数据信号时，单片机内部产生一个高电平控制信号(逻辑 1)，控制转换开关 MUX 把反相器 4 的输出端与 V1 接通，同时把与门 3 打开。当输出地址或数据为"1"时，经反相器 4 使 V1 截止，而经与门 3 使 V2 导通，P0.x 引脚上出现相应的高电平"1"；当输出地址或数据为"0"时，经反相器 4 使 V1 导通而 V2 截止，引脚上出现相应的低电平"0"。这样就将地址/数据的信号输出。

3. 通用 I/O 接口功能

当 P0 口作为通用 I/O 口使用，在 CPU 向端口输出数据时，内部产生一个低电平控制信号(逻辑 0)，控制转换开关把锁存器 $\overline{Q}$ 端与 V1 接通，同时因与门 3 输出为 0 使 V2 截止，此时，输出驱动电路呈现漏极开路。当单片机执行数据输出指令时，内部产生一个写锁存器控制信号，加在锁存器的时钟端 CLK 上，内部总线上的数据以反相的状态反映在 $\overline{Q}$ 端，再经 V1 反相，输出到 P0.x 线上。在内部经过了两次反相，P0 引脚上出现的数据正好是内部总线输出的数据。

当要从 P0 口输入数据时，内部产生一个读引脚控制信号，开通输入缓冲器 1，引脚数据就进入内部总线。但需注意，只有在锁存器是 "1" 状态时，才能正确输入。当锁存器是 "1" 状态时，$\overline{Q} = 0$，V1 截止，输入口呈现高阻抗输入状态；当锁存器是 "0" 状态时，$\overline{Q} = 1$，V1 导通，输入口线被箝为低电平，就不能正确输入。这正是称 P0 口为准双向口的内在原因。当 P0 口作为通用 I/O 接口时，要注意以下四点：

(1) 输出数据时，因输出驱动是漏极开路电路，无驱动能力，要使 "1" 信号正常输出，必须外接上拉电阻。

(2) P0 口作通用 I/O 口使用时，是准双向口。要正确输入，输入前必须用指令将锁存器置为 "1" 状态(与 P1、P2、P3 相同)。

(3) 对输出数据具有锁存能力。对输入数据无锁存能力(与 P1、P2、P3 相同)。

(4) 单片机复位时，锁存器被置为 "1" 状态(与 P1、P2、P3 相同)。

4. 端口操作

51 单片机对 4 个 I/O 口输出或输入数据时，使用数据传送指令(MOV 指令)，但还有一些对端口进行功能操作的指令，如逻辑运算指令等。这些指令的执行过程分成 "读一修改一写" 三步，即先将锁存器数据读入，然后进行功能操作，再将操作结果写入锁存器。执行这类指令时，内部产生一个读锁存器控制信号，锁存器中的数据经三态门 2 读入。

综上所述，P0 口在有外部扩展存储器或 I/O 口时，复用为地址/数据总线，是一个真正的双向口；在没有外部扩展存储器或 I/O 时，P0 口可作为通用的 I/O 接口，但只是一个准双向口。还需指出，P0 口输出具有驱动 8 个 LSTTL 负载的能力。一个 LSTTL 负载的驱动电流约 100 μA，即 P0 口能提供约 800 μA 的负载驱动电流。

2.5.2 P1 口

P1 在 51 子系列单片机中，只有准双向 I/O 口功能。对于 52 子系列单片机 P1 口的 P1.0 与 P1.1，除作为通用 I/O 接口线外，还具有第二功能，即 P1.0 可作为定时器/计数器 2 的外部计数脉冲输入端 T2，P1.1 可作为定时器/计数器 2 的外部控制输入端 T2EX。其 1 位的内部结构如图 2.12 所示。它在结构上与 P0 口的区别在于输出驱动部分。其输出驱动部分由场效应管 V1 与内部上拉电阻组成。当其某位输

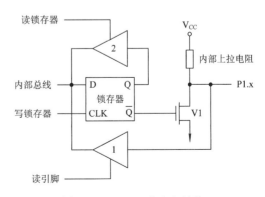

图 2.12 P1 口 1 位内部结构

出高电平时，具有提供拉电流负载的能力，不必像 P0 口那样需要外接电阻。P1 口的 I/O 特性同 P0 口，也具有端口功能操作特性。P1 口具有驱动 4 个 LSTTL 负载的能力。

2.5.3　P2 口

P2 具有准双向 I/O 口或高 8 位地址总线两种功用。其 1 位的内部结构如图 2.13 所示。接口结构中比 P1 口多了一个模拟转换开关 MUX 和反相器 3。

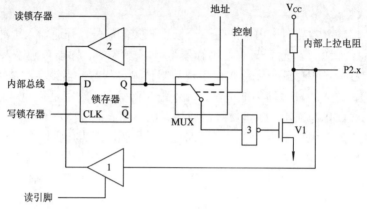

图 2.13　P2 口 1 位内部结构

当作为准双向通用 I/O 口使用时，单片机内部产生一个控制信号使转换开关接向锁存器 Q 端，经反相器 3 接 V1。其工作原理与 P1 相同。P2 的 I/O 及端口操作特性同 P0 和 P1。

当作为系统高 8 位地址总线使用时，内部产生控制信号使转换开关接向地址输出，由程序计数器 PCH 来的高 8 位地址或数据指针 DPH 来的高 8 位地址中的一位，经反相器 3 和 V1 原样呈现在 P2 口的一条引脚上。P2 口整体输出高 8 位地址。输出地址时，P2 口锁存器的内容不受影响。所以，取指、访问外部存储器或 I/O 口结束后，当转换开关转接至输出锁存器的 Q 端，引脚上将恢复原来的数据。

2.5.4　P3 口

P3 口除作为通用准双向 I/O 外，还具有第二功能。其 1 位结构如图 2.14 所示。它的输出驱动由与非门 3、V1 和上拉电阻组成，比 P0、P1、P2 口多了一个缓冲器 4。

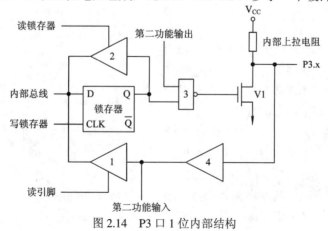

图 2.14　P3 口 1 位内部结构

当 P3 口作为通用 I/O 接口时，第 2 功能输出线为高电平，输出数据直接通过与非门 3，经 V1 到输出口线。P3 口的 I/O 及端口操作特性同 P0、P1、P2。负载能力同 P1 和 P2 口。

当 P3 口作为第 2 功能(各引脚功能见表 2.1)使用时，其锁存器 Q 端必须为高电平，否则 V1 管导通，引脚将箝位为低电平，无法输入或输出第 2 功能信号。当 Q 端为高电平时，P3 口的口线状态就取决于第 2 功能输出信号的状态。P3 口的引脚信号输入通道中有 2 个缓冲器，第 2 功能输入信号 RXD、$\overline{\text{INT0}}$、$\overline{\text{INT1}}$、T0、T1 经缓冲器 4 输入，通用输入信号仍经缓冲器 1 输入。

2.6　定时器/计数器

定时器/计数器是 51 单片机的重要功能模块之一。在检测、控制及智能仪器等应用中，常用定时器作实时时钟，实现定时检测、定时控制。还可用定时器产生毫秒宽的脉冲，来驱动步进电机一类的电器机械。

对于可编程定时器/计数器来说，不管是独立的定时器芯片还是单片机内的功能块，大都有以下特点：

(1) 定时器/计数器有多种形式，可以用于计数，也可以用于定时。定时通过对固定周期脉冲的计数来实现。

(2) 定时器/计数器的计数值是可变的，通过设定初值来实现，计数的最大值是有限的，这取决于计数器的位数。

(3) 在达到设定的定时或计数值时，产生溢出中断请求，以便实现定时控制。

51 单片机(51 子系列)内带有两个 16 位定时/计数器(可用 C/T0 和 C/T1 来表示)，它们具有 4 种不同的工作方式。

2.6.1　定时器/计数器 C/T0、C/T1 的功能结构

定时器/计数器 C/T0、C/T1 的结构框图如图 2.15 所示。它由加法计数器、TMOD 寄存器、TCON 寄存器等组成。

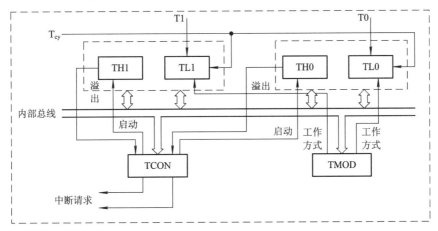

图 2.15　定时器/计数器 C/T0、C/T1 的内部结构

1. 16 位加法器

定时器/计数器的核心是 16 位加法计数器，由两个特殊功能寄存器构成。TH0、TL0 是 C/T0 加法计数器的高 8 位和低 8 位，TH1、TL1 是 C/T1 加法计数器的高 8 位和低 8 位。

作计数器用时，加法计数器对单片机芯片引脚 T0(P3.4)或 T1(P3.5)上的输入脉冲计数。每输入一个脉冲，加法计数器加 1。计数溢出时，向 CPU 发出中断请求信号。

作定时器用时，加法计数器对内部机器周期脉冲 Tcy 计数。由于机器周期是定值，所以对 Tcy 的计数就是定时，如 Tcy = 1 μs，计数值 100，相当于定时 100 μs。

加法计数器的初值可以由程序设定，设置的初值不同，计数值或定时时间就不同。在定时器/计数器的工作过程中，加法计数器的计数当前值可用程序读回 CPU。

2. 定时器/计数器方式控制寄存器 TMOD

定时器/计数器 C/T0、C/T1 都有 4 种工作方式，可通过对 TMOD 编程设置来选择。TMOD 的低 4 位用于定时器/计数器 0，高 4 位用于定时器/计数器 1。其位定义如下：

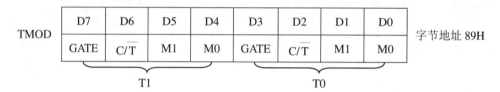

TMOD	D7	D6	D5	D4	D3	D2	D1	D0	字节地址 89H
	GATE	C/$\overline{T}$	M1	M0	GATE	C/$\overline{T}$	M1	M0	
		T1				T0			

C/$\overline{T}$：定时或计数功能选择位。当 C/$\overline{T}$ = 1 时，为计数方式；当 C/$\overline{T}$ = 0 时，为定时方式。

M1、M0：定时器/计数器工作方式选择位。其设置状态与工作方式对应关系见表 2.6。

表 2.6　定时器/计数器工作方式

M1	M0	工作方式	方 式 说 明
0	0	0	13 位定时器/计数器
0	1	1	16 位定时器/计数器
1	0	2	具有自动重装初值的 8 位定时器/计数器
1	1	3	两个 8 位定时器/计数器

GATE：门控位，用于控制定时器/计数器的启动方式。如果 GATE = 1，则 C/T0 的启动受单片机外部中断 $\overline{INT0}$(P3.2)控制，C/T1 的启动受外部中断 $\overline{INT1}$(P3.3)控制；如果 GATE = 0，则定时器/计数器的启动与单片机外部中断请求信号无关。

3. 定时器/计数器控制寄存器 TCON

TCON 控制寄存器各位定义如下：

TCON	D7	D6	D5	D4	D3	D2	D1	D0	字节地址 88H
	TF1	TR1	TF0	TR0	IE1	IT1	IE0	IT0	

TF0(TF1)：C/T0(C/T1)溢出中断标志位。当 C/T0(C/T1)计数溢出时，内部自动置 1，作为向 CPU 产生中断的请求信号；CPU 响应中断后，自动将该位清 0(即撤除中断请求)。

TR0(TR1)：C/T0(C/T1)启动控制位。当 TR0(TR1) = 1 时，启动 C/T0(C/T1)；TR0(TR1) = 0 时，关闭 C/T0(C/T1)。该位由软件进行设置。

TCON 的低 4 位用于设定外部中断的工作特性，在 2.8 节单片机中断系统中介绍。

2.6.2 定时器/计数器 C/T0、C/T1 的 4 种工作方式

1. 工作方式 0

当 M1M0 = 00 时，定时器/计数器设定为工作方式 0，构成 13 位计数器。其逻辑结构如图 2.16 所示(图中 x 取 0 或 1，分别代表 C/T0 或 C/T1 的有关信号)。

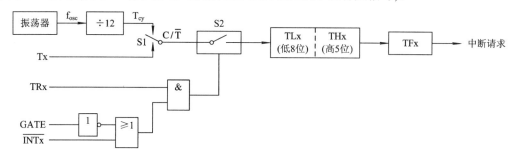

图 2.16　定时器/计数器方式 0 的逻辑结构

13 位计数器逻辑上由 THx(5 位)和 TLx 构成。TLx 的加 1 计数(2^8)溢出时，向 THx 进位，THx 加 1 计数，溢出(2^5)时，置 TFx = 1。计数值由装入计数器的初值决定。初值写入后，由 TR、GATE 及外部中断请求信号的状态来确定启动。定时还是计数由 C/$\overline{T}$ 控制。方式 0 下，启动一次，只完成一次设定的计数过程。

如果 C/$\overline{T}$ = 1，图中开关 S1 打到 Tx 输入端，定时器/计数器工作在计数状态，加法计数器对 Tx 引脚上的外部脉冲计数。计数值由下式确定：

$$N = 2^{13} - x = 8192 - x$$

式中 N 为计数值，x 是 THx、TLx 的初值。初值范围为：0～8191($2^{13} - 1$)。初值越大，计数值就越小。初值设定为 0(相当于 8192)，计数 8192(2^{13})次；初值设定为 8191，计数一次就产生溢出。初值要分低 8 位和高 5 位分别写入 TLx、THx。

定时器/计数器在每个机器周期的 S5P2 期间采样 Tx 引脚输入信号，若一个机器周期的采样值为 1，下一个机器周期的采样值为 0，则计数器加 1。由于识别一个高电平到低电平的跳变需两个机器周期，所以对外部计数脉冲的频率应小于 $f_{osc}/24$，且高电平与低电平的延续时间均不得小于 1 个机器周期。

C/$\overline{T}$ = 0 时为定时器方式，开关 S1 打到机器周期信号输入端，加法计数器对机器周期脉冲 T_{cy} 计数。定时时间由下式确定：

$$T = N \cdot T_{cy} = (8192 - x)T_{cy}$$

式中 T_{cy} 为单片机的机器周期。如果振荡频率 $f_{osc} = 12$ MHz，则 $T_{cy} = 1$ μs，定时范围为 1 μs～8192 μs。

定时器/计数器有非门控方式和门控方式两种启动方式。

当 GATE 设定为 0 时，是非门控方式启动。只要用软件置 TRx = 1，开关 S2 闭合，定时器/计数器就开始工作；置 TRx = 0，S2 断开，定时器/计数器停止工作。

当 GATE 设定为 1 时，是门控方式启动。当 TRx = 1 且 $\overline{\text{INTx}}$ 引脚上出现高电平(即无外部中断请求信号)时 S2 才闭合，定时器/计数器开始工作。如果 $\overline{\text{INTx}}$ 引脚上出现低电平(即有外部中断请求信号)，则定时器/计数器就不能启动。所以，门控启动方式下，定时器/计数器的启动受 TRx 和外部中断请求的双重控制。这一特性可用来测量 $\overline{\text{INTx}}$ 引脚上出现正脉冲的宽度。

方式 0 下，定时器/计数器启动一次只完成一次计数过程。如果要重复进行一个计数过程，必须重装初值，重复启动。

2．工作方式 1

当 M1M0 = 01 时，定时器/计数器设定为工作方式 1，构成了 16 位定时器/计数器。计数器由 THx、TLx 构成，其他与工作方式 0 相同。

在方式 1 时，计数器的计数值由下式确定：

$$N = 2^{16} - x = 65\ 536 - x$$

初值范围为 0～65 535，计数范围为 1～65 536。

定时器的定时时间由下式确定：

$$T = N \cdot T_{cy} = (65\ 536 - x)T_{cy}$$

如果 $f_{osc} = 12\ \text{MHz}$，则 $T_{cy} = 1\ \mu s$，定时范围为 1～65 536 μs。

3．工作方式 2

当 M1M0 = 10 时，定时器/计数器设定为工作方式 2。方式 2 是自动重装初值的 8 位定时器/计数器。其逻辑结构如图 2.17 所示。TLx 作为 8 位加法计数器使用，THx 作为初值寄存器用。THx、TLx 的初值都由软件设置。TLx 计数溢出时，不仅置位 TFx，而且发出重装载信号，使三态门打开，将 THx 中的初值自动送入 TLx，并从初值开始重新计数。重装初值后，在计数过程中，THx 的内容保持不变。方式 2 下，定时器/计数器启动及其控制同方式 0 和方式 1。

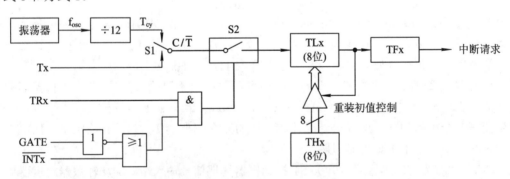

图 2.17　定时器/计数器方式 2 的逻辑结构

在工作方式 2 时，计数器的计数值由下式确定：

$$N = 2^8 - x = 256 - x$$

初值范围为 0～255，计数范围为 1～256。

定时器的定时值由下式确定：

$$T = N \cdot T_{cy} = (256 - x)T_{cy}$$

如果 $f_{osc} = 12\ \text{MHz}$，则 $T_{cy} = 1\ \mu s$，定时范围为 1 μs～256 μs。

4．工作方式 3

当 M1M0 = 10 时，定时器/计数器设定为工作方式 3。方式 3 下的定时器/计数器的逻辑结构如图 2.18 所示。

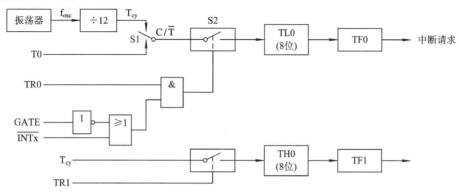

图 2.18　定时器/计数器方式 3 的逻辑结构

方式 3 只用于 C/T0。当 C/T0 工作在方式 3 时，TH0 和 TL0 被分成 2 个独立的 8 位计数器。这时，TL0 既可作为定时器使用，也可作为计数器使用，而 TH0 只能作为定时器使用，并且占用了 C/T1 的两个控制信号 TR1 和 TF1。在这种情况下，C/T1 虽仍可用于方式 0、1、2，但不能使用中断方式。通常是将 C/T1 用作串行口的波特率发生器，由于已没有计数溢出标志位 TF1 可供使用，因此只能把计数溢出直接送给串行口。当作为波特率发生器使用时，只需设置好工作方式，便可自行运行。如要停止工作，只需送入一个把它设置为方式 3 的方式控制字就可以了。由于定时器/计数器 C/T1 不能在方式 3 下使用，如果强行把它设置为方式 3，就相当于停止工作。

方式 3 下，低 8 位计数器 TL0 的启动及其控制同方式 0、方式 1 和方式 2。高 8 位 TH0 作定时器使用的启动，借用了 C/T1 的控制位 TR1，仅由它来控制启停。

方式 3 下两个计数器的初值，根据不同的计数和定时要求，应分别设置。其初值的设定、初值范围、计数或定时范围与方式 2 相同。

应用单片机内部的定时器/计数器时，应按以下步骤进行设置工作：

(1) 根据计数或定时要求，选用 C/T0 或 C/T1，并确定工作方式、启动方式，设置方式控制字。

(2) 根据计数或定时要求，计算初值。

(3) 用指令将方式控制字写入 TMOD，把初值按 8 位操作写入计数器 THx、TLx。

(4) 启动定时/计数器。用指令将启动控制字写入 TCON，或用位操作指令使 TRx 置 1。

2.7　串行输入/输出口

2.7.1　串行通信的基本概念

计算机与外界的信息交换称为通信。通信的基本方式分为并行和串行通信两种。

并行通信是指一个数据的各位通过一组线同时进行传送，例如 8 位数据需要 8 条数据线。其特点是传送速度快，通信控制简单，但只适合近距离通信，当距离较远、位数又多时，导致了通信线路复杂且成本高。

　　串行通信是指数据一位接一位地通过一条通信线顺序传送。其特点是通信线路简单，从而大大地降低了成本，特别适用于远距离通信。缺点是传送速度慢，通信控制复杂。

　　图 2.19 是两种通信方式的示意图。由图可知，假设并行传送 N 位数据所需时间为 T，那么串行传送的时间至少为 NT。

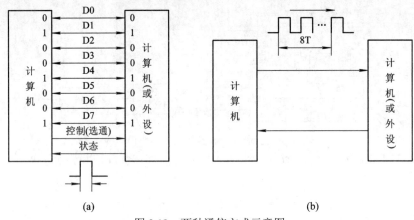

图 2.19　两种通信方式示意图

(a) 并行通信；(b) 串行通信

串行通信又可分为异步传送和同步传送两种方式。

1. 异步传送方式

　　异步传送的特点是通信双方采用不同时钟进行控制，识别有效数据的方法是严格的信息帧格式。信息帧格式如图 2.20 所示。

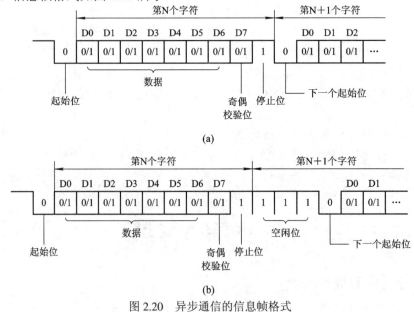

图 2.20　异步通信的信息帧格式

(a) 字符格式；(b) 有空闲的字符格式

一帧信息由起始位、数据位、奇偶校验位和停止位 4 个部分组成。起始位为 0，是识别数据开始的标志；其后接着的就是数据位，它可以是 5 位、6 位、7 位或 8 位，传送时低位在先、高位在后；再后面的 1 位为奇偶检验位(可要也可以不要)；最后是停止位，它用信号 1 来表示一帧信息的结束，可以是 1 位、1 位半或 2 位。

异步传送中，字符间隔不固定。在停止位后可以加空闲位，空闲位用高电平表示，用于等待传送。这样，发送和接收可以随时或间断进行，而不受时间的限制。图 2.20(b)是有空闲位的情况。

在串行异步传送中，通信双方必须事先约定：

(1) 字符格式。双方要事先约定字符的编码形式、奇偶校验形式及起始位和停止位的规定。例如用 ASCII 码通信，有效数据为 7 位，加一个奇偶校验位、一个起始位和一个停止位共 10 位。

(2) 波特率(Baud rate)。波特率就是数据的传送速率，即每秒传送的二进制位数(位/秒)。它与字符的传送速率(字符/秒)之间有以下关系：

$$波特率 = 一个字符的二进制编码位数 \times 字符/秒$$

要求发送端与接收端的波特率必须一致。

常用波特率取值有 300，600，1200，1800，2400，4800，7200，9600 等。

2．同步传送方式

同步传送的特点是通信双方采用相同频率的时钟进行控制，识别有效数据的方法是在数据前加同步字符，如图 2.21 所示。

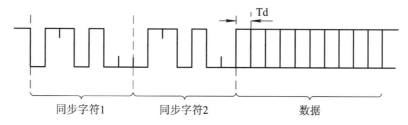

图 2.21　同步通信的格式

同步通信中，是以数据块为单位传输数据，每一个数据块开头处要用同步字符 SYN 来加以指示，使发送与接收双方取得同步。数据块的各字符间取消了起始位和停止位，所以通信速度得以提高。如果发送的数据块之间有间隔时间，则发送同步字符填充。

串行通信的数据传送方向有以下三种形式：

(1) 单工方式：如图 2.22(a)所示。A 端为发送站，B 端为接收站，数据仅能从 A 站发至 B 站。

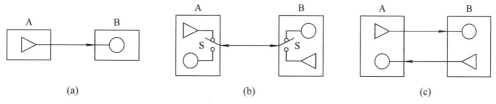

图 2.22　串行通信数据的三种传输方式

(a) 单工方式；(b) 半双工方式；(c) 全双工方式

(2) 半双工方式。如图 2.22(b)所示，数据既可以从 A 站发送到 B 站，也可以由 B 站发送到 A 站。不过在同一时间只能作一个方向的传送。

(3) 全双工方式。如图 2.22(c)所示，每个站(A、B)发送和接收可同时。

2.7.2　51 单片机的串行口

1．功能与结构

51 单片机内部有一个功能很强的全双工串行口，接收、发送数据均可工作在查询方式或中断方式，使用十分灵活，能方便地与其他计算机或串行传送信息的外部设备(如打印机、CRT 终端等)实现双机、多机通信。

串行口有 4 种工作方式，如表 2.7 所示。方式 0 并不用于通信，而是通过外接移位寄存器芯片实现扩展 I/O 口的功能，称为移位寄存器方式。方式 1、方式 2、方式 3 都是异步通信方式。方式 1 是 8 位异步通信接口，用于双机通信。方式 2、方式 3 都是 9 位异步通信接口，其区别仅在于波特率不同。方式 2、方式 3 主要用于多机通信，也可用于双机通信。

表 2.7　串行口的工作方式

SM0	SM1	工作方式	功　能	波特率
0	0	方式 0	移位寄存器方式，用于并行 I/O 扩展	$f_{osc}/12$
0	1	方式 1	8 位通用异步接收器/发送器	可变
1	0	方式 2	9 位通用异步接收器/发送器	$f_{osc}/32$ 或 $f_{osc}/64$
1	1	方式 3	9 位通用异步接收器/发送器	可变

串行口主要由发送/接收数据缓冲器、发送/接收控制器、输出/输入控制门、输入移位寄存器等组成。图 2.23 是方式 0 的结构图，图 2.24 是方式 1、2、3 的结构图。发送数据缓冲器只能写入，不能读出，接收数据缓冲器只能读出，不能写入，故二者逻辑上共用一个特殊功能寄存器 SBUF，即共享地址(99H)。

串行口的工作特性主要通过两个特殊功能寄存器来控制。它们是串行口控制寄存器和电源控制寄存器。通过对这两个寄存器编程设置，可设置串行口工作方式和波特率系数等。

串行口控制寄存器 SCON 的格式如下：

SCON	D7	D6	D5	D4	D3	D2	D1	D0	
	SM0	SM1	SM2	REN	TB8	RB8	TI	RI	字节地址 98H

SM0、SM1：用于选择串行口的工作方式，通过软件来设置。其设置代码与方式的对应关系见表 2.7。

SM2：多机通信控制位。多机通信时，必须设置为 1；双机通信时，设置为 0；方式 0 时，必须设置为 0。

REN：允许串行接收控制位。若 REN = 0，则禁止接收；若 REN = 1，则启动接收。该位由软件置位或复位。

　　TB8：在方式 2 和方式 3 时，装载发送数据的第 9 位；在多机通信中，作为主机发送的是地址还是数据的标志，TB8 = 0 是数据，TB8 = 1 是地址；也可用作数据的奇偶校验位。该位可由软件置位或复位。

　　RB8：在方式 2 和方式 3 时，装载接收数据的第 9 位；在多机通信中，可作为从机识别接收的是地址还是数据的标志；若 SM2 = 0，则 RB8 是接收到的停止位。

　　TI：发送中断标志位。一个数据发送结束时，由内部硬件自动置 TI 为 1，作为 CPU 查询的标志或中断请求信号。该位必须用软件来清 0。

　　RI：接收中断标志位。串行口接收完一个数据后，由内部硬件自动置 RI 为 1，作为 CPU 查询的标志或中断请求信号。该位也必须用软件清 0。

　　电源控制寄存器的格式如下：

	D7	D6	D5	D4	D3	D2	D1	D0	
PCON	SMOD	---	---	---	GF1	GF0	PD	IDL	字节地址 97H

　　PCON 的最高位 SMOD 是串行口波特率系数控制位。SMOD = 1 时，波特率增大一倍。其余各位与串行口无关。

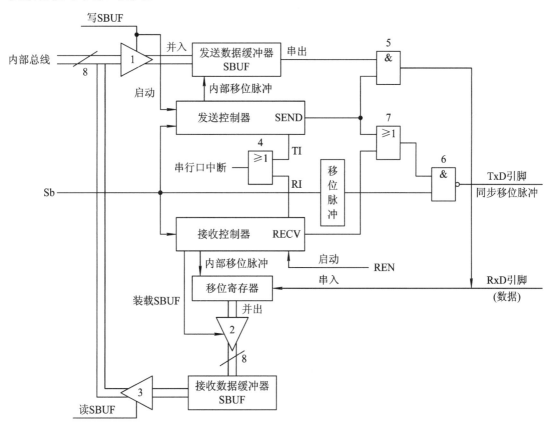

图 2.23　串行口方式 0 逻辑结构

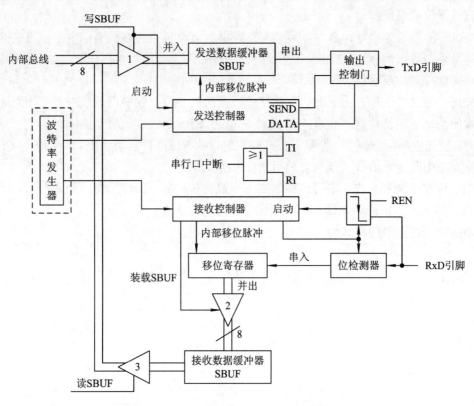

图 2.24 串行口方式 1、2、3 逻辑结构

2．串行口的工作方式

1) 方式 0

串行口的工作方式 0 为移位寄存器方式。图 2.23 是串行口方式 0 的内部逻辑结构。数据从 RxD 引脚上接收或发送。一帧信息由 8 位数据组成，低位在前。波特率为 $f_{osc}/12$，固定不变。同步脉冲从 TxD 引脚上输出。

(1) 发送数据过程。

CPU 执行一条写 SBUF 的指令(MOV SBUF，A)就启动了一个发送过程。执行指令时，内部产生一个"写 SBUF"控制信号，打开三态门 1，将数据写入发送数据缓冲器 SBUF，同时启动发送控制器。经过一个机器周期，发送控制端 SEND 有效(高电平)，打开发送控制门 5 和门 6，允许 RxD 发送数据，TxD 向接收方输出同步移位脉冲。在时钟信号 S6 触发产生的内部移位脉冲作用下，发送数据缓冲器中的数据逐位输出，每一个机器周期从 RxD 上发送一位数据。S6 同时形成同步移位脉冲，从 TxD 上输出。8 位数据(一帧信息)发送完毕后，SEND 恢复低电平状态，停止发送数据，发送控制器自动置发送中断标志 TI = 1。TI 是 CPU 了解串行口一个数据是否发送完毕的标志。CPU 可采用查询方式或中断方式向串行口再送数据。再送数据时，必须用指令把 TI 清 0。

(2) 接收数据过程。

在 RI = 0 的条件下，通过软件置 REN(SCON.4)为 1，就启动了一次接收过程。由 REN 启动接收控制器，经过一个机器周期，接收控制端 RECV 有效(高电平)，打开门 6，允许

TxD 输出同步移位脉冲。该脉冲控制外接芯片逐位输入数据。在内部移位脉冲作用下，RxD 上的串行数据逐位移入移位寄存器。当 8 位数据(一帧信息)全部移入移位寄存器后，接收控制器使 RECV 失效，停止输出移位脉冲，同时发出"装载 SBUF"信号，打开三态门 2，将 8 位数据并行送入接收数据缓冲器 SBUF 中。与此同时，接收控制器自动置接收中断标志 RI = 1。RI 是 CPU 了解串行口一个数据是否接收完毕的标志。CPU 可采用查询方式或中断方式读取串行口接收数据缓冲器 SBUF 中的数据。读取数据后，必须用指令把 RI 清 0。

2) 方式 1

方式 1 是 8 位异步通信接口方式，其结构示意图如图 2.24 所示。RxD 为接收端，TxD 为发送端。发送或接收一帧信息由 10 位组成，其中 1 位起始位、8 位数据位和 1 位停止位。方式 1 的波特率可变，由定时器/计数器 T1 的溢出率以及 SMOD(PCON.7)决定，且发送波特率与接收波特率可以不同。

(1) 发送数据过程。

CPU 执行一条写 SBUF 指令(MOV SBUF，A)，就启动了一个发送过程。执行指令时，内部产生一个"写 SBUF"控制信号，将数据送入 SBUF，同时启动发送控制器。经一个机器周期，发送控制端的 $\overline{\text{SEND}}$、DATA 有效，打开输出控制门。发送控制器接收波特率发生器时钟再产生内部移位脉冲，控制数据从 TxD 上逐位发送。一个数据帧信息发送完毕后，$\overline{\text{SEND}}$、DATA 失效，发送控制器自动置发送中断标志 TI = 1。

(2) 数据过程接收。

方式 1 下，接收接口增加负跳变检测器和位检测器，它们以波特率的 16 倍速率采样 RxD 上的数据，其中 7、8、9 三次采样中至少有两次相同，则认为是有效采样。负跳变检测器的作用是检测一帧信息的起始位。位检测器是为接收数据可靠性而设置的。用指令把 REN(SCON.4)置 1，就启动接收负跳变检测器，检测到一帧信息的起始位后，启动位检测器，开始接收数据。位检测器把采样到的有效数据送入移位寄存器。在内部移位脉冲的作用下，从 RxD 接收数据。

当 8 位数据及停止位全部移入后，根据以下状态进行响应操作：

① 如果 RI = 0(表示有新数据)、SM2 = 0(是数据接收状态)，接收控制器发出"装载 SBUF"信号，将 8 位数据装入接收数据缓冲器 SBUF，停止位装入 RB8，并置 RI = 1。

② 如果 RI = 0(表示有新数据)、SM2 = 1(是地址接收状态)，那么只有停止位为 1(表示是地址)才发生上述操作。

③ RI = 0(表示有新数据)、SM2 = 1(是地址接收状态)且停止位为 0(表示不是地址)，所接收的数据不装入 SBUF，数据被丢弃。

④ 如果 RI=1(表示前次数据未取走)，则所接收的数据在任何情况下都不装入 SBUF，即数据丢失。

无论出现哪一种情况，跳变检测器将继续采样 RxD 引脚的负跳变，以便接收下一帧信息。

移位器采用移位寄存器和 SBUF 双缓冲结构，以避免在接收一帧数据之前 CPU 尚未取走前一帧数据，造成两帧数据重叠。采用双缓冲结构后，前、后两帧数据进入 SBUF 的时间间隔至少有 10 个机器周期。在后一帧数据送入 SBUF 之前，CPU 有足够的时间将前一帧数据取走。

3) 方式 2 与方式 3

方式 2、方式 3 都是 9 位异步通信接口，其逻辑结构如图 2.24 所示。发送或接收一帧信息由 11 位组成，其中 1 位起始位、9 位数据位和 1 位停止位。方式 2 与方式 3 仅波特率不同，方式 2 的波特率为 $f_{osc}/32$(SMOD = 1 时)或 $f_{osc}/64$(SMOD = 0 时)，而方式 3 的波特率由 C/T1 及 SMOD 决定。

在方式 2、方式 3 时，发送、接收数据的过程与方式 1 基本相同，所不同的仅在于对第 9 位数据的处理上。发送时，第 9 位数据由 SCON 中的 TB8 位提供。接收数据时，当第 9 位数据移入移位寄存器时，将 8 位数据装入 SBUF，第 9 位数据装入 SCON 中的 RB8。

3. 波特率设置

串行口的 4 种工作方式对应着 3 种波特率模式。

对于方式 0，波特率固定为 $f_{osc}/12$。

对于方式 2，波特率由振荡频率 f_{osc} 和 SMOD(PCON.7)所决定，对应公式为

$$波特率 = \frac{2^{SMOD} \times f_{osc}}{64}$$

当 SMOD = 0 时，波特率为 $f_{osc}/64$；当 SMOD = 1 时，波特率为 $f_{osc}/32$。

对于方式 1 和方式 3，波特率由 C/T1 的溢出率和 SMOD 决定，可按下式确定：

$$波特率 = \frac{2^{SMOD} \times 定时器溢出率}{32}$$

4. 多机通信

多机通信是由多个单片机构成的网络系统，单片机与单片机之间的通信。串行口用于多机通信时，必须使用方式 2 或方式 3。

51 单片机构成多机通信系统，常采用主从式结构。主从式多机通信中只有一台主机，从机则可以有多台。主机发出的信息可传送到所有从机或指定的从机；而从机发送的信息只能被主机接收，各从机之间不可以直接通信。即一个时刻，只能在主机选中的从机之间通信。由 51 单片机构成的主从多机系统如图 2.25 所示。

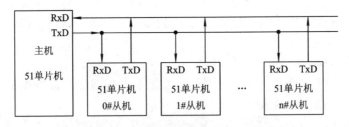

图 2.25　主从式多机通信系统示意

在主从多机系统中，主机首先要发送从机的地址，选中一个从机，然后在选中的从机之间进行数据传送。主机发送的地址可被所用从机接收，但发送的数据只有被选中的从机才能接收。这样就存在两种信息的识别和控制问题。

主机发送的两种信息要有区分标志。其区分通过 TB8 来实现：TB8 = 1，是地址信息；TB8 = 0，是命令或数据。

从机要能识别两种信息，并控制能随时接收地址，但只有被从机选中时才能接收命令

或数据。只要从机的 SM2 = 1、RI = 0(表示可以接收新数据)时，可随时接收信息。从机通过 RB8 来识别地址信息。接收到 RB8 = 1，就识别出是地址信息，装载到 SBUF 中。CPU 读取 SBUF，并与本机地址比较。如果与本机地址相等(被主机选中)，就把 SM2 清 0，准备接收命令或数据。如果比较不等(未被选中)，SM2 仍保持 1 状态(等待接收地址)。主机发送命令或数据时，被选中从机的 SM2 = 0，就接收，并装载到 SBUF 中。未选中从机(SM2 = 1)时，也能接收主机数据，但根据 RB = 0 判断出不是地址，不装载到 SBUF(丢弃)。

综上所述，单片机多机通信概括为以下几点：

(1) 使所有的从机的 SM2 位置 1，以便接收主机发来的地址。

(2) 主机发出一帧地址信息，其中包括 8 位从机地址，第 9 位为 1(地址标志)。

(3) 所有从机接收到地址帧后，各自与本机地址相比较，对于地址相同的从机，使 SM2 位清 0，以接收主机随后发来的所有信息；对于地址不符合的从机，仍保持 SM2 = 1 的状态，对主机随后发来的数据不予理睬，直至发送新的地址帧。

(4) 主机给已被寻址的从机发送控制指令和数据(数据帧的第 9 位为 0)。

2.8　51 单片机的中断系统

2.8.1　中断的基本概念

所谓中断是指 CPU 对系统中或系统外发生的某个事件的一种响应过程，即 CPU 暂时停止现行程序的执行，而自动转去执行预先安排好的处理该事件的服务子程序。当处理结束后，再返回到被暂停程序的断点处，继续执行原来的程序。实现这种中断功能的硬件系统和软件系统统称为中断系统。

中断系统是计算机的重要组成部分。实时控制、故障自动处理时往往用到中断系统，计算机与外部设备间传送数据及实现人机联系也常常采用中断方式。

中断系统需要解决的基本问题是：

(1) 中断源：中断请求信号的来源，包括中断请求信号的产生及该信号怎样被 CPU 有效地识别，而且要求中断请求信号产生一次，必须被 CPU 接收处理一次，不能一次中断请求被 CPU 多次响应。这就涉及到中断请求信号的记录与及时撤除问题。

(2) 中断响应与返回：CPU 采集到中断请求信号后，怎样转向特定的中断服务子程序及执行完中断服务子程序怎样返回被中断的程序继续正确地执行。中断响应与返回的过程中涉及到 CPU 响应中断的条件、现场保护等问题。

(3) 优先级控制：一个计算机应用系统，特别是计算机实时测控应用系统，往往有多个中断源，各中断源所要求的处理具有不同的轻重、缓急程度。与人处理问题的思路一样，希望重要紧急的事件先处理，而且如果当前正在处理某个事件的过程中，有更重要、更紧急的事件到来，就应当暂停当前事件的处理，转去处理新事件。这就是中断系统优先级控制所要解决的问题。中断优先级的控制形成了中断嵌套。

2.8.2　51 单片机中断源

51 单片机中断系统提供了 5 个(52 子系列 6 个)中断源。这些中断源可分成外部中断源和内部中断源。

1. 外部中断

外部中断是指从单片机外部引脚 $\overline{INT0}$ (P3.2)、$\overline{INT1}$ (P3.3)输入中断请求信号的中断，即外部中断源有两个。外部设备的中断请求、实时事件的中断请求、掉电和设备故障的中断请求都可以作为外部中断源，从引脚 $\overline{INT0}$、$\overline{INT1}$ 输入。

外部中断请求 $\overline{INT0}$、$\overline{INT1}$ 有两种触发方式：电平触发及跳变(边沿)触发。这两种触发方式可以通过对特殊功能寄存器 TCON 的低 4 位编程来选择。其格式定义如下：

TCON	D7	D6	D5	D4	D3	D2	D1	D0
	TF1	TR1	TF0	TR0	IE1	IT1	IE0	IT0

字节地址 88H

IT0(IT1)：外部中断 0(或 1)触发方式控制位。IT0(或 IT1)被设置为 0，则选择外部中断为电平触发方式；IT0(或 IT1)被设置为 1，则选择外部中断为跳变触发方式。

IE0(IE1)：外部中断 0(或 1)的中断请求标志位。当 IT0(或 IT1) = 0 即电平触发方式时，CPU 在每个机器周期的 S5P2 采样 $\overline{INTx}$ (x = 0，1)。若 $\overline{INTx}$ 引脚为低电平，将直接触发外部中断。当 IT0(或 IT1) = 1 即跳变触发方式时，若第一个机器周期采样到 $\overline{INTx}$ 引脚为高电平，第二个机器周期采样到 $\overline{INTx}$ 引脚为低电平，则由硬件置位 IE0(或 IE1)，并以此来向 CPU 请求中断。当 CPU 响应中断转向中断服务程序时，由硬件自动将 IE0(或 IE1)清 0。

对于跳变触发的外部中断，CPU 在每个机器周期采样 $\overline{INTx}$，为了保证检测到负跳变，输入到 $\overline{INTx}$ 引脚上的高电平与低电平至少应各自保持 1 个机器周期。

对于电平触发的外部中断，由于 CPU 对 $\overline{INTx}$ 引脚没有控制作用，也没有相应的中断请求标志位，因此需要外接电路来记录及撤除中断请求信号。图 2.26 是一种可行的参考方案。

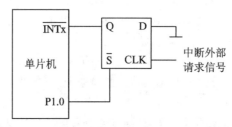

图 2.26 记录、撤除外部中断请求的参考电路

外部中断请求信号通过 D 触发器加到单片机 $\overline{INTx}$ 引脚上。当外部中断源产生一个正跳变请求信号时，使触发器输出 D 端数据，由于 D 端接地，Q 端输出 0，向单片机发出中断请求，而且被记录下来。为避免一次请求被多次响应，应通过指令来及时撤除请求。CPU 响应中断后，利用一根口线如 P1.0 作应答线，在中断服务程序中用两条指令

  ANL P1，#0FEH

  ORL P1，#01H

来撤除中断请求。第一条指令使 P1.0 为 0，而 P1 口其他各位的状态不变。由于 P1.0 与直接置 1 端 $\overline{S}$ 相连，故 D 触发器 Q = 1，撤除了中断请求信号。第二条指令将 P1.0 变成 1，从而 $\overline{S}$ = 1，使以后产生的新请求可以接收。

2．内部中断

内部中断是单片机内部产生的中断。51 子系列单片机的内部中断有定时器/计数器 C/T0、C/T1 的溢出中断，串行口的发送/接收中断。52 子系列还有一个定时器/计数器 C/T2 中断。前已述及，当定时器/计数器 C/T0、C/T1 的定时或计数到，由硬件置位 TCON 的 TF0 或 TF1，以此向 CPU 请求中断。CPU 响应中断转向中断服务程序时由硬件自动将 TF0 或 TF1 清 0，即 CPU 响应中断后能自动撤除中断请求信号；当串行口发送完或接收完一帧信息后，由接口硬件自动置位 SCON 的 TI 或 RI，以此向 CPU 请求中断，CPU 响应中断后，接口硬件不能自动将 TI 或 RI 清 0，即 CPU 响应中断后不能自动撤除中断请求信号，需用户采用软件方法将 TI 或 RI 清 0，来撤除中断请求信号。

2.8.3　中断控制

51 单片机中断系统中有两个特殊功能寄存器：中断屏蔽寄存器 IE 和中断优先级寄存器 IP。用户通过对这两个特殊功能寄存器的编程设置，可灵活地控制每个中断源的中断允许或禁止、中断优先级。

1．中允控制

所谓中允控制是中断源的中断请求能否被 CPU 检测到，即确定中断请求是否允许送达 CPU。51 单片机中对各中断源的中断允许(开放)或禁止(屏蔽)是由内部的中断允许寄存器 IE 的各位来控制的。IE 的位定义格式如下：

	D7	D6	D5	D4	D3	D2	D1	D0	
IE	EA		ET2	ES	ET1	EX1	ET0	EX0	字节地址 A8H

EA：单片机系统中断允许控制位。EA = 0，屏蔽系统中断；EA = 1，开放系统中断。

ET2：定时器/计数器 C/T2 的溢出中断允许位。ET2 = 0，禁止 C/T2 中断；ET2 = 1，允许 C/T2 中断。只用于 52 子系列，对于 51 子系列无此位。

ES：串行口中断(TI/RI)允许位。ES = 0，禁止串行口中断；ES = 1，允许串行口中断。

ET1：C/T1 的溢出中断(TF1)允许位。ET1 = 0，禁止 C/T1 中断；ET1 = 1，允许 C/T1 中断。

EX1：外部中断 1($\overline{\text{INT1}}$)的中断允许位。EX1 = 0，禁止外部中断 1 中断；EX1 = 1，允许外部中断 1 中断。

ET0：C/T0 的溢出中断(TF0)允许位。ET0 = 0，禁止 C/T0 中断；ET0 = 1，允许 C/T0 中断。

EX0：外部中断 0($\overline{\text{INT0}}$)的中断允许位。EX0 = 0，禁止外部中断 0 中断；EX0 = 1 允许外部中断 0 中断。

IE 把中断允许形成两级控制：系统级和中断源级。EA 是系统级控制，各中断源有分别设立一个中断允许控制位。当 EA = 0，不管各中断源的中允控制位是什么状态，系统所有中断源都被禁止。只有当 EA = 1，各中断源的中断允许控制位是 1 时，该中断源才允许中断。

2．中断优先级控制

51 单片机的中断源有 2 个用户可控的中断优先级，从而可实现二级中断嵌套。中断系统遵循如下三条规则：

(1) 正在进行的中断过程不能被新的同级或低优先级的中断请求所中断，一直到该中断服务程序结束，返回主程序执行一条指令后，CPU 才能响应同级或低级中断请求。

(2) 正在进行的低优先级中断服务程序能被高优先级中断请求所中断，实现两级中断嵌套。

(3) CPU 同时接收到几个中断请求时，首先响应优先级最高的中断请求。

上述前两条规则的实现是靠中断系统中的两个用户不可寻址的优先级状态触发器来保证的。其中一个触发器用来指示 CPU 是否正在执行高优先级的中断服务程序；另一个则指示 CPU 是否正在执行低优先级的中断服务程序。当某个中断得到响应时，由硬件根据其优先级自动将相应的一个优先级状态触发器置 1。若高优先级的状态触发器为 1，则屏蔽所有后来的中断请求 ；若低优先级的状态触发器为 1，则屏蔽后来的同一优先级及低优先级的中断请求。当中断响应结束时，对应优先级的状态触发器被硬件自动清 0。

每个中断源的优先级由可通过中断优先级寄存器 IP 进行设置并管理。IP 的位定义格式如下：

IP	D7	D6	D5	D4	D3	D2	D1	D0	字节地址 B8H
			PT2	PS	PT1	PX1	PT0	PX0	

PT2：定时器/计数器 C/T2 的中断优先级控制位，只用于 52 子系列。

PS：串行口的中断优先级控制位。

PT1：定时器/计数器 C/T1 的中断优先级控制位。

PX1：外部中断 $\overline{\text{INT1}}$ 的中断优先级控制位。

PT0：定时器/计数器 C/T0 的中断优先级控制位。

PX0：外部中断 $\overline{\text{INT0}}$ 的中断优先级控制位。

若以上某一控制位被置 1，则相应的中断源就被设定为高优先级中断；若某一控制位被清 0，则相应的中断源就被设定为低优先级中断。

由于 51 单片机有多个中断源，但却只有两个优先级，因此，必然会有几个中断源处于同一中断优先级。那么若同时接收到几个同一优先级的中断请求时，CPU 又该如何响应中断呢？在这种情况下，响应的优先顺序由中断系统的硬件自动确定，无需用户考虑。其内部默认的优先级顺序如表 2.8 所示。

表 2.8　内部默认优先级顺序

中断源	同级的中断优先级
外部中断 0	最高
定时器/计数器 0 中断	↓
外部中断 1	
定时器/计数器 1 中断	
串行口中断	
定时器/计数器 2 中断	最低

中断源和中断控制寄存器以及内部硬件构成了 51 单片机的中断系统。其逻辑结构如图 2.27 所示。

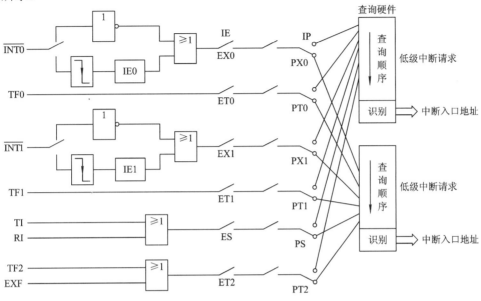

图 2.27　51 单片机中断系统的逻辑结构示意

2.8.4　中断响应的条件、过程与时间

1. 中断响应的条件

单片机响应中断的条件为中断源有请求(中断允许寄存器 IE 相应位置 1)，且系统开中断(即 EA = 1)。这样，在每个机器周期的 S5P2 期间，对所有中断源按用户设置的优先级和内部规定的优先级进行顺序检测，并可在 S6 期间找到所有的中断请求。如有中断请求，且必须在满足下列条件的情况下，则在下一个机器周期的 S1 期间响应中断，否则将丢弃中断采样的结果：

(1) 无同级或高级中断正在处理。

(2) 现行指令执行到最后 1 个机器周期且已结束。

(3) 现行指令为 RETI 或访问 IE、IP 的指令时，执行完该指令且紧随其后的另一条指令也已执行完毕。

2. 中断响应过程

CPU 响应中断后，由硬件自动执行如下的功能操作：

(1) 根据中断源的优先级高低，对相应的优先级状态触发器置 1。

(2) 保存断点，即把程序计数器 PC 的当前值压入堆栈保存。

(3) 清内部硬件可清除的中断请求标志位(IE0、IE1、TF0、TF1)。

(4) 把被响应的中断服务程序入口地址送入 PC，从而转入相应的中断服务程序执行。各中断服务程序的入口地址见表 2.3。

中断服务程序的最后一条指令必须是中断返回指令 RETI。CPU 执行该指令时，先将相应的优先级状态触发器清 0，然后从堆栈中弹出断点地址到 PC，从而返回到断点处。

由以上过程可知，51 单片机响应中断后，只保护断点地址而不保护其他现场信息(如累加器 A、工作寄存器 Rn、程序状态字 PSW 等)且不能清除串行口中断标志 TI 和 RI，也无法清除电平触发的外部中断请求信号，所有这些需要在用户编制中断服务程序时予以考虑。

3. 中断响应时间

所谓中断响应时间是指 CPU 检测到中断请求信号到转入中断服务程序入口所需要的机器周期数。了解中断响应时间对设计实时测控应用系统有重要指导意义。

51 单片机响应中断的最短时间需要 3 个机器周期。若 CPU 检测到中断请求信号正好是一条指令的最后一个机器周期，则不需要等待就可以响应。而响应中断是由内部硬件执行一条长调用指令，需要 2 个机器周期，加上检测的一个机器周期，一共需要 3 个机器周期才开始执行中断服务程序。

中断响应的最长时间由下列情况所决定：若中断检测时正在执行 RETI 或访问 IE 或 IP 指令的第一个机器周期，这样包括检测在内需要 2 个机器周期(以上三条指令均需 2 个机器周期)。若紧接着要执行的指令恰好是执行时间最长的乘除法指令，则这两条指令的执行时间均为 4 个机器周期，再用 2 个机器周期硬件执行一条长调用指令转入中断服务程序。这样，总共需要 8 个机器周期。

所以，中断响应时间一般在 3～8 个机器周期之间。

2.9　复位状态及复位电路

2.9.1　复位状态

复位状态就是单片机正常运行前的初始状态。当加电启动或单片机在运行过程中强按复位按钮后，就处于复位状态。

单片机在 RST 引脚高电平的控制下，特殊功能寄存器和程序计数器 PC 复位后的状态如表 2.9 所示。

单片机的各功能模块由特殊功能寄存器控制，而程序的运行由 PC 管理，所以表 2.9 所列复位状态决定了单片机的初始工作状态。

(PC) = 0000H，程序的初始入口地址为 0000H。

(PSW) = 00H，由于 RS1(PSW.4) = 0，RS0(PSW.3) = 0，复位后单片机默认选择工作寄存器 0 组。

(SP) = 07H，复位后堆栈在片内 RAM 的 08H 单元处建立。

TH1、TL1、TH0、TL0 的内容为 00H，定时器/计数器的初值为 0(最大定时值)。

(TMOD) = 00H，复位后定时器/计数器 C/T0、C/T1 处在定时器方式 0，非门控方式。

(TCON) = 00H，复位后定时器/计数器 C/T0、C/T1 停止工作，外部中断 0、1 为电平触发方式。

(T2CON) = 00H，复位后定时器/计数器 C/T2 停止工作。

(SCON) = 00H，复位后串行口工作在移位寄存器方式、且禁止串行口接收。

(IE) = 00H，复位后屏蔽所有中断。

(IP) = 00H 复位后所有中断源都设置为低优先级。

P0~P3 口锁存器都是全 1 状态，说明复位后 4 个并行接口设置为输入口。

表 2.9　51 单片机复位状态表

寄存器	复位状态	寄存器	复位状态
PC	0000H	TCON	00H
A	00H	T2CON	00H
B	00H	TH0	00H
PSW	00H	TL0	00H
SP	07H	TH1	00H
DPTR	0000H	TL1	00H
P0~P3	FFH	SCON	00H

2.9.2　复位电路

51 单片机芯片提供一个复位引脚 RST，只要在其上施加持续一定时间的高电平(理论上持续 2 个机器周期时间，实际应用要求持续 10 ms 以上)。提供复位高电平的电路需要用户从外部接入 RST 引脚。

复位电路一般要求具有加电自动复位和手动按钮复位两种功能。实现复位功能的电路可有多种形式，图 2.28 是一种参考电路。

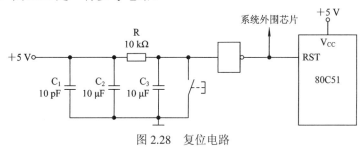

图 2.28　复位电路

上电时，+5 V 电源立即对单片机芯片供电，同时经 R 对 C3 充电。C3 上电压建立的过程就产生一定宽度的负脉冲，经反相后，RST 上出现正脉冲使单片机实现了上电复位。按钮按下时，RST 上同样出现高电平，实现了按钮复位。在应用系统中，有些外围芯片也需要复位。如果这些芯片复位端的复位电平与单片机一致，则可以与单片机复位脚相连，因此，非门在这里不仅起了反相作用，还增大了驱动能力，电容 C1、C2 起滤波作用，防止干扰窜入复位端产生误动作。

2.10　51 单片机的低功耗方式

51 系列单片机采用两种半导体工艺生产。一种是 HMOS 工艺，即高密度短沟道 MOS 工艺；另一种是 CHMOS 工艺，即互补金属氧化物的 MOS 工艺。CHMOS 是 CMOS 和 HMOS 的结合，除保持了高速度和高密度的特点外，还具有 CMOS 低功耗的特点。在便携式、手提式或野外作业仪器设备上低功耗是非常有意义的，需要使用 CHMOS 的单片机芯片。

采用 CHMOS 工艺的单片机不仅运行时耗电少，而且还提供两种节电工作方式，即空闲(待机)方式和掉电(停机)工作方式，以进一步降低功耗。

实现这两种工作方式的内部控制电路如图 2.29 所示。由图可见，若 $\overline{IDL}=0$，则进入空闲工作方式。在这种方式下，振荡器仍继续工作，但 $\overline{IDL}=0$ 封锁了 CPU 的时钟信号，而中断、串行口和定时器却在时钟的控制下能正常工作。若 $\overline{PD}=0$，则进入掉电方式，振荡器被冻结。$\overline{IDL}$ 和 $\overline{PD}$ 信号由电源控制寄存器 PCON 中 IDL 和 PD 触发器的 Q 输出端提供。

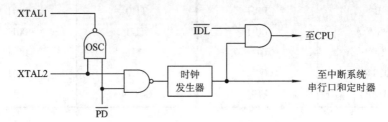

图 2.29　空闲和掉电工作方式的内部控制逻辑

2.10.1　方式设定

空闲方式和掉电方式通过电源控制寄存器 PCON 的相应位进行设置。电源控制寄存器的格式如下：

	D7	D6	D5	D4	D3	D2	D1	D0	字节地址
PCON	SMOD	---	---	---	GF1	GF0	PD	IDL	978H

SMOD：波特率倍频位，用于串行端口。

GF1、GF0：一般用途标志位。用户可自行设定或清除这两个标志。通常使用这两个标志位来指明中断是在正常操作还是在待机期间发生的。

PD：掉电方式控制位。置 1 时，进入掉电工作方式；清 0 时，结束掉电方式。

IDL：空闲方式控制位。置 1 时，进入空闲工作方式；清 0 时，结束空闲方式。

如果 PD 和 IDL 两位都被置为"1"，则 PD 优先有效。

2.10.2　空闲(等待、待机)工作方式

通过置位 PCON 寄存器的 IDL 位来进入空闲工作方式。在空闲方式下，内部时钟不向 CPU 提供，只供给中断、串行口、定时器部分。CPU 的内部状态维持，即包括堆栈指针 SP、程序计数器 PC、程序状态字 PSW、累加器 ACC 的所有内容保持不变，片内 RAM 和端口状态也保持不变，所有中断和外围功能仍然有效。

进入空闲方式后，有两种方法可以使系统退出空闲方式。

一是任何中断请求被响应都可以由硬件将 PCON.0(IDL)清为"0"而终止空闲工作方式。当执行完中断服务程序返回到主程序时，接着执行原先使 IDL 置位指令后面的指令。

另一种退出空闲方式的方法是硬件复位。RST 端的复位信号直接将 PCON.0(IDL)清 0，从而退出空闲状态。退出空闲状态后，CPU 接着从设置空闲方式指令的下一条指令重新执行程序。

2.10.3　掉电(停机)工作方式

通过置位 PCON 寄存器的 PD 位来进入掉电工作。在掉电方式下，内部振荡器停止工作。由于没有振荡时钟，所有的功能部件都停止工作。但内部 RAM 区和特殊功能寄存器的内容被保留。

退出掉电方式的唯一方法是由硬件复位，复位后将所有特殊功能寄存器的内容初始化，但不改变片内 RAM 区的数据。

在掉电工作方式下，V_{CC} 可以降到 2 V，但在进入掉电方式之前，V_{CC} 不能降低。在准备退出掉电方式之前，必须恢复正常的工作电压值，并维持一段时间(约 10 ms)，使振荡器重新启动并稳定后方可退出掉电方式。

 习　题　二

2-1　51 系列单片机内部包含哪些主要逻辑功能部件？

2-2　51 系列单片机引脚中有多少 I/O 口线？它们和单片机外部地址总线和数据总线有什么关系？地址总线和数据总线各有多少条？

2-3　51 系列单片机的 $\overline{EA}$、ALE、$\overline{PSEN}$ 信号各自的功能是什么？

2-4　51 系列单片机有哪些信号需要芯片引脚的第二功能方式提供？

2-5　51 系列单片机的程序状态字 PSW 中存放什么信息？其中的 OV 标志位在什么情况下被置位？置位时表示什么意义？

2-6　为什么说 51 系列单片机有一个功能相对独立的布尔处理机？

2-7　51 系列单片机存储器从物理结构、地址空间分布及功能上是如何分类的？各地址空间的寻址范围是多少？

2-8　决定程序执行顺序的寄存器是哪个？它是多少位寄存器？它是不是特殊功能寄存器？

2-9　片内 RAM 低 128 单元划分为哪几个区域？应用中怎样合理有效地使用？

2-10　51 系列单片机的堆栈与通用微机中的堆栈有何异同？在程序设计时，为什么要对堆栈指针 SP 重新赋值？

2-11　特殊功能寄存器的功能是什么？它们分布在什么地方？

2-12　51 单片机有四个并行 I/O 口，在使用上如何分工，试比较各口的特点，并阐明"准双向口"的含义。

2-13　什么是时钟周期、机器周期和指令周期？当晶振的振荡频率为 6 MHz 时，一条双周期指令的执行时间是多少？

2-14　定时器/计数器定时与计数的内部工作有何异同？

2-15　定时器/计数器有四种工作方式，它们的定时与计数范围各是多少？使用中怎样选择工作方式？

2-16　定时器/计数器的门控方式与非门控方式有何不同？使用中怎样选择两种控制方式？

2-17　定时器/计数器定时 10 ms、50 ms，晶振为 12 MHz，分别应选择哪种工作方式，初值应设置多少(十六进制)?

2-18　51 单片机的五个中断源中有哪几个 CPU 响应中断后可自动撤除中断请求，哪几个不能撤除中断请求? CPU 不能撤除中断请求的中断源用户应采取什么措施?

2-19　51 单片机中断源分为几个优先级? 怎样设置每个中断源的优先级? 同一优先级的中断源同时提出中断请求，CPU 按什么顺序响应?

2-20　51 单片机响应中断后，CPU 自动进行哪些操作? 用户在中断程序还需进行什么操作?

2-21　使单片机复位有几种方式? 复位后单片机的初始状态如何?

2-22　请画出一种实用的复位电路。

2-23　51 单片机串行口有几种工作方式? 这几种工作方式有何不同? 各用于什么场合?

2-24　何谓波特率? 如异步通信，串行口每秒传送 250 个字符，每个字符由 11 位组成，波特率应为多少?

2-25　空闲模式和掉电模式下，8051 单片机内部状态有何异同?

第3章 51 单片机指令系统和汇编语言程序示例

3.1 51 单片机指令系统概述

3.1.1 指令与指令系统的概念

指令是指使计算机进行某种操作的命令，它由构成计算机的电子器件特性所决定。计算机只能识别二进制代码，以二进制代码来描述指令功能的语言，称之为机器语言。由于机器语言不便于人们识别、记忆、理解和使用，因而给每条机器语言指令赋予助记符号来表示，这就形成了汇编语言。也就是说，汇编语言是便于人们识别、记忆、理解和使用的一种指令形式，它和机器语言指令一一对应，也是由计算机的硬件特性所决定的。

计算机所能执行的全部操作对应的指令集合，称之为这种计算机的指令系统。从指令是反映计算机内部的一种操作的角度来看，指令系统全面展示出了计算机的操作功能，也就是它的工作原理；从用户使用的角度来看，指令系统是提供给用户使用计算机功能的软件资源。要让计算机处理问题，首先要编写程序。编写程序实际上是从指令系统中挑选一个指令子集的过程。因此，学习指令系统既要从编程使用的角度，掌握指令的使用格式及每条指令的功能，又要掌握每条指令在计算机内部的微观操作过程，即工作原理，从而进一步加深对硬件组成原理的理解。

指令一般有功能、时间和空间三种属性。功能属性是指每条指令都对应一个特定的操作功能；时间属性是指一条指令执行所用的时间，一般用机器周期来表示；空间属性是指一条指令在程序存储器中存储所占用的字节数。使用中，这三种属性最重要的是功能，但时间、空间属性在有些场合也要用到。如在一些实时控制应用程序中，有时需要计算出一个程序段的确切执行时间，或编写软件延时程序，都要用到每条指令的时间属性；在程序存储器的空间设计或相对转移指令的偏移量计算时，就要用到指令的空间属性。

指令的描述形式一般有两种：机器语言形式和汇编语言形式。现在描述计算机指令系统及实际应用中主要采用汇编语言形式。采用机器语言编写的程序称之为目标程序。采用汇编语言编写的程序称之为源程序。计算机能够直接识别并执行的只有机器语言。汇编语言程序不能被计算机直接识别，必须经过一个中间环节把它翻译成机器语言程序，这个中间过程叫做汇编。汇编有两种方式：机器汇编和手工汇编。机器汇编是用专门的汇编程序，在计算机上进行翻译；手工汇编是编程员把汇编语言指令逐条翻译成机器语言指令。现在主要使用机器汇编，但有时也用到手工汇编。

从上述指令与指令系统基本概念的介绍中可以看出，学习指令系统应掌握每条指令的功能、内部微观操作过程、汇编语言描述的指令格式及其对应的机器码、时间和空间属性等内容。在本章的学习中，要求掌握前三个内容，关于指令的机器码、时间和空间属性等内容只要有所了解，在今后的应用中会查表使用即可。

3.1.2　51 单片机指令系统及其指令格式

51 单片机指令系统具有功能强、指令短、执行快等特点，共有 111 条指令。从功能上可划分成数据传送、算术运算、逻辑操作、程序转移、位操作等 5 大类；从空间属性上分为单字节指令(49 条)、双字节指令(46 条)和最长的三字节指令(只有 16 条)；从时间属性上可分成单机器周期指令(64 条)、双机器周期指令(45 条)和四机器周期指令(2 条)。可见，51 单片机指令系统在存储空间和执行时间方面具有较高的效率。

在 51 单片机指令系统中，有丰富的位操作(或称布尔处理)指令，形成了一个完整的位操作指令子集，成为该指令系统的一大特色。这对于需要进行大量位处理的程序将带来明显的简捷和方便。

指令系统中的指令描述了不同的操作，不同的操作对应不同的指令。但从组成结构上看，每条指令通常由操作码和操作数两部分组成。操作码表示计算机执行该指令将进行何种操作，操作数表示参加操作的数的本身或操作数所在的地址。51 单片机的指令有无操作数、单操作数、双操作数三种情况。汇编语言指令有如下的格式：

[标号：] 操作码助记符 [目的操作数][，源操作数] [；注释]

为便于后面的学习，在这里先对描述指令的一些符号约定意义加以说明：

(1) Ri 和 Rn：表示当前工作寄存器区中的工作寄存器，i 取 0 或 1，表示 R0 或 R1。n 取 0～7，表示 R0～R7。

(2) #data：表示包含在指令中的 8 位立即数。

(3) #data16：表示包含在指令中的 16 位立即数。

(4) rel：以补码形式表示的 8 位相对偏移量，范围为 –128～127，主要用在相对寻址指令中。

(5) addr16 和 addr11：分别表示 16 位直接地址和 11 位直接地址。

(6) direct：表示直接寻址的地址。

(7) bit：表示可位寻址的直接位地址。

(8) (X)：表示 X 单元中的内容。

(9) ((X))：表示以 X 单元的内容为地址的存储器单元内容，即(X)作地址，该地址单元的内容用((X))表示。

(10) /和→："/"表示对该位操作数取反，但不影响该位的原值；"→"表示操作流程，将箭尾一方的内容送入箭头所指另一方的单元中去。

3.2　寻　址　方　式

所谓寻址方式，就是 CPU 执行一条指令时怎样找到所要求操作数的方式。找操作数实际就是寻找操作数所在地方(地址),因此就称之为寻址方式。指令通常由操作码和操作数两部分构成,操作数部分实际上只指出操作数的寻址方式。从用户编程的角度讲,寻址方式是在指令中提供操作数的方式。所以,寻址方式是指令的重要组成内容。深刻理解寻址方式对后面学习指令系统是非常重要的。一种计算机的寻址方式的种类是由它的硬件结构决定的,寻址方式越多样、灵活,指令系统将越有效,用户编程也越方便,计算机的功能也随之越强。51 系列单片机有 7 种寻址方式:立即寻址、寄存器寻址、寄存器间接寻址、直接寻址、基址寄存器加变址寄存器间接寻址、相对寻址和位寻址。

3.2.1 立即寻址

操作数直接出现在指令中,紧跟在操作码的后面,作为指令的一部分与操作码一起存放在程序存储器中,在指令执行中立即得到操作数,不需要经过别的途径去寻找,故称为立即寻址。汇编指令中,在一个数的前面冠以"#"符号作前缀,就表示该数为立即寻址。

例如:MOV A,#30H 指令中的 30H 就是立即数。这一条指令的操作是将立即数 30H 传送到累加器 A 中。该指令操作码的机器代码为 74H,占用一个字节存储单元,立即数 30H 存放在紧跟在其后的一个存储字节中,成为指令代码的一部分,整条指令的机器码为 74H 30H。

3.2.2 寄存器寻址

在指令选定的某寄存器中存放或取得操作数的方式,称为寄存器寻址。

例如:MOV A,R0 指令中的源操作数是寄存器寻址。该指令的功能是把工作寄存器 R0 中的内容传送到累加器 A 中,如 R0 中的内容为 30H,则执行该指令后 A 的内容也为 30H。

寄存器寻址按所选定的工作寄存器 R0~R7 进行操作,用指令机器码的低 3 位编码指示所选定寄存器,000,001,…,110,111 分别指明所用的工作寄存器 R0,R1,…,R6,R7。如:MOV A,Rn(n = 0~7),这 8 条指令对应的机器码分别为 E8H~EFH;MOV Rn,A 对应 8 条指令的机器码分别为 F8H~FFH。

3.2.3 寄存器间接寻址

由指令指出某一寄存器的内容作为操作数地址的寻址方法,称为寄存器间接寻址。间接寻址寄存器中存放着操作数的地址,而不是操作数。寻址过程是:到指令指定的寄存器中得到操作数的地址,再到该地址单元中才能得到操作数。间接寄存器起地址指针的作用。汇编指令中,在寄存器前冠以"@"符号,就表示寄存器间接寻址。

例如:MOV A,@R1 指令的源操作数是寄存器间接寻址。该指令的功能是将工作寄存器 R1 中的内容为地址的片内 RAM 单元的数据传送到 A 中去。例如:若 R1 中的内容为 30H,片内 RAM 地址为 30H 单元中的内容为 2FH,则执行该指令后操作是:30H 单元的内容 2FH 被送到 A 中。寄存器间接寻址示意图如图 3.1 所示。

在 51 单片机中,可用作间接寻址的寄存器只有工

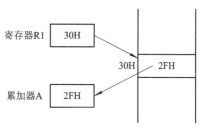

图 3.1 寄存器间接寻址示意图

作寄存器 R0、R1 和 DPTR。用 R0、R1 作间接寻址寄存器时，可寻址片内 RAM 的 256 个单元，但不能访问 SFR 块，也可以访问片外 RAM 的低 256 个地址单元。DPTR 作间接寻址寄存器用于访问片外 RAM 的 64 K 范围。

3.2.4　直接寻址

指令中直接给出操作数所在存储器单元地址，以供取数或存数的寻址方式称为直接寻址。其寻址过程是：从指令操作码后得到操作数地址，到该地址单元取得操作数。在汇编指令中直接以十六进制数来表示地址。

例如：MOV A，40H，指令中的源操作数就是直接寻址，40H 为操作数的地址。该指令的功能是把片内 RAM 地址为 40H 单元的内容送到 A 中。该指令的机器码为 E5H 40H，8 位直接地址在指令操作码中占一个字节。

51 单片机的直接寻址可用于访问片内、外数据存储器，也可用于访问程序存储器。

直接寻址可访问片内 RAM 的低 128 个单元(00H～7FH)，同时也是访问高 128 个单元的特殊功能寄存器 SFR 的唯一方法。由于 52 子系列的片内 RAM 有 256 个单元，其高 128 个单元与 SFR 的地址是重叠的，因此，为了避免混乱，单片机规定：直接寻址的指令不能访问片内 RAM 的高 128 个单元(80H～FFH)，若要访问这些单元只能用寄存器间接寻址指令，而要访问 SFR 只能用直接寻址指令。也就是说，在访问地址大于 80H 的片内 RAM 区时，用直接寻址方式指令，访问的是特殊功能寄存器，用寄存器间接寻址方式指令，访问的是用户数据。另外，访问 SFR 可在指令中直接使用该寄存器的名称符号来代替地址，如：MOV A，80H，可以写成 MOV A，P0，因为 P0 口的地址为 80H。

直接寻址在访问程序存储器的转移、调用指令中直接给出了程序存储器的地址，执行这些指令后，程序计数器 PC 的内容将更换为指令直接给出的地址，即将转至所给地址处执行。

3.2.5　变址寻址

基址寄存器加变址寄存器间接寻址，简称变址寻址。它是以数据指针寄存器 DPTR 或 PC 作为基址寄存器，累加器 A 作为变址寄存器，两者内容相加的和作为操作数地址，再到该地址单元中取得操作数。这种寻址方式常用于访问程序存储器中的常数表。例如：MOVC A，@A+DPTR 指令中的源操作数就是这种寻址方式。若(A) = A4H，(DPTR) = 1234H，则指令执行是把 12D8H(1234H + A4H)单元的数送 A。指令寻址及操作功能如图 3.2 所示。

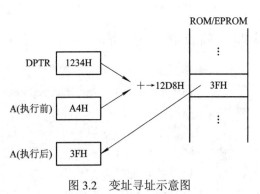

图 3.2　变址寻址示意图

3.2.6　相对寻址

相对寻址是以当前程序计数器 PC 值加上指令中给出的偏移量 rel 而构成实际操作数地址的寻址方法。它用于访问程序存储器，常出现在相对转移指令中。

在使用相对寻址时要注意以下两点:

(1) 当前 PC 值是执行相对转移指令时的值,实际上是相对转移指令存储的首地址加上该指令的字节数(相对转移指令后的指令地址)。因为,取指令前 PC 指向该指令的首地址,取指令时 PC 自动加上该指令的字节数。例如:JZ rel 是一条累加器 A 为零就转移的双字节指令,若该指令的存储地址为 2050H,则执行该指令时的当前 PC 值即为 2052H。

(2) 移量 rel 是有符号的单字节数,以补码表示,其值的范围是 −128～+127,负数表示从当前地址向前转移,正数表示从当前地址向后转移。所以,相对转移指令满足条件后,转移目的地址为

$$目的地址 = 当前 PC 值 + rel = 指令存储地址 + 指令字节数 + rel$$

3.2.7 位寻址

位寻址是在位操作指令中直接给出位操作数的地址,可以对片内 RAM 中的 128 个位和特殊功能寄存器 SFR 中的 93 个位进行寻址。

3.3 数据传送类指令

数据传送类指令的一般功能是将数据从一个存储位置传送到另外一个存储位置。这是程序中经常进行的操作。这类指令有 29 条,是指令系统中最活跃、使用最频繁的一类指令,几乎所有的应用程序都要用到这类指令。为便于找到规律理解、记忆指令,对数据传送类指令作如下分类:

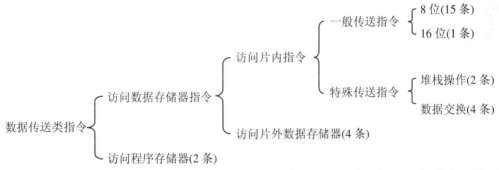

上述分类中,每一类指令都有各自的特点和规律,便于按类理解、记忆指令,就不至于对杂多的指令望而生畏。下面就按上述分类进行介绍。

3.3.1 访问片内数据存储器的一般数据传送指令

该类指令的功能是实现在片内 RAM 单元之间、寄存器之间、寄存器与 RAM 单元之间的数据传送。这类指令具有统一的格式,其格式如下:

　　MOV <目的操作数>,<源操作数>;目的操作数单元←源操作数(或单元)

操作码助记符都是“MOV”,目的操作数和源操作数不同寻址方式的组合就派生出该类的全部指令。因此,记忆这类指令的关键在于掌握两个操作数的各种寻址方式的组合关系。图 3.3 给出了该类指令的操作关系图。

图 3.3 中一条单向箭头线表示一种传送操作，箭头线尾是源操作数，箭头指向的是目的操作数，箭头线旁的标识符表示对片内 RAM 的某种寻址方式。因此，一条单向箭头线对应一种寻址方式，就有一条"MOV"指令。双向箭头线可以看做两条单向箭头线。从图中可以看出，立即数只能作为源操作数，而不能作为目的操作数；工作寄存器中的内容只能和直接寻址方式寻址的片内 RAM 单元的内容相互传送，不能和其他寻址方式寻址的单元进行数据传送；累加器 A 的内容可以和寄存器间接寻址方式、直接寻址方式寻址的片内 RAM 单元的内容相互传送；寄存器间接寻址方式寻址的片内 RAM 单元的内容可以和直接寻址方式寻址的另一个 RAM 单元的内容相互传送；直接寻址方式寻址的两个不同 RAM 单元的内容可以相互传送。16 位传送指令只有一条，它是给 DPTR 置数的指令。根据图 3.3 可很快推写出本类的 16 条指令。表 3.1 给出了这些指令及相关说明。

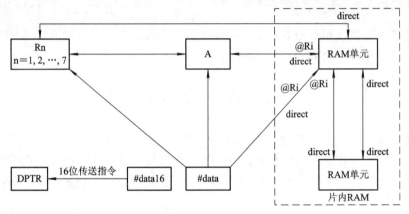

图 3.3　访问片内 RAM 的一般传送指令操作关系图

表 3.1　访问片内 RAM 的一般传送指令表

助记符	操作功能	机器码(H)	字节数	机器周期数
MOV A, #data	(A)←data	74 data	2	1
MOV Rn, #data	(Rn)←data　n = 0, 1, …, 7	78～7F data	2	1
MOV @Ri, #data	((Ri))←data　i = 0, 1	76、77 data	2	1
MOV direct, #data	(direct)←data	75 direct data	3	2
MOV DPTR, #data16	(DPTR)←data16	90 data$_H$ data$_L$	3	2
MOV A, Rn	(A)←(Rn)　n = 0, 1, …, 7	E8～EF	1	1
MOV Rn, A	(Rn)←(A)	F8～FF	1	1
MOV A, @Ri	(A)←((Ri))　i = 0, 1	E6、E7	1	1
MOV @Ri, A	((Ri))←(A)	F6、F7	1	1
MOV A, direct	(A)←(direct)	E5 direct	2	1
MOV direct, A	(direct)←(A)	F5 direct	2	1
MOV Rn, direct	(Rn)←(direct)　n = 0, 1, …, 7	A8～AF direct	2	2
MOV direct, Rn	(direct)←(Rn)	88～8F direct	2	2
MOV @Ri, direct	(Ri)←(direct)　i = 0, 1	A6、A7 direct	2	2
MOV direct, @Ri	(direct)←(Ri)	86、87 direct	2	2
MOV direct, direct	(direct)←(direct)	85direct 源 direct 目的	3	2

例 1 设内部 RAM(30H) = 40H，(40H) = 10H，(10H) = 00H，(P1) = CAH，分析以下程序执行后各单元及寄存器、P2 口的内容。

MOV	R0，#30H	; (R0)←30H
MOV	A，@R0	; (A)←((R0))，(A) = 40H
MOV	R1，A	; (R1)←(A)，(R1) = 40H
MOV	B，@R1	; (B)←((R1))，(B) = 10H
MOV	@R1，P1	; ((R1))←(P1)，(40H) = CAH
MOV	P2，P1	; (P2)←(P1)，(P2) = CAH
MOV	10H，#20H	; (10H)←20H，(10H) = 20H

执行上述指令后的结果为：(R0) = 30H，(R1) = (A) = 40H，(B) = 10H，(40H) = (P1) = (P2) = CAH，(10H) = 20H。

3.3.2 访问片内数据存储器的特殊传送指令

片内数据存储器的特殊传送指令包含堆栈操作指令和数据交换指令。

1. 堆栈操作指令

堆栈操作有进栈和出栈，即压入和弹出数据，常用于保存或恢复现场。进栈指令用于保存片内 RAM 单元(低 128 字节)或特殊功能寄存器 SFR 的内容；出栈指令用于恢复片内 RAM 单元(低 128 字节)或特殊功能寄存器 SFR 的内容。该类指令共有如下两条指令：

PUSH direct ; $\begin{cases} (SP)←(SP)+1 \\ ((SP))←Direct \end{cases}$ 修改指针，指向栈顶上的一个存数单元

把直接地址单元的内容压入 SP 所指单元内

POP direct ; $\begin{cases} (direct)←((SP)) \\ (SP)←(SP)-1 \end{cases}$ 把栈顶的数据弹出到直接寻址单元中去

修改指针，指向栈顶

这两条指令都是双字节指令，机器码分别为：C0 direct 和 D0 direct。

51 单片机的堆栈建立在片内 RAM 中，是向大地址方向生长的字节栈。堆栈操作指令执行要进行两步操作：一是修改栈指针，使其指向栈顶，二是数据操作。进栈指令是先修改指针，后写入数据；出栈指令是先读出数据，后修改指针。

例 2 若在外部程序存储器从 2000H 单元开始依次存放 0～9 的平方值，数据指针(DPTR) = 3A00H，用查表指令取得 3 的平方值。设查表前数据指针(DPTR)= 3A00H，要求查表后保持 DPTR 中的内容不变。

完成上述功能的程序如下：

MOV	A，#03H	; (A)←03H
PUSH	DPH	; 保护 DPTR 高 8 位入栈
PUSH	DPL	; 保护 DPTR 低 8 位入栈
MOV	DPTR，#2000H	; (DPTR)←2000H
MOVC	A，@A+DPTR	; (A)←(2000H + 03H)
POP	DPL	; 弹出 DPTR 低 8 位
POP	DPH	; 弹出 DPTR 高 8 位

执行结果：(A) = 09H，(DPTR) = 3A00H。由此可见，虽然在程序中要再次使用 DPTR，改变其原先值，但利用 PUSH 和 POP 指令可对其进行保护和恢复。需要注意的是堆栈先进后出的原则，否则 DPL 与 DPH 弹出时互换。

2. 数据交换指令

数据传送指令一般都是将操作数自源地址单元传送到目的地址单元，指令执行后，源地址单元的操作数不变，目的地址单元则修改为源地址单元的数据。交换指令使数据作双向传送，传送的双方互为源地址、目的地址，指令执行后每方的数据都修改为另一方的数据。数据交换指令共有如下 5 条指令：

指令助记符	功能操作注释	机器码(H)
XCH　A，direct	; (A)↔(direct)	C5 direct
XCH　A，@Ri	; (A)↔((Ri))	C6~C7
XCH　A，Rn	; (A)↔(Rn)	C8~CF
XCHD A，@Ri	; $(A_{3\sim0})↔((Ri))_{3\sim0}$	D6、D7
SWAP　A	; $(A_{7\sim4})↔(A_{3\sim0})$	C5 direct

该类指令前 3 条是字节交换指令，表明累加器 A 的内容可以和某一工作寄存器、直接寻址的片内 RAM 单元、寄存器间接寻址的片内 RAM 单元内容进行交换。第 4 条是半字节交换指令，指令执行后，只将 A 的低 4 位和 Ri 间接寻址单元的低 4 位交换，而各自的高 4 位内容保持不变。第 5 条指令是把累加器 A 的低半字节与高半字节进行交换。有了交换指令，使许多数据传送更为高效、快捷，且不会丢失信息。

例 3　设(R0) = 30H，(30H) = 4AH，(A) = 28H，则

执行　XCH　A，@R0 后，(A) = 4AH，(30H) = 28H

执行　XCHD　A，@R0 后，(A) = 2AH，(30H) = 48H

执行　SWAP　A，后，(A) = 82H

3.3.3　访问片外数据存储器的数据传送指令

51 单片机对片外扩展的数据存储器或 I/O 口进行数据传送，必须采用寄存器间接寻址方式，通过累加器 A 来完成。这类指令共有以下 4 条指令，指令操作码助记符都为 MOVX。

指令助记符	功能操作注释	机器码(H)
MOVX　A，@DPTR	; (A)←((DPTR))	E6
MOVX　A，@Ri	; (A)←((Ri))	E2、E3
MOVX　@DPTR，A	; ((DPTR))←(A)	F0
MOVX　@Ri，A	; ((Ri))←(A)	F2、F3

前两条为输入(读)指令，后两条指令为输出(写)指令。执行输入指令时，在 P3 口的第 7 位(P3.7)上输出 $\overline{RD}$ 有效信号。执行输出时，在 P3 口的第 6 位(P3.6)上输出 $\overline{WR}$ 有效信号。

例 4　设片外 RAM(0203H) = FFH，分析以下指令执行后的结果。

MOV　DPTR，#0203H　　　　; (DPTR)←0203H

MOVX　A，@DPTR　　　　　; (A)←((DPTR))，(A) = FFH

```
      MOV   30H，A                ；(30H)←(A)，(30H) = FFH
      MOV   A，#0FH               ；(A)←0FH，(A) = 0FH
      MOVX  @DPTR，A              ；((DPTR))←(A)，(0203H) = 0FH
```

执行结果为：(DPTR) = 0203H，(30H) = FFH，(0203H) = (A) = 0FH。

3.3.4　访问程序存储器的数据传送指令

访问程序存储器的数据传送指令又称做查表指令，采用基址寄存器加变址寄存器间接寻址方式，把程序存储器中存放的表格数据读出，传送到累加器 A。其共有如下两条单字节指令，指令操作码助记符为 MOVC。

指令助记符	功能操作注释	机器码
MOVC　A，@A+DPTR	；(A)←((A) + (DPTR))	93 H
MOVC　A，@A+PC	；(PC)←(PC) + 1，(A)←((A) + (PC))	83 H

在单片机应用系统中，常将一个具有一定顺序关系的数据集合，连续存储在程序存储器空间的一个存储区，就形成一个数据表。例如，自然数平方表，LED 显示的段码表等。只要使基址寄存器指向表首，将一个距表首的偏移量送入累加器 A，利用查表指令就可以很方便地查得需要数据。

以 DPTR 作基址寄存器的查表指令，数据表可以建立在程序存储器空间的任何位置，使用方便、灵活。

以 PC 作为基址寄存器的查表指令，因 PC 值不能由用户改变，执行查表指令时，PC 值是下一条指令地址，即使查表指令地址加 1。如果让累加器 A 只代距表首的偏移量，这就要求数据表必须紧跟查表指令建立。当然，数据表可以不受此限制来建立，但也要求尽量靠近查表指令。使用查表指令时，需要通过累加器 A 来调整偏移量，将数据表与查表指令的间隔字节数叠加到累加器 A 中距表首的偏移量上。数据表与查表指令的间隔字节数称为调整偏移量，可按下面公式计算：

调整偏移量 = 表首地址 − (MOVC 指令所在地址 + 1)

这样，还要求数据表的长度加上与查表指令的间隔字节数不能超过 256 字节。尽管以 PC 作基址的查表指令对数据表建立有限制，还需要调整累加器 A 中的偏移量，但它不额外占用指针寄存器，这是一个很受欢迎的优点。

例 5　从片外程序存储器 2000H 单元开始存放 0～9 的平方值,用查表指令查出 5 的平方值。

(1) 使用 MOVC A,@A+PC 查表。

设 MOVC 指令地址为 1FF0H，则调整偏移量 = 2000H − (1FF0H + 1) = 0FH。

```
      MOV   A，#05H               ；(A)←09H
      ADD   A，#0FH               ；用加法指令进行地址调整
      MOVC A，@A+PC               ；(A)←((A) + (PC)) + 1
```

(2) 使用 MOVC A，@A+DPTR 查表。

```
      MOV DPTR，#2000H            ；置表首地址
      MOV A，05H
      MOV A，@A+DPTR
```

3.4 算术运算指令

算术运算类指令共有 24 条指令，包括加法、带进位加法、带借位减法、加 1、减 1、乘、除及十进制调整指令，主要完成加、减、乘、除四则运算，以及增量、减量和 BCD 运算调整操作。

算术运算指令执行将影响标志寄存器中的相关标志。加减运算指令将影响 C、AC、OV；乘除运算指令只影响 C、OV。只有加 1 和减 1 指令不影响这三个标志位。奇偶标志 P 由累加器 A 的值来确定

3.4.1 加、减运算指令

加、减运算指令包括不带进位加、带进位加、带借位减、加 1 和减 1 指令。其中前三种指令除操作码助记符不同外，它们的操作数寻址方式组合完全相同，后两种指令的操作数的寻址方式也基本相同。为了抓住这些特点来理解、记忆指令，我们以图 3.4 所示的形式说明，并在表 3.2 集中地写出这些指令。

图 3.4 加、减运算指令形式结构图

(a) 加、减法指令关系图；(b) 加 1 减 1 指令关系图

图 3.4 中的连线仅表示操作码、两个操作数的组合关系。从图中可以看出，不带进位加、带进位加、带借位减指令的目的操作数都只能是累加器 A，源操作数可以是立即数、工作寄存器、寄存器间接寻址或直接寻址方式所确定的片内 RAM 单元。从表 3.2 还可以看出，它们进行的基本操作都是累加器的内容和源操作数或源操作数单元的内容相加或减，带进位或借位的加或减还要加上或减去 CY，把结果保存在累加器 A 中。

表 3.2 加、减指令表

指令助记符	操作功能注释	机器码(H)	字节数	机器周期数
ADD A, #data	(A)←(A) + data	24 data	2	1
ADD A, Rn	(A)←(A) + (Rn), n = 0, 1, …, 7	28～2F	1	1
ADD A, @Ri	(A)←(A) + ((Ri)), i = 0 或 1	26、27	1	1
ADD A, direct	(A)←(A) + (direct)	25 direct	2	1
ADDC A, #data	(A)←(A) + data + CY	34 data	2	1
ADDC A, Rn	(A)←(A) + (Rn) + CY, n = 0, 1, …, 7	38～3F	1	1
ADDC A, @Ri	(A)←(A) + ((Ri)) + CY, i = 0 或 1	36、37	1	1
ADDC A, direct	(A)←(A) + (direct) + CY	35 direct	2	1

续表

指令助记符	操作功能注释	机器码(H)	字节数	机器周期数
SUBB　A, #data	(A)←(A) − data − CY	94 data	2	1
SUBB　A, Rn	(A)←(A) − (Rn) − CY, n=0, 1, …, 7	98～9F	1	1
SUBB　A, @Ri	(A)←(A) − ((Ri)) − CY, i = 0 或 1	96、97	1	1
SUBB　A, direct	(A)←(A) − (direct) − CY	95 direct	2	1
INC　A	(A)←(A) + 1	04	1	1
INC　Rn	(Rn)←(Rn) + 1, n = 0, 1, …, 7	08～0F	1	1
INC　@Ri	((Ri))←((Ri)) + 1, i = 0 或 1	06、07	1	1
INC　direct	(direct)←(direct) + 1	05 direct	2	2
INC　DPTR	(DPTR)←(DPTR) + 1	A3	1	1
DEC　A	(A)←(A) − 1	14	1	1
DEC　Rn	(Rn)←(Rn) − 1, n = 0, 1, …, 7	18～1F	1	1
DEC　@Ri	((Ri))←((Ri)) − 1, i = 0 或 1	16、17	1	1
DEC　direct	(direct)←(direct) − 1	15 direct	2	2

加 1 或减 1 指令是单操作数指令，将操作数单元的内容加 1 或减 1 后，再送回原单元。

例 6　设 (A) = 49H，(R0) = 6BH，分析执行指令 ADD A，R0 后的结果。

结果为：(A) = B4H，CY = 0，AC = 1，P = 0。如果看做不带符号数，则 OV = 0；如果看做带符号数，则 OV = 1。

例 7　设(A) = C3H，数据指针低位(DPL) = ABH，CY = 1，数据为不带符号数，分析执行指令 ADDC A，DPL 后的结果。

结果为：(A) = 6EH，CY = 1，AC = 0，P = 0，OV = 1。

例 8　设(A) = 52H，(R0) = B4H，数据为不带符号数，分析执行如下指令后的结果：

```
CLR C              ; 是位操作指令，进位位清零。
SUBB   A, R0
```

结果为：(A) = 9EH，CY = 1，AC = 1，OV = 1，P = 1。

例 9　设(R0) = 7EH，(7EH) = FFH，(7FH) = 38H，(DPTR) = 10FEH，分析逐条执行下列指令后各单元的内容。

```
INC   @R0      ; 使 7EH 单元内容由 FFH 变为 00H
INC   R0       ; 使 R0 的内容由 7EH 变为 7FH
DEC   @R0      ; 使 7FH 单元内容由 38H 变为 37H
INC   DPTR     ; 使 DPTR 的内容由 10FE 变为 10FF
INC   DPTR     ; 使 DPTR 的内容由 10FFH 变为 1100H
```

3.4.2　十进制调整指令

$$DAA \quad ; \quad \begin{cases} 若(A)_{3\sim0} > 9 \ 或(AC) = 1，则(A)_{3\sim0} \leftarrow (A)_{3\sim0} + 06H \\ 若(A)_{7\sim4} > 9 \ 或(CY) = 1，则(A)_{7\sim4} \leftarrow (A)_{7\sim4} + 60H \end{cases}$$

若 AC = 1，CY = 1 同时发生，或者高 4 位虽等于 9 但低 4 位修正后有进位，则 A 应加 66H 修正。

十进制调整指令是一条对 BCD 加法进行调整的指令。它是一条单字节指令，机器码为 D4H。两个压缩 BCD 码按二进制相加，必须在加法指令后，经过本指令调整后才能得到正确的压缩 BCD 和数。

例 10　编程计算 65 + 58，使结果为正确的 BCD 数。

参考程序如下：

```
MOV   A，#65H          ；(A)←65
ADD   A，#58H          ；(A)←(A) + 58
DA    A               ；十进制调整
```

执行结果：(A) = (23)$_{BCD}$，(Cy) = 1，即：65 + 58 = 123。

$$
\begin{array}{r}
01100101 \quad 65 \\
+\ 01011000 \quad 58 \\
\hline
10111101 \quad \text{BDH} \\
+\ 01100110 \quad \text{加 66H 调整} \\
\hline
[1]\ 00100011 \quad 123
\end{array}
$$

使用时应注意：DA 指令不能对减法进行十进制调整。做减法运算时，可采用十进制补码相加，然后用 DA　A 指令进行调整。

例如：70 – 20 = 70 + [20]$_补$ = 70 + (100 – 20) = 70 + 80 = 1̲50

机内十进制补码可采用：[x]$_补$ = 9AH – |x|

例 11　设片内 RAM 30H、31H 单元中分别存放着两位 BCD 码表示的被减数和减数，两数相减的差仍以 BCD 码的形式存放在 32H 单元中。可用下面的程序实现：

```
CLR C
MOV A，#9AH
SUBB A，31H           ；求减数的十进制补码
ADD A，30H            ；作十进制补码加法
DA A                 ；进行 BCD 调整
MOV 32H，A            ；将 BCD 码的差送存
```

3.4.3　乘、除法指令

乘、除法指令为单字节 4 周期指令，在指令执行周期中是最长的两条指令。

1．乘法指令

$$\text{MUL}\quad\text{AB}\ ;\quad\begin{cases}(B)\leftarrow((A)\times(B))_{15\sim8},\ (A)\leftarrow((A)\times(B))_{7\sim0}\\ Cy\leftarrow0\end{cases}\qquad\text{机器码：A4H}$$

乘法指令的功能是把累加器 A 和寄存器 B 中的两个 8 位无符号数相乘，将乘积 16 位数中的低 8 位存放在 A 中，高 8 位存放在 B 中。若乘积大于 FFH(255)，则溢出标志 OV 置 1，否则 OV 清 0。乘法指令执行后进位标志 CY 总是零，即 CY = 0。

2. 除法指令

$$\text{DIV}\quad \text{AB}\ ;\begin{cases}(A)\leftarrow(A)\div(B)之商,\ (B)\leftarrow(A)\div(B)之余数\\(Cy)\leftarrow0,\ (OV)\leftarrow0\end{cases}\qquad 机器码:84H$$

除法指令的功能是把累加器 A 中的 8 位无符号整数除以寄存器 B 中的 8 位无符号整数, 所得商在累加器 A 中, 余数在寄存器 B 中, 进位标志位 CY 和溢出标志位 OV 均被清零。若 B 中的内容为 0, 则溢出标志 OV 被置 1, 而 CY 仍为 0。

3.5　逻辑运算及移位指令

逻辑运算及移位指令共有 24 条, 其中逻辑指令有"与"、"或"、"异或"、累加器 A 清零和求反等 20 条, 移位指令有 4 条。

该类指令中, 累加器 A 清零和取反、移位指令都是针对累加器 A 进行操作的单操作数指令。逻辑"与"、"或"、"异或"操作指令除操作码助记符不同外, 后跟两个操作数的寻址方式组合完全相同, 且有一部分寻址方式组合与加减法指令相同。为突出这些特点, 我们以图 3.5 所示形式说明。

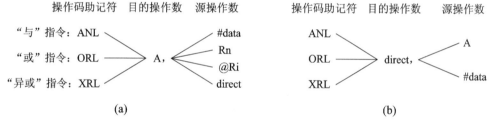

图 3.5　逻辑指令形式结构图

从图 3.5 中可看出, 逻辑操作指令的目的操作数可以是累加器 A 或直接寻址。累加器 A 作目的操作数时, 源操作数的寻址方式与加减运算指令完全相同; 直接寻址作目的操作数时, 源操作数只能是累加器 A 或立即数。

这类指令的特点是不影响程序状态字寄存器 PSW 中的算术标志位。只有带进位循环移位指令才影响 Cy。逻辑运算是按二进制数的位逐位进行。

在表 3.3 中写出这一类的全部指令。

表 3.3　逻辑操作指令表

指令助记符	操作功能注释	机器码(H)	字节数	机器周期数
ANL　A, #data	$(A)\leftarrow(A)\wedge data$	54 data	2	1
ANL　A, Rn	$(A)\leftarrow(A)\wedge(Rn)$, n = 0, 1, …, 7	58～5F	1	1
ANL　A, @Ri	$(A)\leftarrow(A)\wedge((Ri))$, i = 0 或 1	56、57	1	1
ANL　A, direct	$(A)\leftarrow(A)\wedge(direct)$	55 direct	2	1
ANL　direct, A	$(direct)\leftarrow(direct)\wedge(A)$	52 direct	2	1
ANL　direct, #data	$(direct)\leftarrow(direct)\wedge data$	53 direct data	3	2

续表

指令助记符	操作功能注释	机器码(H)	字节数	机器周期数
ORL A, #data	(A)←(A)∨data	44 data	2	1
ORL A, Rn	(A)←(A)∨(Rn), n = 0, 1, …, 7	48~4F	1	1
ORL A, @Ri	(A)←(A)∨((Ri)), i = 0 或 1	46、47	1	1
ORL A, direct	(A)←(A)∨(direct)	45 direct	2	1
ORL direct, A	(direct)←(direct)∨(A)	42 direct	2	1
ORL direct, #data	(direct)←(direct)∨data	43 direct data	3	2
XRL A, #data	(A)←(A) ⊕ data	64 data	2	1
XRL A, Rn	(A)←(A) ⊕ (Rn), n = 0, 1, …, 7	68~6F	1	1
XRL A, @Ri	(A)←(A) ⊕ ((Ri)), i = 0 或 1	66、67	1	1
XRL A, direct	(A)←(A) ⊕ (direct)	65 direct	2	1
XRL direct, A	(direct)←(direct) ⊕ (A)	62 direct	2	1
XRL direct, #data	(direct)←(direct) ⊕ data	63 direct data	3	2
CPL A	(A)←A 取反	F4	1	1
CLR A	(A)←0	E4	1	1
RL A 不带进位左移	累加器A	23	1	1
RR A 不带进位右移	累加器A	03	1	1
RLC A 带进位左移	累加器A	33	1	1
RRC A 带进位右移	累加器A	13	1	1

常用逻辑"与"指令对一个字节数据某些位清 0(屏蔽)，其他位保持不变。可构造一个立即数，对应需清 0 的位设置为 0，其他位设置为 1，用这个立即数和字节数据相与。

例 12　(P1) = C5H = 11000101B，屏蔽 P1 口高 4 位而保留低 4 位。

执行指令：ANL　P1，#0FH

结果为：(P1) = 05H = 00000101B。

常用逻辑"或"指令对一个字节数据某些位置 1，其他位保持不变。可构造一个立即数，对应需置 1 的位设置为 1，其他位设置为 0，用这个立即数和字节数据相或。

例 13　若(A) =7AH，将其最高位和最低位置 1，其他位保持不变。

执行指令：ORL　A，#81H

结果为：(A) = FBH。

逻辑"异或"指令常用来使字节数据某些位取反，其他位保持不变。可构造一个立即数，对应需取反的位设置为 1，其他位设置为 0，用这个立即数和字节数据相异或。还可利用"异或"指令对某单元自身异或，以实现清零。

例 14　若(A) = B5H = 10110101B，执行下列操作：

　　　XRL　A，#0F0H　　；A 的高 4 位取反，低 4 位保留，(A) = 01000101B = 45H

　　　MOV　30H，A　　　；(30H) = 45H

　　　XRL　A，30H　　　；自身异或使 A 清零

用移位指令还可以实现算术运算，左移一位相当于原内容乘以 2，右移一位相当于原内容除以 2，但这种运算关系只对某些数成立(请读者自行思考)。

例 15　设(A) = 5AH = 90，且 CY = 0，则：

执行指令 RL　　A 后，(A) = B4H = 180

执行指令 RR　　A 后，(A) = 2DH = 45

执行指令 RLC　A 后，(A) = B4H = 180

执行指令 RRC　A 后，(A) = 2DH = 45

3.6　控制转移类指令

程序转移类指令的执行结果，都是将转移目标地址置入 PC，从而使程序执行流发生改变。这类指令共有 17 条，可分为无条件转移指令、条件转移指令、子程序调用及返回指令。这些指令执行都不影响标志位。控制转移类指令给分支、循环、逻辑处理及模块化程序设计提供了有力支持。

3.6.1　无条件转移指令

无条件转移指令有 4 条，列于表 3.4 中。

表 3.4　无条件转移指令

指令助记符	操作功能注释	机器码(H)	字节数	机器周期数
LJMP addr16	$(PC) \leftarrow (PC) + 3$ $(PC) \leftarrow addr16$	02 $addr_{15\sim8}$ $addr_{7\sim0}$	3	2
AJMP addr11	$(PC) \leftarrow (PC) + 2$ $(PC_{10\sim0}) \leftarrow addr11$	$a_{10}a_9a_8$00001$addr_{7\sim0}$	2	2
SJMP rel	$(PC) \leftarrow (PC) + 2$ $(PC) \leftarrow (PC) + rel$	80 rel	2	2
JMP @A+DPTR	$(PC) \leftarrow (A) + DPTR$	73	1	2

1．LJMP(绝对长转指令)

LJMP 指令执行后，程序无条件地转向 16 位目标地址处执行，可以使程序从当前地址转移到 64 KB 程序存储器地址空间的任意地址，故得名为"长转移"。

2．AJMP(绝对短转指令)

AJMP 只要求提供 11 位目标地址，实际编程中大多数情况下使用目标标号，但汇编产生的机器码只取标号的低 11 位地址，与操作码构成 2 个字节的机器码。其机器码的组成如下：

$$a_{10}\ a_9\ a_8\ \ 0\ 0\ 0\ 0\ 1\ \ \ \ a_7\ a_6\ a_5\ a_4\ a_3\ a_2\ a_1\ a_0$$

该指令执行时，由 PC 当前值(AJMP 指令所在位置的地址+2)的高 5 位和指令中提供的 11 位地址形成转移目标地址。其构成形式如下：

$$转移目的地址 = PC_{15}PC_{14}PC_{13}PC_{12}PC_{11}a_{10}a_9a_8a_7a_6a_5a_4a_3a_2a_1a_0$$

也就是说，指令执行时只改变 PC 值的低 11 位。因此，该指令的转移范围是相对 PC 当前值的 2 KB。该指令的使用意义在于比 LJMP 机器码少一个字节，在程序规模较大时，对于单片机系统有限的程序存储空间来说，是很有价值的。在实际编程中，能不用 LJMP 指令时，尽量使用 AJMP 指令。

使用 AJMP 指令可以实现向前转或向后转，但其转向不完全由指令中提供的 11 位目标地址确定。

例如：若执行 AJMP 0FF，(PC) = 2300H，则转移目标地址是 20FFH，向前转到 20FFH 处执行。若 AJMP 0FFH，(PC) = 2FFFH，则转移的目标地址是 28FFH，向后转到 28FFH 处执行。

由此可见，AJMP 指令提供的 11 位地址相同，机器码也相同，但转移的目标地址却可能不同。这是因为转移的目标地址是由 PC 当前值的高 5 位与 addr11 共同决定的。

3. SJMP(相对短转指令)

SJMP 指令的操作数 rel 是一个相对转移量，在实际编程中常用转移的目标标号来表示。但汇编时，会自动计算出 SJMP 与目标标号处的相对转移量，用 8 位带符号数补码表示，生成 2 个字节的机器码，第 1 字节是操作码(80H)，第 2 字节是 8 位补码相对转移量。因为 8 位补码的取值范围为 −128～+127，所以，该指令的转移范围是：相对 PC 当前值向前转 128 字节，向后转 127 字节。转移目标地址的计算方法为

$$转移目标地址 = SJMP 指令地址 + 2 + rel$$

如在 2100H 单元有 SJMP 指令，若 rel = 5AH(正数)，则转移目的地址为 215CH(向后转)；若 rel = F0H(负数)，则转移目的地址为 20F2H(向前转)。

SJMP 指令中只给出相对转移量，而不是绝对地址。这样，当程序修改时，只要 SJMP 与转移目标处的相对位置不发生变化，该指令的机器码就不会变化，不需做任何改动。而对于 LJMP、AJMP 指令，由于指令中给出的是绝对转移地址，只要程序有修改，就有可能引起绝对地址的变化。所以在使用中，只要能用 SJMP 指令，就不用 LJMP 或 AJMP 指令。

在程序调试中，经常人工计算相对转移量，可按如下方法计算：

$$rel = [转移目标地址 − (SJMP 指令地址 + 2)]_{补}$$

向后转时，转移目标地址总是大于 PC 当前值，则

$$rel = 转移目标地址 − SJMP 指令地址 − 2$$

向前转时，转移目标地址总是小于 PC 当前值，则

$$rel = 256 − |转移目标地址 − (SJMP 指令地址 + 2)|$$
$$= 256 − ((SJMP 指令地址 + 2) − 转移目标地址)$$
$$= 254 − (SJMP 指令地址 − 转移目标地址)$$
$$= FEH − (SJMP 指令地址 − 转移目标地址)H$$

若 rel = FEH，即目的地址就是 SJMP 指令的地址，在汇编指令中的转移地址可用 $ 符

号表示。

4. JMP @A+DPTR（相对长转移指令）

它是以数据指针 DPTR 的内容为基址，以累加器 A 的内容为相对偏移量，在 64 KB 范围内无条件转移。该指令的特点是转移地址可以在程序运行中随着累加器 A 值的变化而改变，可以实现多分支的转移，故称为相对长转指令，也称为散转指令。

例 16　在多路散转中，让累加器 A 传入路号，利用散转指令即可实现。

```
        MOV   DPTR, #TABLE      ; 表首地址送 DPTR
        RL A                    ; 路号值乘以 2
        JMP   @A+DPTR           ; 根据 A 值转移
          ⋮
TABLE:  AJMP  TAB0              ; 当(A) = 0 时转 TAB1 执行
        AJMP  TAB1              ; 当(A) = 2 时转 TAB2 执行
        AJMP  TAB2              ; 当(A) = 4 时转 TAB3 执行
          ⋮
```

由于 AJMP 是双字节指令，所以 A 的值乘以 2 形成路号对应的转移指令距转移指令表首的偏移量。利用上述程序散转，最多只能实现 128 路转移。

3.6.2　条件转移指令

条件转移指令是当某种条件满足时，程序转移执行；条件不满足时，程序仍按原来顺序执行。转移的条件可以是上一条指令或更前一条指令的执行结果(常体现在标志位上)，也可以是条件转移指令本身包含的某种运算结果。该类指令都是相对寻址方式，因此程序可在当前 PC 值为中心的 −128～+127 的范围内转移。该类指令共有 8 条，可以分为累加器判零条件转移指令、比较条件转移指令和减 1 条件转移指令三类。表 3.5 中列出了这些指令。

表 3.5　条件转移指令

	指令助记符	操作功能注释	机器码(H)	字节数	机器周期数
判零条件	JZ rel	若(A) = 0，则(PC)←(PC) + 2 + rel 若(A) ≠ 0，则(PC)←(PC) + 2	60 rel	2	2
	JNZ rel	若(A) ≠ 0，则(PC)←(PC) + 2 + rel 若(A) = 0，则(PC)←(PC) + 2	70 rel	2	2
比较条件	CJNE A, #data, rel	若(A) ≠ data，则(PC)←(PC) + 3 + rel 若(A) = data，则(PC)←(PC) + 3	B4 data rel	3	2
	CJNE A, direct, rel	若(A) ≠ (direct)，则(PC)←(PC) + 3 + rel 若(A) = (direct)，则(PC)←(PC) + 3	B5 direct rel	3	2
	CJNE @Ri, #data, rel	若((Ri)) ≠ data，则(PC)←(PC) + 3 + rel 若((Ri)) = data，则(PC)←(PC) + 3	B6、B7 data rel	3	
	CJNE Rn, #data, rel	若(Rn) ≠ data，则(PC)←(PC) + 3 + rel 若(Rn) = data，则(PC)←(PC) + 3	B8～BF data rel	3	2
减1条件	DJNZ direct, rel	若(direct) − 1≠0，则(PC)←(PC) + 3 + rel 若(direct) − 1=0，则(PC)←(PC) + 3	D5 direct rel	3	2
	DJNZ Rn, rel	若(Rn) − 1 ≠ 0，则(PC)←(PC) + 2 + rel 若(Rn) − 1 = 0，则(PC)←(PC) + 2	D8～DF rel	2	2

1. 判零条件转移指令

判零条件转移指令默认的条件对象是累加器 A，转移的条件是判断其内容是否为 0。JZ 指令是为 0 转移，不为 0 则顺序执行；JNZ 指令是不为 0 转移，为 0 则顺序执行。累加器 A 的内容是否为 0，是由这条指令之前的其他指令执行的结果决定的，执行这条指令不作任何运算。

例 17　将片外 RAM 首地址为 DATA1 的一个数据块传送到片内 RAM 首地址为 DATA2 的存储区中，数据块的最后一个数据是 0，作为数据块结束标志。

外部 RAM 与内部 RAM 之间的数据传送一定要经过累加器 A，利用判零条件转移正好可以判别是否要继续传送或者终止。完成数据传送的参考程序如下：

```
        MOV   R0, #DATA1      ; R0 作为外部数据块的地址指针
        MOV   R1, #DATA2      ; R1 作为内部数据块的地址指针
LOOP:   MOVX  A, @R0          ; 取外部 RAM 数据到 A
HERE:   JZ    HERE            ; 数据为零则终止传送
        MOV   @R1, A          ; 数据传送至内部 RAM 单元
        INC   R0              ; 修改指针，指向下一数据地址
        INC   R1
        SJMP  LOOP            ; 循环传送
```

2. 比较转移指令

比较转移指令共有 4 条。这组指令是先对两个规定的操作数进行比较，根据比较的结果来决定是否转移。若两个操作数相等，则不转移，程序顺序执行；若两个操作数不等，则转移。比较是作一次减法运算，但其差值不保存，两个数的原值不受影响，通过标志位来反映比较结果。利用标志位 Cy 作进一步的判断，可实现三分支转移。

例 18　当从 P1 口输入数据为 01H 时，程序继续执行，否则等待。

参考程序如下：

```
        MOV   A, #01H         ; 立即数 01H 送 A
WAIT:   CJNE  A, P1, WAIT     ; (P1)≠01H，则等待
        ⋮
```

3. 减 1 条件转移指令

减 1 条件转移指令有两条。每执行一次这种指令，就把第一操作数减 1，并把结果仍保存在第一操作数中，然后判断是否为零。若不为零，则转移，否则顺序执行。这组指令对于构成循环程序是十分有用的，可以指定任何一个工作寄存器或者内部 RAM 的一个直接地址单元作为循环计数器。每循环一次，这种指令被执行一次，计数器就减 1。预定的循环次数不到，计数器不会为 0，转移执行循环操作；到达预定的循环次数，计数器就被减为 0，结束循环，顺序执行下一条指令。

例 19　将内部 RAM 从 DATA 单元开始的 10 个无符号数相加，相加结果送 SUM 单元保存。

设相加结果不超过 8 位二进制数，则相应的程序如下：

```
        MOV   R0, #0AH           ; 设置循环次数
```

	MOV R1，#DATA	；R1 作地址指针，指向数据块首地址
	CLR A	；A 清零
LOOP：	ADD A，@R1	；加一个数
	INC R1	；修改指针，指向下一个数
	DJNZ R0，LOOP	；R0 减 1，不为 0 循环
	MOV SUM，A	；存 10 个数相加的和

3.7 子程序调用与返回指令

子程序调用与返回指令从对程序执行流的改变来讲，仍属于无条件转移，但与无条件转移指令有本质的区别。子程序调用指令使程序执行转向子程序入口，执行完子程序要返回主程序继续执行。为了实现返回，执行子程序调用指令时，首先将返回地址压栈保存，然后才转向子程序入口地址。在子程序的最后用一条子程序返回指令，使返回地址又置入PC，返回主程序继续执行。

3.7.1 子程序调用指令

子程序调用指令有两条：长调用指令 LCALL 和短调用指令 ACALL。

指令助记符	功能操作注释	机器码(H)
LCALL addr16 ；	$(PC)\leftarrow(PC)+3$	12 $addr_{15\sim8}addr_{7\sim0}$
	$(SP)\leftarrow(SP)+1$	
	$((SP)\leftarrow(PC_{7\sim0})$	
	$(SP)\leftarrow(SP)+1$	
	$((SP)\leftarrow(PC_{15\sim8})$	
	$(PC)\leftarrow addr16$	
ACALL addr11 ；	$(PC)\leftarrow(PC)+2$	$a_{10}\ a_9\ a_8\ 10001addr_{7\sim0}$
	$(SP)\leftarrow(SP)+1$	
	$((SP)\leftarrow(PC_{7\sim0})$	
	$(SP)\leftarrow(SP)+1$	
	$((SP)\leftarrow(PC_{15\sim8})$	
	$(PC_{10\sim0})\leftarrow addr11$	

子程序调用指令执行时，先把返回地址压入堆栈后，才把子程序入口地址置入PC，实现转移。因为 51 单片机堆栈是字节栈，所以把返回地址(PC 当前值)压栈分两次进行，先把PC 值的低 8 位压栈，后压入高 8 位。从内部操作看，LCALL、ACALL 与 LJMP 和 AJMP 有本质的不同。

LCALL 要求提供 16 位子程序入口地址，可调用 64 KB 范围内的子程序。也就是说，子程序可存放在程序存储器 64 KB 空间的任意位置，都可用 LCALL 来调用。

ACALL 与 AJMP 相似，要求提供 11 位子程序入口地址，实际编程中常用子程序入口标号来提供，但汇编时只取标号低 11 位地址与操作码组成 2 个字节机器码。机器码的组成如下：

$$a_{10}\ a_9\ a_8\ \ 1\ 0\ 0\ 0\ 1\ \ \ \ a_7\ a_6\ a_5\ a_4\ a_3\ a_2\ a_1\ a_0$$

从机器码可以看出,其组成与 AJMP 相同,仅操作码不同(AJMP 是 00001),所以,使用方式也基本相同。它只能调用 2 KB 空间上的子程序,即子程序与 ACALL 指令的距离不超过 2 KB。执行 ACALL 指令时,也只改变 PC 当前值的低 11 位。其调用转移情况同 AJMP。

3.7.2　返回指令

返回指令共 2 条:一条是子程序返回指令 RET;另一条是中断服务程序的返回指令 RETI。

指令助记符	功能操作注释	机器码(H)
RET	; $(PC_{15\sim8}) \leftarrow ((SP))$	22
	$(SP) \leftarrow (SP) - 1$	
	$(PC_{7\sim0}) \leftarrow ((SP))$	
	$(SP) \leftarrow (SP) - 1$	
RETI	; $(PC_{15\sim8}) \leftarrow ((SP))$	32
	$(SP) \leftarrow (SP) - 1$	
	$(PC_{7\sim0}) \leftarrow ((SP))$	
	$(SP) \leftarrow (SP) - 1$	

从上述两条指令的功能操作看,都是从当前堆栈的栈顶弹出返回地址送 PC,实现返回。但它们是两条不同的指令,有下面两点不同:

(1) 从使用上,RET 指令必须作子程序的最后一条指令;RETI 必须作中断服务程序的最后一条指令。

(2) 从原理上,RETI 指令除恢复断点地址外,还恢复 CPU 响应中断时硬件自动保护的现场信息。51 单片机响应中断后,自动置位中断源对应优先级状态触发器,屏蔽同级或低级中断请求。所以,执行 RETI,除回复断点地址外,还要清除中断源对应优先级状态触发器,使同级或低级中断请求可以被响应。RET 指令只能恢复返回地址。

3.7.3　空操作指令

空操作指令是一条单字节单周期指令,即

　　NOP　　　　　; $(PC) \leftarrow (PC) + 1$

它控制 CPU 不做任何操作,仅仅是消耗一个机器周期的时间。NOP 指令在设计延时程序、拼凑精确延时时间及在程序等待或修改程序等场合是很有用的。

3.8　位操作类指令

51 单片机指令系统中提供位操作指令,是它的一大特色,构成了一个功能完整、相对独立的布尔处理机。位操作指令在单片机应用系统中具有重要意义,因为单片机在控制系统中有很多控制操作是位状态操作,如控制线路通或断,继电器的吸合或释放等。

位操作也称布尔变量操作,它是以位(bit)作为单位来进行运算和操作的。位处理指令可以完成以位为对象的数据转送、运算、控制转移等操作。

在位操作指令中，位地址的表示有以下不同的方法(以下均以程序状态字寄存器 PSW 的第 5 位(F0)标志为例说明)：

(1) 直接位地址表示：如 D5H。

(2) 点位表示：一般形式为　可位寻址字节地址或符号.位序号，如：PSW.5，说明是 PSW 的第 5 位。

(3) 位名称表示：直接用位定义符号表示，如 F0。

(4) 用户自定义名称表示：如 FLG BIT F0，在指令中允许用 FLG 表示 F0 标志位。

位操作类指令列于表 3.6 中。

表 3.6　位操作类指令

	指令助记符	操作功能注释	机器码(H)	字节数	机器周期数
位传送指令	MOV　C, bit	(CY)←(bit)	A2 bit	2	1
	MOV　bit, C	(bit)←(CY)	92 bit	2	1
位逻辑操作指令	CPL　C	(CY)←($\overline{CY}$)	B3	1	1
	CLR　C	(CY)←0	C3	1	1
	SETB　C	(CY)←1	D3	1	1
	CPL　bit	(CY)←($\overline{bit}$)	B2 bit	2	1
	CLR　bit	(bit)←0	C2 bit	2	1
	SETB　bit	(bit)←1	D2 bit	2	1
	ANL　C, bit	(CY)←(CY)∧(bit)	82 bit	2	2
	ORL　C, bit	(CY)←(CY)∨(bit)	72 bit	2	2
	ANL　C, / bit	(CY)←(CY)∧($\overline{bit}$)	B0 bit	2	2
	ORL　C, / bit	(CY)←(CY)∨($\overline{bit}$)	A0 bit	2	2
位条件转移指令	JC　rel	若(CY) = 1，则(PC)←(PC) + 2 + rel 转移 若(CY) = 0，则(PC)←(PC) + 2 顺序执行	40 rel	2	2
	JNC　rel	若(CY) = 0，则(PC)←(PC) + 2 + rel 转移 若(CY) = 1，则(PC)←(PC) + 2 顺序执行	50 rel	2	2
	JB　bit, rel	若(bit) = 1，则(PC)←(PC) + 3 + rel 转移 若(bit) = 0，则(PC)←(PC) + 3 顺序执行	20 bit Rel	3	2
	JNB　bit, rel	若(bit) = 0，则(PC)←(PC) + 3 + rel 转移 若(bit) = 1，则(PC)←(PC) + 2 顺序执行	30 bit rel	3	2
	JBC　bit, rel	若(bit) = 1，则(PC)←(PC) + 3 + rel 转移 若(bit) = 0，则(PC)←(PC) + 3 顺序执行	10 bit rel	3	2

在位操作中，除了使用位累加器 Cy 的指令外，均不影响其他标志位。

位操作指令除了对位数据处理外，还可以用来模拟数字电路的硬件功能。

例 20　利用位操作指令，模拟图 3.6 所示硬件逻辑电路的功能。参考程序如下：

```
PR2:    MOV    C，P1.1      ; (Cy)←(P1.1)
        ORL    C，P1.2      ; (Cy)←(P1.1)∨(P1.2) = A
```

```
CPL    C
ANL    C，P1.0        ; (Cy)←(P1.0)∧A
CPL    C              ; (Cy)←P1.0)∧A = B
MOV    F0，C          ; F0 内暂存 B
MOV    C，P1.3        ; (Cy)← (P1.3)

ANL    C，/P1.4       ; (Cy)←(P1.3)∧(P̄1̄.̄4̄) = D
ORL    C，F0          ; (Cy)←B∨D
MOV    P1.5，C        ; 运算结果送入 P1.5
RET
```

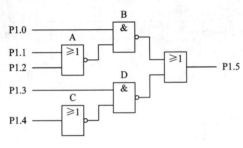

图 3.6　硬件逻辑电路图

3.9　汇编程序格式与伪指令

用汇编语言编写程序，其实质是从指令系统选取并进行组织能实现特定问题所要求功能的一个指令子集的过程。当然，程序设计首先是算法的设计，还要采用适当的程序设计方法。这些与采用其他任何一种语言进行程序设计是一样的，不再赘述。

用汇编语言编写的程序称为源程序。它不能直接在计算机上运行，必须经过汇编把它变换成机器代码后，才能执行。编写源程序时，应遵循一定的格式要求，除了使用指令系统中的指令外，还可以使用伪指令。伪指令是给汇编程序提供如何进行汇编的一些信息，在汇编中不产生代码。

1．汇编程序格式

汇编程序是指令系统的一个子集，只要指令按格式书写就构成了程序的基本格式。在程序中指令书写具有如下格式：

[标号：] 操作码助记符 [操作数 1][，源操作数 2] [；注释]

标号用在指令的前边，必须跟"："，表示符号地址。一般在程序中有特定用途的地方加标号，如转移目标执行指令的前面需加标号(并不是所有指令前面都需要加标号)，就可以在转移指令中用标号表示目标地址。如果标号用在伪指令前面，则不需加"："。

汇编指令书写必须注意：操作码助记符与操作数之间必须至少有一个空格分隔；在双操作数指令中，操作数之间必须用"，"分隔；注释是对程序的说明，其与指令之间必须用"；"分隔。

2．伪指令

伪指令只在汇编过程中起作用，没有对应的机器码，不影响程序的执行。它主要用来指定程序或数据的存储位置，开辟数据存储区，表示程序结束，定义程序可使用一些标号等。不同版本的汇编语言，伪指令的符号和含义可能有所不同，但基本用法是相似的。下面仅介绍几种常用的伪指令。

1) 设置起始地址伪指令 ORG

格式：[符号：] ORG　地址(十六进制表示)

该伪指令的功能是规定其后面的目标程序或数据块的起始地址。它放在一段源程序(主程序、子程序)或数据块的前面，说明紧跟在其后的程序段或数据块从 ORG 后面给出的地址开始存放。例如：

```
        ORG  2000H
START:  MOV  A，#7FH
           ⋮
```

表明标号为 START 的目标程序从 2000H 单元开始存放，汇编后，标号 START 也具有 2000H 地址值。

一般在一个汇编语言源程序的开始，都用一条 ORG 伪指令来规定该程序存放的起始位置。在一个源程序中，可以多次使用 ORG 指令，以规定不同程序段的起始位置。但所规定的地址应从小到大，不允许不同的程序段之间有重叠。一个源程序若不用 ORG 指令开始，则从 0000H 单元开始存放目标代码。

2) 结束汇编伪指令 END

格式：[符号：] END

END 是汇编语言源程序的结束标志，表示汇编结束。在 END 以后所写的指令，汇编程序都不予处理。一个源程序只能有一个 END 命令，否则就有一部分指令不能被汇编。如果 END 前面加标号的话，则应与被结束程序段的起始点的标号一致，以表示结束的是哪一个程序段。

3) 定义字节数据伪指令 DB

格式：[标号] DB　项或项表

其中项或项表指一个字节数据，或用逗号分开的多个字节数据，或以引号括起来的字符串。该伪指令的功能是把项或项表的数据从标号标识的地址开始，按字节连续存储。例如：

```
        ORG  2000H
TAB1:   DB   30H，8AH，7FH，73
        DB   '5'，'A'，'BCD'
```

以上伪指令经汇编后，TAB1 具有 2000H 地址值，对 2000H 开始的连续存储单元赋值情况如下：

```
    (2000H)=30H
    (2001H)=8AH
    (2002H)=7FH
    (2003H)=49H          ；十进制数 73 以十六进制数存放
```

(2004H)=35H	；35H 是数字 5 的 ASCII 码
(2005H)=41H	；41H 是字母 A 的 ASCII 码
(2006H)=42H	；42H 是字符串'BCD'中 B 的 ASCII 码
(2007H)=43H	；43H 是字符串'BCD'中 C 的 ASCII 码
(2008H)=44H	；44H 是字符串'BCD'中 D 的 ASCII 码

4) 定义字数据伪指令 DW

格式：[标号] DW 项或项表

DW 伪指令与 DB 相似，但用于字数据的定义。项或项表指所定义的一个字数据(两个字节)或用逗号分开的多个字数据。该伪指令的功能是把项或项表的字数据从标号标识的地址开始，按字连续存储。一个字连续存放 2 个字节，汇编时，高位字节在前，低位字节在后。例如：

　　　　　ORG　1500H

　　TAB2：　DW　1234H，80H

汇编以后：TAB2 具有 1500H 地址值，(1500H) = 12H，(1501H) = 34H，(1502H) = 00H，(1503H) = 80H

5) 预留数据存储区伪指令 DS

格式：[标号] DS 表达式

该伪指令的功能是从标号标识的地址开始，保留若干个字节的内存空间以备存放数据。保留的字节数由表达式的值决定。例如：

　　　　　ORG　1000H

　　BUFFER DS　20H

　　　　　DB　30H，8FH

汇编后，BUFFER 具有 1000H 地址值，从 1000H 单元开始，预留 32(20H)个字节单元，然后从 1020H 开始，按照下一条 DB 指令赋值，即(1020H) = 30H，(1021H) = 8FH。

6) 等值伪指令 EQU

格式：标号 EQU 项

该伪指令的功能是将指令中的项赋予 EQU 前面的标号。在程序中，可以用标号来表示项。项可以是常数、地址标号或表达式。例如：

　　TAB1 EQU　1000H

　　TAB2 EQU　2000H

汇编后，在程序中可以用 TAB1、TAB2 分别代表 1000H、2000H。

用 EQU 伪指令对某标号赋值后，该标号的值在整个程序中不能再改变。

7) 位地址定义伪指令 BIT

格式：标号 BIT 位地址

该伪指令的功能是将位地址赋予 BIT 前面的标号，经赋值后可用该标号代替 BIT 后面的位地址。例如：

　　PLG BIT　F0

　　AI BIT　P1.0

经以上伪指令定义后，在程序中就可以把 FLG 和 AI 作为位地址来使用。

3.10　汇编程序设计示例

　　51 单片机汇编语言程序设计方法基本同其他语言一样，但更接近 IBM-PC 机汇编语言程序设计。限于篇幅，本节只举一些具有 51 单片机汇编语言特点的程序作为示例。着重说明 51 单片机硬件特性应用的程序，以便与第 2 章的硬件知识融会贯通。

3.10.1　算术与逻辑处理程序

　　例 21　将一个双字节数存入片内 RAM。

　　设待存双字节数高字节在工作寄存器 R2 中，低字节在累加器 A 中，要求高字节存入片内 RAM 的 36H 单元，低字节存入 35H 单元，参考程序如下：

```
MOV   R0, #35H     ; R0 作指向片内 RAN 单元的地址指针，先指向 35H 单元
MOV   @R0, A       ; 低字节存入 35H 单元
INC   R0           ; 使 R0 指向 36H 单元
XCH   A, R2        ; R2 与 A 的内容交换，待存高字节交换到 A 中
MOV   @R0, A       ; 高字节存入 36H 单元，A 的内容未受影响
XCH   A, R2        ; R2 与 A 的内容再次交换，两者的内容恢复原状
```

　　例 22　多字节无符号数相加。

　　设被加数与加数分别在以 ADR1 与 ADR2 为首址的片内数据存储器区域中，自低字节起，由低到高依次存放；它们的字节数为 L，要求加得的和放回被加数的单元。程序流程框图如图 3.7 所示。

　　参考程序如下：

```
          MOV   R0, #ADR1   ; 建立指针，使 R0 指向被加数
          MOV   R1, #ADR2   ; 使 R1 指向加数
          MOV   R2, #L      ; 字节数作为循环控制
          CLR   C           ; 清进位标志
LOOP:     MOV   A, @R0      ; 取得被加数的一个字节
          ADDC  A, @R1      ; 求一个字节和
          MOV   @R0, A      ; 加得的和放回原被加数单元
          INC   R0          ; 修改指针，指向下一个相加的数
          INC   R1
          DJNZ  R2, LOOP    ; 循环实现多字节数相加
```

　　例 23　将 R1、R2、R3、R4 四个工作寄存器中的 BCD 数据依次相加，要求中间计算结果与最后的和都为正确的 BCD 数，且存入片内 RAM。

　　设 4 个工作寄存器中的 BCD 码数据相加后其和仍为 2 位 BCD 码，无溢出；(R1) + (R2)后的和存入片内 RAM 的 30H 单元，再加(R3)后的和存入 31H 单元，总的和存入 32H 单元。则主程序为：

```
ORG   0050H
```

图 3.7　例 22 程序流程图

```
┌──────────┐
│   开始   │
└──────────┘
      │
┌──────────────┐
│ #ADR1→(R0)   │
│ #ADR2→(R1)   │
│ #L→(R2)      │
│ 0→CY         │
└──────────────┘
      │
┌────────────────────┐
│ ((R0))+((R1))→(A)  │
└────────────────────┘
      │
┌────────────────────┐
│   (A)→((R0))       │
└────────────────────┘
      │
┌────────────────────┐
│ (R0)+1→(R0)        │
│ (R1)+1→(R1)        │
│ (R2)-1→(R2)        │
└────────────────────┘
      │
    ◇ (R2)=0? ◇ ─N─┐
      │ Y
┌──────────┐
│   结束   │
└──────────┘
```

```
        MOV   R0，#30H
        MOV   A，R1
        ADD   A，R2          ；(R1)+(R2)
        ACALL  BCDSUB        ；调用子程序进行 BCD 调整，并存和
        ADD   A，R3          ；(R1)+(R2)+(R3)
        ACALL  BCDSUB
        ADD   A，R4          ；(R1)+(R2)+(R3)+(R4)
        ACALL  BCDSUB
          ⋮
```

子程序为：

```
                ORG   01A0H       ；十进制调整与存和子程序
        BCDSUB：  MOV   R7，A       ；保护累加器 A 的内容，以便返回主程序继续使用
                DA   A           ；BCD 调整
                MOV   @R0，A      ；送存当前结果
                INC   R0         ；调整地址指针
                MOV   A，R7       ；恢复累加器 A 的内容，使 A 中仍为调用子程序时的和
                RET              ；返主
```

该程序采用了主子结构，通过累加 A 传递参数。

例 24　使双字节数依次右移一位。

设双字节数的高字节已在工作寄存器 R2，低字节已在累加器 A 中，则下列程序可满足要求：

```
                SETB  C         ；C 预置 1
                XCH   A，R2       ；R2 与 A 内容交换，高字节进 A，低字节到 R2
                JB   A.7，ELSE    ；A.7(原 R2 第 7 位)送 C
                CLR   C
        ELSE：    RRC   A          ；高字节右移 1 位，最低位进 C
                XCH   A，R2       ；把低位字节恢复到 A，高位字节移位结果保存在 R2
                RRC   A          ；低字节右移移位，通过 C 把高字节低位带入 A 的高位
```

两次带进位右移，通过 C 将高字节的低位移入低字节的高位。程序中开始时将 C 置 1，以后又根据 R2 第 7 位是否为 1 而进行分支，目的是高字节数(R2)的符号位保持不变，使该程序段可适合于处理带符号的双字节数。

例 25　多字节数求补。

设多字节数由低字节到高字节依次存放在片内 RAM 的以 30H 为起始地址的区域中，求补后放回原处，则相应的程序为：

```
                ORG   1000H
                MOV   R2，#LH      ；R2 作循环计数器，放置待处理字节数
                MOV   R0，#30H     ；R0 作为地址指针，指向待处理首数的地址
                MOV   A，@R0       ；自片内 RAM 30H 单元取最低字节数
                CPL   A           ；最低字节取反
```

```
            ADD   A，#1         ；求补时最低字节取反后再加 1
            MOV   @R0，A        ；最低字节补码送存
            DEC   R2            ；字节计数器数减 1
    NEXT：  INC   R0            ；调整地址指针，指向下一个字节
            MOV   A，@R0        ；取下一个字节数
            CPL   A             ；非最低字节求补时只需取反
            ADDC  A，#0         ；考虑低字节加 1 后可能产生的进位
            MOV   @R0，A        ；本字节处理后送存
            DJNZ  R2，NEXT      ；循环处理多字节求补
```

例 26　统计自 P1 口输入的字串中正数、负数、零的个数。

设 R0、R1、R2 三个工作寄存器分别为统计正数、负数、零的个数的计数器。完成本任务的流程框图如图 3.8 所示。

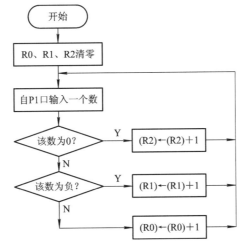

图 3.8　例 26 程序流程图

参考程序如下：

```
    START： CLR   A
            MOV   R0，A         ；计数器清 0
            MOV   R1，A
            MOV   R2，
    ENTER： MOV   A，P1         ；自 P1 口 输入一个数
            JZ    ZERO          ；判 0，转 ZERO
            JB    P1.0，NEG     ；该数为负，转 NEG
            INC   R0            ；该数不为 0、不为负，则必为正数，R0 内容加 1
            SJMP  ENTER         ；循环自 P1 口取数
    ZERO：  INC   R2            ；零计数器加 1
            SJMP  ENTER
    NEG：   INC   R1            ；负数计数器加 1
            SJMP  ENTER
```

本例所示的程序尚有缺陷：① 未考虑数串中究竟有多少个数，输入不能结束；② 未考虑 P1 口上数据输入速度与计算机取数和分档处理速度间的协调配合。如已知数串的个数为 L；送数的速度为每秒 1 个；计算机取数、处理的速度极快，(与 1 秒比较)可忽略不计。试考虑程序应做怎样改动。

例 27　双字节无符号数乘法子程序设计。

算法：两个双字节无符号数分别放在 R7、R6 和 R5、R4 中。由于 51 单片机指令中只有 8 位数的乘法指令 MUL，用它来实现双字节数乘法时，可把乘数分解为：

$$(R7)(R6) = (R7) \cdot 2^8 + (R6) \qquad (R5)(R4) = (R5) \cdot 2^8 + (R4)$$

则这两个数的乘积可表示为

$$
\begin{aligned}
(R7)(R6)(R5)(R4) &= [(R7) \cdot 2^8 + (R6)] \cdot [(R5) \cdot 2^8 + (R4)] \\
&= (R7) \cdot (R5) \cdot 2^{16} + (R7) \cdot (R4) \cdot 2^8 + (R6) \cdot (R5) \cdot 2^8 + (R6) \cdot (R4) \\
&= (R0_4)(R0_3)(R0_2)(R0_1)
\end{aligned}
$$

显然，我们将 $(R6) \cdot (R4)$ 放入 $(R0_2)(R0_1)$ 中，将 $(R7) \cdot (R4)$ 和 $(R6) \cdot (R5)$ 累加到 $(R0_3)(R0_2)$ 中，再将 $(R7) \cdot (R5)$ 累加到 $(R0_4)(R0_3)$ 中即可得到乘积结果。

入口：$(R7\ R6) =$ 被乘数；$(R5\ R4) =$ 乘数；$(R0) =$ 乘积的低位字节地址

出口：$(R0) =$ 乘积的高位字节地址，指向 32 位积的高 8 位

工作寄存器：R3、R2 存放部分积；R1 存放进位位。

参考程序如下：

```
MUL1:   MOV   A, R6          ; 取被乘数的低字节到 A
        MOV   B, R4          ; 取乘数的低字节到 B
        MUL   AB             ; (R6)·(R4)
        MOV   @R0, A         ; 乘积低 8 位存 R0₁
        MOV   R3, B          ; R3 暂存(R6)·(R4)的高 8 位
        MOV   A, R7          ; 取被乘数的高字节到 A
        MOV   B, R4          ; 取乘数的低字节到 B
        MUL   AB             ; (R7)·(R4)
        ADD   A, R3          ; (R7)·(R4)低 8 位加(R3)
        MOV   R3, A          ; R3 暂存 2⁸ 部分项低 8 位
        MOV   A, B           ; (R7)·(R4)高 8 位送 A
        ADDC  A, #00H        ; (R7)·(R4)高 8 位加进位位 CY
        MOV   R2, A          ; R2 暂存 2⁸ 部分项高 8 位
        MOV   A, R6          ; 取被乘数的低字节到 A
        MOV   B, R5          ; 取乘数的高字节到 B
        MUL   AB             ; (R6)·(R5)
        ADD   A, R3          ; (R6)·(R5)低 8 位加(R3)
        INC   R0             ; 调整 R0 地址为 R0₂ 单元
        MOV   @R0, A         ; R0 存放乘积 15~8 位结果
        MOV   R1, #00H       ; 清暂存单元
        MOV   A, R2
```

```
            ADDC  A，B        ；(R6)·(R5)高 8 位加(R2)与 CY
            MOV   R2，A        ；R2 暂存 2⁸ 部分项高 8 位
            JNC   NEXT         ；2⁸ 项向 2¹⁶ 项无进位则转移
            INC   R1           ；有进位则 R1 置 1 标记
   NEXT：   MOV   A，R7        ；取被乘数高字节
            MOV   B，R5        ；取乘数高字节
            MUL   AB           ；(R7)·(R5)
            ADD   A，R2        ；(R7)·(R5)低 8 位加(R2)
            INC   R0           ；调整 R0 地址为 R0₃ 单元
            MOV   @R0，A       ；R0₃ 存放乘积 23～16 位结果
            MOV   A，B
            ADDC  A，R1        ；(R7)·(R5)高 8 位加 2⁸ 项进位
            INC   R0           ；调整 R0 地址为 R0₄ 单元
            MOV   @R0，A       ；R0₄ 存放乘积 31～24 位结果
            RET
```

3.10.2　数制转换程序

例 28　将 8 位二进制数转换为 BCD 码。

设 8 位二进制数已在 A 中，转换后存于片内 RAM 的 20H、21H 单元。转换算法是分别分离出百位、十位和个位。参考程序如下：

```
   MOV   B，#100
   DIV   AB            ；该 8 位二进制数除 100，在 A 中得 BCD 码的百位数
   MOV   R0，#21H      ；R0 指向 21H 单元
   MOV   @R0，A        ；百位数存入片内 RAM 的 21H 单元
   DEC   R0            ；调整 R0 指向 20H 单元
   MOV   A，#10
   XCH   A，B          ；把除 100 后的余数交换到 A，10 交换进 B
   DIV   AB            ；余数再除以 10，在 A 中得 BCD 数的十位数，个位在 B 中
   SWAP  A             ；BCD 码的十位数调整到 A 的高半字节
   ADD   A，B          ；A 中高半字节的十位数与 B 中低半字节的个位数合并
   MOV   @R0，A        ；十位数与个位数存入 20H 单元
```

例 29　将十六进制数转换为 ASCII 码。

设十六进制数已在 A 中。查 ASCII 码表可知：数字 0～9 的 ASCII 码分别是 30H～39H；英文大写字母 A～F 的 ASCII 码分别是 41H～46H。可见数字的 ASCII 码值与数字值相差 30H；字母的 ASCII 码值与其值相差 37H。实现转换的程序如下：

```
   MOV   R2，A         ；将待转换的十六进制数暂存于 R2
   ADD   A，#F6H       ；将转换数加 246,根据相加后有无进位来判别它是否≥10
   MOV   A，R2         ；原十六进制数送到 A
   JNC   AD30          ；如无进位，转换到 AD30，只加 30H
```

```
        ADD   A, #07H          ; 有进位, 不跳转, 便先加 07H
AD30:   ADD   A, #30H
        END
```

例 30　编写将某 BCD 码数据转换为 ASCII 码的子程序。

设待转换的 BCD 码数据已在累加器 A 中, 且在程序存储器中按序放 BCD 码数据对应的 ASCII 码的表, 其首地址为 TAB, 则可实现转换的子程序如下:

```
TRANS1:  MOV   DPTR, #TAB      ; 将表首地址置入 DPTR
         MOVC  A, @A+DPTR      ; 查表得对应的 ASCII 码
         RET                   ; 返主
TAB:     DB  30H
         DB  31H
         DB  32H
         ⋮
         DB  39H
```

如不用 MOVC A, @A+DPTR 指令, 改用 MOVC A, @A+PC 指令可达到相同目的:

```
TRANS1:  INC   A               ; 调整查表指令距表首地址的偏移量
         MOVC  A, @A+PC        ; 查表得对应的 ASCII 码
         RET                   ; 返主
TAB:     DB  30H
         DB  31H
         DB  32H
         ⋮
         DB  39H
```

本例说明了查表程序的设计方法。一般, 前一种子程序 TAB 的真实地址可以是程序存储器空间的任意 16 位地址, 即数据表可以建立在任意位置; 而后一种子程序数据表紧跟在转换程序的后面, 而且还要在查表指令之前, 考虑数据表与查表指令的偏移量。正因为这样, 考虑到在 MOVC A, @A+PC 与 TAB 间有一条单字节指令 RET, 所以程序开头用一条 INC A 指令使累加器的内容加 1。

3.10.3　多分支转移(散转)程序

指令系统中的转移指令只能实现两分支转移, 用比较转移指令 CJNE 借进位位配合可实现 3 分支转移。有些应用中要求多分支转移, 称为散转。用 JMP @A+DPTR 指令可方便地实现散转。

1. 使用转移指令表的散转程序

这种散转程序的设计方法是: 转向某一分支程序用一条无条件转移指令实现, 把多分支的转移指令组织成一个指令表。在程序中, 根据要转向某一分支的信息转移到指令表中对应的转移指令, 执行该指令即可实现预定的转移。

例 31　设计多达 128 路分支出口的转移程序。

设 128 个出口分别转向 128 段小程序，它们的首地址依次为 addr00、addr01、addr02、addr03、…、addr7F，要转移到某分支的信息存放在工作寄存器 R2 中，则散转程序为：

```
        MOV   DPTR, #TAB
        MOV   A, R2
        RL    A                  ; 将出口分支信息乘 2
        JMP   @A+DPTR
TAB:    AJMP  addr00
        AJMP  addr01
        AJMP  addr02
          ⋮
        AJMP  addr7F
```

　　程序中使用 RL A 指令使分支号乘以 2，达到累加器 A 的值恰好对应该分支转移指令距表首的偏移量。因为 AJMP 指令占用两个字节，每两条相邻 AJMP 指令的首址依次递增 2 个字节。这种散转程序只能实现分支数小于 128 的散转。因为，分支号大于 128 时，在累加器 A 中乘 2 就产生溢出。

　　AJMP 指令的转移范围不超出所在的 2 KB 区间，如各段小程序较长，在 2 KB 范围内无法全部容纳，应改用 LJMP 指令。每条 LJMP 指令占用 3 个字节，如改用 LJMP 指令，程序须作如下改动：

```
        MOV   DPTR, #TAB
        MOV   A, R2
        MOV   B, #3
        MUL   AB                 ; 以上 3 条指令将出口信息乘 3
        XCH   A, B               ; 积的高 8 位交换到 A，低 8 位暂存于 B
        ADD   A, DPH
        MOV   DPH, A             ; 把积的高 8 位叠加到 DPH
        XCH   A, B               ; 积的低 8 位交换回 A
        JMP   @A+DPTR
TAB:    LJMP  addr00
        LJMP  addr01
        LJMP  addr02
          ⋮
        LJMP  addrnn
```

　　因为 LJMP 是 3 字节指令，所示分支号要乘以 3。利用乘法指令将乘积的高、低字节分别加到 DPH 和 DPL 中。这个程序可不受散转 128 分支的限制，但要保证相乘、相加都不溢出。

2. 使用地址表的散转程序

　　这种散转程序的设计方法是：把转移目标地址组织成一个地址表，在程序中查表获得转移目标地址，然后转向该地址执行。

例 32　设计有 256 路分支出口的转移程序。

设分支号已在 R2 中。通过查表取得目标地址，但如何把目标地址送入 PC，实现转移？下面的程序巧妙地用 PUSH 与 RET 指令将目标地址送入 PC，达到转移的目的。

```
        MOV   DPTR, #TAB
        MOV   A, R2           ; 分支号送 A
        CLR   C
        RLC   A               ; 分支号乘 2
        JNC   LOW             ; 分支号在 0~127 之间则不需改变 DPH
        INC   DPH             ; 分支号在 128~255 之间，则 DPTR 加 256
LOW:    MOV   R3, A           ; 查表偏移量暂存于 R3
        MOVC  A, @A+DPTR      ; 查表得目标地址的低 8 位
        PUSH  A               ; 目标地址的低 8 位压栈
        MOV   A, R3           ; 恢复查表偏移量
        INC   A
        MOVC  A, @A+DPTR      ; 查表得目标地址的高 8 位
        PUSH  A               ; 目标地址的高 8 位压栈
        RET
```

程序最后一条 RET 的实质不是"返主"，而是利用该指令从栈顶弹出两个字节的内容送 PC 的操作，将前面两条压栈指令压入堆栈的目标地址置入 PC，实现转移。程序执行后，堆栈指针 SP 以及原堆栈的内容均未受任何影响。

3.10.4　定时器/计数器应用程序

在设计定时器/计数器应用程序时，应做如下工作：

(1) 根据定时或计数要求确定定时器/计数器工作方式、计算出初值，并设置特殊功能寄存器 TMOD、THx、TLx。

(2) 根据对定时器/计数器的工作要求设置中断系统，即设置中允控制寄存器 IE 和中断优先级控制寄存器 IP。

(3) 启动定时器/计数器，即置位 TCON 中的 TRx 位。

例 33　要求用单片机内部的定时器/计数器定时 1 分钟。

设单片机振荡频率 $f_{osc} = 12$ MHz。

分析：单片机内部定时器/计数器，在定时工作方式，最长定时时间只有 65.536 ms。达到 1 分钟定时，使用一个定时器是实现不了的，可采用两个定时器串接的方法。如让定时器/计数器 C/T0 工作于方式 1 定时 1 ms，定时器/计数器 T1 工作于方式 1 对定时器/计数器 C/T0 的溢出计数 60 000 次，这样可得：1 ms × 60 000 = 60 000 ms = 60 s，即定时 1 分钟。但仍存在一个问题：定时器/计数器 C/T1 计数是对单片机外部引脚 P3.5(T1)上的输入脉冲进行的，C/T0 的溢出对外无脉冲信号。

对此问题的解决，可在程序中用软件方法实现，当定 C/T0 定时溢出时，在 P3.5 上形成一个计数脉冲。

C/T0、C/T1 初值计算及设置：

初值计算 C/T0：65 536 − 1000 = 64 536 = FC18H

C/T1：65 536 − 60 000 = 5536 = 15A0H

方式控制字：

	GATE	C/$\overline{T}$	M1	M0	GATE	C/$\overline{T}$	M1	M0	
TMOD	0	1	0	1	0	0	0	1	51H

中允控制字：

	EA		ET2	ES	ET1	EX1	ET0	EX0	
IE	1	0	0	0	1	0	0	0	88H

参考程序如下：

```
            ORG    0000H
            AJMP   0030H
            ORG  001BH
            AJMP   TIINT0
            ORG    0030H          ; 主程序
START:      ⋮
            MOV    TMOD，#51H      ; 设置 T0、T1 工作方式
REPEAT:     MOV    TH1，#15H       ; 设置 T1 初值
            MOV    TL1，#A0H
            MOV    TH0，#0FCH      ; 设置 T0 初值
            MOV    TL0，#18H
            CLR    P3.5           ; 以便形成计数脉冲
            MOV    IE，#88H        ; 开 T1 中断
            SETB   TR1            ; 启动定时器/计数器 T1
            SETB   TR0            ; 启动定时器/计数器 T0
LOOP:
            ⋮                     ; 此处可写完成监控任务的程序
            ⋮
            JNB    TF0，$          ; T0 定时未到等待，定时到执行以下程序
            CLR    TF0            ; 清 T0 溢出标志
            JBC    F0，ELSE        ; F0 在中断服务程序中置位，表示定时 1 分钟到
                                  ; 转 ELSE 处执行
            SETB   P3.5           ; 形成计数脉冲，T1 计数一次
            MOV    TH0，#0FCH      ; 重装 T0 初值
            MOV    TL0，#18H
            CLR    P3.5           ; 以便再形成计数脉冲
            SJMP   LOOP
```

```
ELSE:                           ；此处可写定时 1 分钟到后的处理程序
        ⋮
        AJMP    REPEAT
TINT0:  SETB    F0              ；建立定时 1 分钟到的用户标志
        RETI
```

在 C/T1 的中断服务程序中，仅完成 PSW 中 F0 的置位操作，而把定时 1 分钟到后的处理程序放在主程序中，根据 F0 的状态确定是否执行。这是改善应用系统实时性能的重要程序设计方法。

3.10.5　外部中断应用程序

外部中断应用程序设计，一般应根据硬件连接电路及中断源的情况设置中断系统，即中允控制和中断优先级，并设计中断服务程序。

例 34　某工业监控系统，具有温度、压力、PH 值等多路监控功能，中断源的接口电路如图 3.9 示。对于 PH 值，在小于 7 时向 CPU 申请中断，CPU 响应中断后，使 P3.0 引脚输出高电平，经驱动，使加碱管道电磁阀接通 1 秒钟，以调整 PH 值。

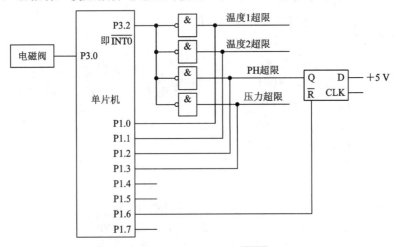

图 3.9　多个外部中断源公用 $\overline{INT0}$ 的接法

图中，在 PH 超限中断请求信号线上接一个 D 触发器，是解决记录和撤除中断请求所采取的措施。PH 超限信号从 CLK 送一个上升沿脉冲，Q 端输出为 1，并保持，由此向单片机产生有效中断请求。当单片机响应中断请求后，从 P1.6 输出 0，可撤除请求。

接口电路图中把多个中断源通过"线或"接于 P3.2($\overline{INT0}$)引脚上，单片机检测到中断请求，无法知道是哪一个中断源的请求。对具体中断源的识别，可在中服务程序中，采用查询方式进行。进入中断服务程序后，通过对 P1 口逐位检测来确定。接通加碱管道电磁阀 1 秒钟由延时子程序来实现。设延时该子程序 DELAY 已存在，可供调用。又假设 4 个中断服务程序入口地址分别为 INT00、INT01、INT02、INT03，并只针对 PH<7 时的中断响应处理进行中断服务程序设计说明。

```
ORG  0003H          ；外部中断 0 中断服务程序入口
JB   P1.0, INT00    ；检测是否有温度 1 超限中断，如有则转 INT00 处理
```

```
        JB   P1.1，INT01        ; 检测是否有温度 2 超限中断，如有则转 INT01 处理
        JB   P1.2，INT02        ; 检测是否有 PH 超限中断，如有则转 INT02 处理
        JB   P1.3，INT03        ; 检测是否有压力超限中断，如有则转 INT00 处理
                               ; 中断服务程序 2
INT02：  PUSH  PSW             ; 保护现场
        PUSH  A
        SETB  PSW.3            ; 工作寄存器设置为 1 组，以保护原 0 组的内容
        SETB  P3.0             ; 接通加碱管道电磁阀
        ACALL DELAY            ; 调延时 1 秒子程序
        CLR  P3.0              ; 1 秒到关加碱管道电磁阀
        ANL  P1，#BFH          ; 清零 D 触发器，撤除中断请求信号
        ORL  P1，#40H          ; 使 D 触发器可触发，能接受中断请求；
        POP  A
        POP  PSW
        RETI
```

3.10.6 串行口应用程序

利用 51 单片机串行口方式 1、2、3 进行通信时，通常用内部定时器工作在方式 2 作波特率发生器。程序设计时，需要按波特率要求计算定时器初值。设比特率为 f_b，单片机振荡频率为 f_{osc}，周期为 T_m，定时器溢出率为 f_t，溢出周期为 T_t，定时器初值为 x，则可按以下方法计算定时器初值：

$$f_b = \frac{2^{SMOD} \times f_t}{32} \Rightarrow f_t = \frac{32 \times f_b}{2^{SMOD}} \Rightarrow T_t = \frac{1}{f_t} = \frac{2^{SMOD}}{32 \times f_b}$$

$$T_m = \frac{12}{f_{osc}}$$

$$T_t = (256 - x)T_m \Rightarrow x = 256 - \frac{T_t}{T_m} = 256 - \frac{2^{SMOD} \times f_{osc}}{12 \times 32 \times f_b}$$

下面通过简单的串行口接收、发送和双机通信程序来作为异步串行通信的应用程序示例。

例 35 由串行口发送带偶校验位的 ASCII 码数据块。

设拟发送的 ASCII 码数据块在片内 RAM 的 30H～3FH 单元，单片机采用 12 MHz 晶振，串行口工作于方式 1；定时器/计数器 T1 用作波特率发生器，工作于方式 2；PCON 中的 SMOD 位为 0；发送的波特率要求为 1200。

定时器/计数器 T1 初值计算：

$$x = 256 - \frac{2^{SMOD} \times f_{osc}}{12 \times 32 \times f_b} = 256 - \frac{12 \times 10^6}{12 \times 32 \times 1200} \approx 256 - 26 = 230 = E6H$$

根据要求确定定时器/计数器的 TMOD 中的方式控制字为 20H，串行口 SCON 中的控制字为 40H，则发送参考程序如下：

```
TSTART: MOV   TMOD，#20H        ; 置定时器/计数器 T1 工作于方式 2 定时
        MOV   TL1，#0E6H        ; T1 置初值
        MOV   TH1，#0E6H        ; T1 置重装初值
        MOV   SCON，#40H        ; 置串行口工作于方式 1
        MOV   R0，#30H          ; R0 作地址指针，指向数据块首址
        MOV   R7，#10H          ; R7 作循环计数器，置以发送字节数
        SETB  TR1              ; 启动定时器/计数器 T1
LOOP:   MOV   A，@R0            ; 取待发送的一个字节
        MOV   C，P              ; 取奇偶标志，奇为 1，偶为 0
        MOV   A.7，C            ; 给发送的 ASCII 码最高位加偶校验位
        MOV   SBUF，A           ; 启动串行口发送
WAIT:   JNB   TI，WAIT          ; 等待发送完毕
        CLR   TI               ; 清 TI 标志，为下一个字节发送作准备
        INC   R0               ; 指向数据块下一个待发送字节的地址
        DJNZ  R7，LOOP          ; 循环发送，直到数据块发送完毕
        RET
```

例 36　由串行口接收带偶校验位的 ASCII 码数据块。

设待接收数据块共 10H 个字节，接收后拟存于片内 RAM 的 40H～4FH 单元；单片机采用的晶振频率、波特率、SMOD 位的值等均同上题，则接收参考程序如下：

```
RSTART: MOV   TMOD，#20H        ; 置定时器/计数器 T1 工作于方式 2 定时
        MOV   TL1，#0E6H        ; 定时器/计数器 T1 置初值
        MOV   TH1，#E6H         ; 定时器/计数器 T1 置重装数
        MOV   R0，#40H          ; R0 作地址指针，指向拟存放数据块首址
        MOV   R7，#10H          ; R7 作循环计数器，置以接收数据字节数
        ETB   TR1              ; 启动定时器/计数器 T1
LOOP:   MOV   SCON，#50H        ; 置串行口工作于方式 1 并启动串行口接收
WAIT:   JNB   RI，WAIT          ; 等待接收完毕
        MOV   A，SBUF           ; 取已接收字节数据到 A
        MOV   C，P              ; 取奇偶标志，奇为 1，偶为 0
        JC    ERROR            ; 发现有错，转出错处理程序
        ANL   A，#7FH           ; 未出错，去掉偶校验位
        MOV   @R0，A            ; 存已接收的一个字节
        INC   R0               ; 指向下一存放已接收字节的地址
        DJNZ  R7，LOOP          ; 循环接收，直到数据块接收完毕
        RET
```

利用 51 单片机的串行口可以进行两个单片机之间串行异步通信。当串行口定义为方式 1 时，一帧信息为 10 位。当串行口定义为方式 2 和方式 3 时，一帧信息为 11 位。

例 37　采用查询方式的双机通信程序。

通信要求：甲机将片外 RAM 从 3130H 单元开始的数据块发送给乙机，乙机接收数据

块也存于片外 RAM 从 3130H 单元开始的数据区，片内 2FH 单元存放发送数据的块长度，R6 为累加校验和寄存器，通信双方采用 2400 b/s 的速率传送数据。

使用的系统资源：设时钟频率 $f_{osc} = 6$ MHz，双方都使用定时器 1 工作在方式 2 作波特率发生器，串行口工作在方式 1，采用查询方式发/收数据，SMOD = 1。

通信协议：

● 双机开始通信时，甲机发送一个呼叫信号 "06H"，询问乙机是否可以接收数据；乙机收到呼叫信号后，若同意接收数据，则发回 "00H" 作为应答。甲机只有收到乙机应答信号 "00H" 后才可发送数据给乙机，否则继续向乙机呼叫，直到乙机同意接收。

● 双方把传送数据块字节数和所有数据求累加和，作为校验和。

● 甲机收到乙机同意信号后，先发送数据块长度，再逐个发数据，数据块发送完后，发校验和。

● 乙机收到校验和与本机所求校验和比较，若相等，表示接收正确，向甲机发 "0FH" 信号，否则发 "F0H" 信号。甲机只有收到 "0FH" 后，才能结束发送任务，返回主程序，否则继续呼叫，重发数据。

定时器初值计算：

$$x = 256 - \frac{2^{SMOD} \times f_{osc}}{12 \times 32 \times f_b} = 256 - \frac{2 \times 6 \times 10^6}{12 \times 32 \times 2400}$$

$$\approx 256 - 13 = 243 = F3H$$

(1) 甲机发送子程序。甲机发送子程序框图如图 3.10 所示。

甲机发送子程序：

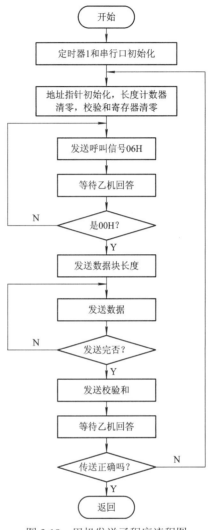

图 3.10　甲机发送子程序流程图

```
FMT_T_S:    MOV  TMOD, #20H      ; 设置 T1 方式 2
            MOV  TH1, #0F3H      ; 设置定时器重装初值
            MOV  TL1, #0F3H      ; 设置定时器初值
            SETB TR1             ; 启动定时器
            MOV  SCON, #50H      ; 串行口初始化为：方式 1 并允许接收
            MOV  PCON, #80H      ; SMOD = 1
FMT_RAM:    MOV  DPH, #3130H     ; 设置数据指针
            MOV  R7, 2FH         ; 送字节数到 R7
            MOV  R6, #00H        ; 校验和寄存器清零
TX_ACK:     MOV  A, #06H         ; 发送呼叫信号
            MOV  SBUF, A
WAIT1:      JBC  TI, RX_YES
```

```
                    SJMP   WAIT1                  ；等待呼叫信号发送完毕
    RX_YES:         JBC   RI, NEXY1
                    SJMP   RX_YES                 ；等待接收乙机回答信号
    NEXT1:          MOV  A, SBUF                  ；读取应答信号
                    CJNE   A, #00H, TX_ACK        ；应答不为00H，则继续呼叫
    TX_BYTES:       MOV   A, R7                   ；向乙机发送要传送的字节数
                    MOV   SBUF, A
                    ADD   A, R6                   ；求校验和
                    MOV   R6, A                   ；校验和存R6
    WAIT2:          JBC   TI, TX_NEWS
                    SJMP   WAIT2                  ；等待字节数发送完毕
    TX_NEWS:        MOVX   A, @DPTR               ；读取要发送数据
                    MOV   SBUF, A                 ；发送数据
                    ADD   A, R6                   ；求校验和
                    MOV   R6, A
                    INC   DPTR                    ；修改数据指针
    WAIT3:          JBC   TI, NEXT2
                    SJMP   WAIT3                  ；等待数据发送完毕
    NEXT2:          DJNZ R7, TX_NEWS              ；循环完成数据块发送
    TX_SUM:         MOV   A, R6
                    MOV   SBUF, A                 ；数据发送完后发送校验和
    WAIT4:          JBC   TI, RX_0FH
                    SJMP   WAIT4                  ；等待校验和发送完毕
    RX_0FH:         JBC   RI, IF_0FH              ；等待乙机回答
                    SJMP   RX_0FH
    IF_0FH:         MOV   A, SBUF
                    CJNE   A, #0FH, FMT_RAM       ；应答不等于0FH，则转呼叫重发
                    RET                           ；应答等于0FH，发送完毕
```

(2) 乙机接收子程序。乙机接收子程序框图如图 3.11 所示。

乙机接收子程序如下：

```
    FMT_T_S:        MOV TMOD, #20H                ；设置 T1 方式 2
                    MOV TH1, #0F3H                ；设置重装初值
                    MOV TL1, #0F3H                ；设置定时初值
                    SETB TR1                      ；启动定时器 1
                    MOV SCON, #50H                ；串行口初始化，方式 1 并允许接收
                    MOV PCON, #80H                ；SMOD = 1
    FMT_RAM:        MOV DPH, #3130H               ；设置数据指针
                    MOV R6, #00H                  ；校验和寄存器清零
    RX_ACK:         JBC RI, IF_06H                ；等待接收呼叫信号
```

	SJMP RX_ACK	
IF_06H:	MOV A，SBUF	；读取呼叫信号
	CJNE A，#06H，TX_15H	；呼叫信号不等于06H，转错误应答
TX_00H:	MOV A，#00H	；呼叫信号等于06H向甲机回发同意接收信号
	MOV SBUF，A	
WAIT1:	JBC TI，RX_BYTES	；等待应答信号发送完
	SJMP WAIT1	
TX_15H:	MOV A，#15H	；向甲机报告接收的呼叫信号不正确
	MOV SBUF，A	
WAIT2:	JBC TI，HAVE1	
	SJMP WAIT2	；等待应答信号发送完毕
HAVE1:	LJMP RX_ACK	；返回到开始接收呼叫信号状态
RX_BYTES:	JBC RI，HAVE2	；接收数据块长度
	SJMP RX_BYTES	
HAVE2:	MOV A，SBUF	；读取数据长度寄存器
	MOV R7，A	
	MOV R6，A	；形成累加和
RX_NEWS:	JBC RI，HAVE3	；接收数据
	SJMP RX_NEWS	
HAVE3:	MOV A，SBUF	；将接收到的数据存入外部RAM
	MOVX @DPTR，A	
	INC DPTR	
	ADD A，R6	
	MOV R6，A	；形成累加和
	DJNZ R7，RX_NEWS	；判断数据是否接收完毕
RX_SUM:	JBC RI，HAVE4	；接收校验和
	SJMP RX_SUM	
HAVE4:	MOV A，SBUF	；判断校验和是否传送正确
	CJNE A，R6，TX_ERR	
TX_RIGHT:	MOV A，#0FH	；向甲机报告接收的数据正确
	MOV SBUF，A	
WAIT3:	JBC TI GOOD	
	SJMP WAIT3	
TX_ERR:	MOV A，#0F0H	；向甲机报告接收的数据错误
	MOV SBUF，A	
WAIT4:	JBC TI，AGAIN	
	SJMP WAIT4	
AGAIN:	LJMP FMT_RAM	；返回重新接收数据状态
GOOD:	RET	；返回被调用程序

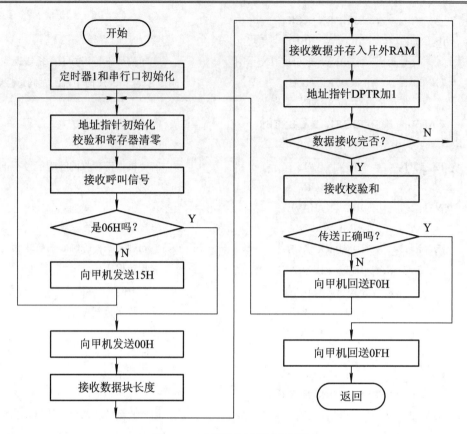

图 3.11　乙机接收子程序流程图

习 题 三

3-1　何谓寻址方式？51 单片机有哪几种寻址方式？这几种寻址方式是如何寻址的？

3-2　访问片内、外数据存储器各有哪几种寻址方式？

3-3　访问片内 RAM 单元和特殊功能寄存器，分别采用哪几种不同寻址方式？

3-4　若要完成以下的数据传送，应如何用 51 的指令来完成？

(1) R0 的内容送到 R1 中。

(2) 外部 RAM 的 2000H 单元内容送 R0，送内部 RAM 的 20H 单元，送外部 RAM 的 0020H 单元。

3-5　试比较下列每组两条指令的区别。

(1) MOV　A，#24H 与 MOV　A，24H;

(2) MOV　A，R0 与 MOV　A，@R0;

(3) MOV　A，@R0 与 MOVX　A，@R0;

(4) MOVX　A，@R1 与 MOVX　A，@DPTR。

3-6　已知(A) = 7AH，(B) = 02H，(R0) = 30H，(30H) = A5H，(PSW) = 80H，写出以下各条指令执行后 A 和 PSW 的内容。

(1) XCH　A，R0

(2) XCH　A，30H

(3) XCHD　A，@R0

(4) SWAP　A

(5) ADD　A，30H

(6) ADDC　A，@R0

(7) SUBB　A，#30H

(8) INC　@R0

(9) MUL　AB

(10) DIV　AB

3-7　已知(A) = 02H，(R1) = 7FH，(DPTR) = 2FFCH，(SP) = 30H，片内 RAM(7FH) = 70H，片外 RAM(2FFEH) = 11H，ROM(2FFEH) = 64H，试分别写出以下指令执行后的结果。

(1) MOVX　@DPTR，A

(2) MOVX　A，@R1

(3) MOVC　A，@A+DPTR

(4) PUSH　A

3-8　DA A 指令有什么作用？怎样使用？

3-9　设(A) = 83H，(R0) = 17H，(17H) = 34H，分析当执行完下面的每条指令后目标单元的内容及 4 条指令组成的程序段执行后 A 的内容是什么？

　　　　ANL　A，#17H

　　　　ORL　17H，A

　　　　XRL　A，@R0

　　　　CPL

3-10　请写出达到下列要求的逻辑操作的指令。要求不得改变未涉及位的内容。

(1) 使累加器 A 的低位置 "1"；

(2) 清累加器 A 的高 4 位；

(3) 使 A.2 和 A.3 置 "1"；

(4) 清除 A.3、A.4、A.5、A.6。

3-11　指令 LJIMP addr16 与 AJMP addr11 的区别是什么？

3-12　试说明指令 CJNE　@R1，#7AH，10H 的作用。若本条指令地址为 2500H，其转移地址是多少？

3-13　下面程序执行后(SP) = ＿＿＿、(A) = ＿＿＿、(B) = ＿＿＿，解释每条指令的作用。

　　　　　ORG　2000H

　　　　　MOV　SP，#40H

　　　　　MOV　A，#30H

　　　　　LCALL　2500H

　　　　　ADD　A，#10H

　　　　　MOV　B，A

　　HERE:　SJMP　HERE

```
            ORG   2500H
            MOV   DPTR, #2009H
            PUSH  DPL
            PUSH  DPH
            RET
```

3-14　已知 P1.7 = 1，A.0 = 0，C = 1，FIRST = 1000H，SECOND = 1020H，试写出下列指令的执行结果。

(1) MOV　26H，C

(2) CPL　A.0

(3) CLR　P1.7

(4) ORL　C，/P1.7

(5) FIRST: JC　SECOND

(6) SECOND: JBC　P1.7，FIRST

3-15　经汇编后，下列各条语句标号将是什么值？

```
            ORG   2000H
    TABLE:  DB  5
    WORD:   DW 15，20，25，30
    BUFFER: DS 20H
    FANG:   EQU  1000H
    BEGIN:  MOV  A，R0
```

3-16　设 f_{osc} = 12 MHz，定时器/计数器 0 的初始化程序和中断服务程序如下：

```
    ; 主程序
    MOV  TH0, #0DH
    MOV  TL0, #0D0H
    MOV  TMOD, #01H
    SETB  TR0
      ⋮
    ; 中断服务程序
    ORG  000BH
    MOV  TH0, #0DH
    MOV  TL0, #0D0H
      ⋮
    RETI
```

回答以下问题：

(1) 该定时器/计数器工作于什么方式？

(2) 相应的定时时间或计数值是多少？

(3) 为什么在中断服务程序中要重置定时器/计数器的初值？

3-17　试编写程序完成将片外数据存储器地址为 1000H～1030H 的数据块，全部搬迁到片内 RAM 的 30H～60H 中，并将源数据块区全部清零。

3-18　设有 100 个有符号数，连续存放在以 2000H 为首地址的存储区中，试编程统计其中正数、负数、零的个数。

3-19　试编写一段程序，将片内 30H～32H 和 33H～35H 中的两个 3 字节压缩 BCD 码十进制数相加，将结果以单字节 BCD 码形式写到外部 RAM 的 1000H～1005H 单元。

3-20　51 单片机从串行口发送缓冲区首址为 30H 的 10 个 ASCII 码字符，最高位用于奇偶校验，采用偶校验方式，要求发送的波特率为 2400 波特，时钟频率 $f_{osc} = 12\,MHz$，试编写串行口发送子程序。

第4章 51单片机系统功能扩展

51单片机的功能较强，在智能仪器仪表、家用电器、小型检测及控制系统中直接使用本身功能就可满足需要，使用极为方便。但对于一些较大的应用系统来说，它毕竟是一块集成电路芯片，其内部功能往往不能满足需求，这时就需要在片外扩展一些外围功能芯片。在51单片机外围可以扩展存储器芯片、I/O口芯片及其他功能芯片。

4.1 系统扩展概述

4.1.1 最小应用系统

单片机系统扩展一般是以基本的最小系统为基础的，故首先应熟悉最小应用系统的结构。所谓最小系统，是指一个真正可用的单片机的最小配置系统。对于片内带有程序存储器的单片机(如80C51/87C51)，只要在芯片外接上时钟电路和复位电路就可达到真正可用，就是一个最小系统，如图4.1(a)所示；对于片内不带有程序存储器的单片机(如80C31)来说，除了在芯片外接上时钟电路和复位电路，还需外接程序存储器，才能构成一个最小系统，如图4.1(b)所示。

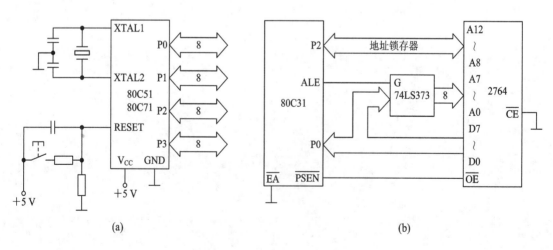

(a)   (b)

图4.1 51单片机最小化系统

(a) 80C51/87C51最小系统结构图；(b) 80C31最小系统结构图

4.1.2　单片机系统扩展的内容与方法

1．单片机的三总线结构

单片机外部扩展的系统总线与通用微机系统一样，也呈现为三总线结构，如图 4.2 所示。

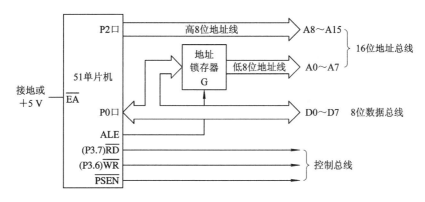

图 4.2　51 单片机的三总线结构

从图可知，三总线组成如下：

(1) 地址总线(AB)：由 P2 口提供高 8 位地址，具有地址输出锁存的能力；由 P0 口提供低 8 位地址，由于 P0 口分时复用为地址/数据线，所以为保持地址信息在访问存储器期间一直有效，需外加地址锁存器锁存低 8 位地址，用 ALE 正脉冲信号的下降沿进行锁存。锁存器的输出线才是系统的低 8 位地址线。

(2) 数据总线：由 P0 口提供，此口是准双向、输入三态控制的 8 位数据输入/输出口。

(3) 控制总线：$\overline{PSEN}$ 用于片外程序存储器取指控制信号；$\overline{RD}$ 、$\overline{WR}$ 用于片外数据存储器和 I/O 端口的读、写控制信号。

2．系统扩展的内容与方法

(1) 系统扩展一般有以下几方面的内容：

① 外部程序存储器的扩展。

② 外部数据存储器的扩展。

③ I/O 接口的扩展。

④ 管理功能器件的扩展(如定时器/计数器、键盘/显示器、中断优先级编码器等)。

(2) 系统扩展的基本方法：一般来讲，所有与计算机扩展连接芯片的外部引脚线都可以归属为三总线结构。扩展连接的一般方法实际上是三总线对接，要保证单片机和扩展芯片能够协调一致地工作，即要共同满足其工作时序。

4.2　常用扩展器件简介

在 51 单片机系统扩展中常用芯片如表 4.1 所示。本节中将对锁存器、总线驱动器、译码器等几种常用芯片进行简单介绍。

表 4.1　常用的扩展器件

种　类	型　号	功能说明	注　释	主频/MHz
I/O 扩展	8243	4 通道 4 位(16 线)I/O 扩展器	MCS-48 配套器件	12
存储器+I/O 扩展	8355/8355-2	(2K × 8)ROM + (2 × 8)I/O 口	可直接与 51 单片机相连	11.6
	8755/8755-2	(2K × 8)EPROM + (2 × 8)I/O 口		11.6
	8155/8156	(256 × 8)RAM + (2 × 8 + 1 × 6)I/O		12
标准 EPROM	2716	2K × 8	可直接与 51 单片机相连	11
	2732	4K × 8		11
	2764	8K × 8		12
	27128	16K × 8		12
标准 RAM	2114	1K × 4	能方便地与 51 单片机相连	12
	6116	2K × 8		12
	6264	8K × 8		12
	8185	1K × 8	可直接与 51 单片机相连	12
标准 I/O 口	8212	8 位 I/O 口	用作地址锁存器或 I/O 口	12
	8282	8 位 I/O 口		12
	8283	8 位 I/O 口		12
标准外围芯片	8255A	可编程并行 I/O 口	3 × 8 I/O 口	12
	8251A	可编程串行 I/O 口	串行通信发送/接收器	12
	8205	3-8 译码器	可与 51 单片机方便地相连	12
	8286	双向总线驱动器		12
	8287	双向总线驱动器(反向)		12
	8253/8253-5	可编程定时器		12
	8279	可编程键盘/显示器接口		12
	8291	GPIB 接口听/讲器		12
	8292	GPIB 控制器		12
	8295	点阵式打印机控制器		11.7
通用外围芯片	8041A	智能外设接口(ROM)	可编程以执行各种 I/O 和控制功能	12/11.7
	8741A	智能外设接口(ROM)		12/11.7

4.2.1　锁存器 74LS373

74LS373S 是一种带输出三态门的 8D 锁存器，其结构如图 4.3 所示。

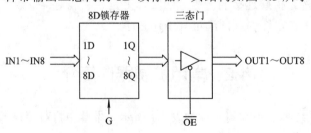

图 4.3　74LS373 内部结构及引脚信号

1D～8D 为 8 个输入端。

1Q～8Q 为 8 个输出端。

G 为数据锁存控制端：当 G 为"1"时，锁存器输出端同输入端；当 G 由"1"变"0"时，输入数据被锁存，只要 G 不发生变化，当前锁存的数据被保持。

$\overline{\text{OE}}$为输出允许端：当$\overline{\text{OE}}$为"0"时，三态门打开；当$\overline{\text{OE}}$为"1"时，三态门关闭，输出呈高阻状态。

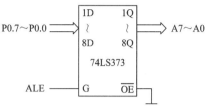

在 51 单片机系统中，常采用 74LS373 作为地址锁存器使用，其连接方法如图 4.4 所示。

其中输入端 1D～8D 接至单片机的 P0 口，输出端提供的是低 8 位地址，G 端接至单片机的地址锁存允许信号 ALE。输出允许端$\overline{\text{OE}}$接地，表示输出三态门一直打开。

图 4.4　74LS373 用作地址锁存器

可作锁存器的芯片还有 74LS273 和 74LS377 等。各种锁存器的用法基本相似，只是控制信号稍有差异。

4.2.2　74LS244 和 74LS245 芯片

74LS244 和 74LS245 常作单片机系统的总线驱动器，也作三态数据缓冲器。74LS244 为单向驱动器或数据缓冲器，其内部结构如图 4.5 所示。它由 8 个三态门构成，分成两组，分别由控制端$\overline{1\text{G}}$和$\overline{2\text{G}}$控制。

74LS245 为双向驱动器或数据缓冲器，其内部结构如图 4.6 所示。它由 16 个三态门构成，每个方向 8 个。在控制端$\overline{\text{G}}$低电平有效时，由 DIR 控制数据的方向。当 DIR 为"1"时，数据从 Ai 传向 Bi；当 DIR 为"0"时，数据从 Bi 传向 Ai。

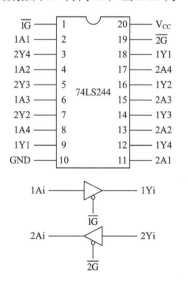

图 4.5　74LS244 内部逻辑及引脚信号

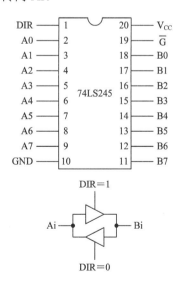

图 4.6　74LS245 内部逻辑及引脚信号

当 51 单片机的地址总线(P2 口)或单向控制总线需要增加驱动能力时，可采用单向驱动器 74LS244，其连接如图 4.7(a)所示。图中两个控制端$\overline{1\text{G}}$和$\overline{2\text{G}}$均接地，相当于 8 个三态门恒开通，只要地址从 P2 口输出，就直通到驱动后的地址线上。此处采用 74LS244 纯粹是为了增加驱动能力而不加任何控制。

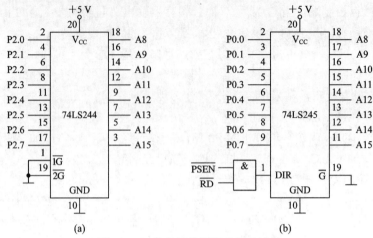

图 4.7　51 单片机总线驱动器的连接

(a) P2 外接 74LS244；(b) P0 外接 74LS245

当 51 单片机的数据总线(P0 口)或双向控制总线需要增加驱动能力时，必须采用双向驱动器 74LS245，其连接如图 4.7(b)所示。图中，将控制端 $\overline{G}$ 接地(常有效)，将单片机的 $\overline{PSEN}$ 和 $\overline{RD}$ 信号经与门后接到它的 DIR 端。当从片外程序存储器取指令($\overline{PSEN}$ 变为低电平有效)或读片外数据存储器或读扩展 I/O 端口($\overline{RD}$ 信号低电平有效)时，与门输出为 0，即 DIR = 0，控制数据输入；其余时间 $\overline{PSEN}$ 与 $\overline{RD}$ 信号均为高电平无效，DIR = 1，控制数据输出。

4.2.3　3-8 译码器 74LS138

74LS138 是一种 3-8 译码器芯片，在单片机系统中常用作地址译码器，其引脚如图 4.8 所示。其中，G1、$\overline{G2A}$、$\overline{G2B}$ 为 3 个使能控制端，只有当 G1 为高电平，且 $\overline{G2A}$、$\overline{G2B}$ 均低电平时，译码器才能进行译码输出；否则，译码器的 8 个输出端全为高阻状态。译码输入端与输出端的译码逻辑关系如表 4.2 所示。

具体使用时，使能控制端 G1、$\overline{G2A}$、$\overline{G2B}$ 连接十分灵活，既可直接接至+5 V 电源端或接地，也可参与地址译码，但必须保证在译码器工作时其状态为 100。需要时也可通过反相器使输入信号满足要求。

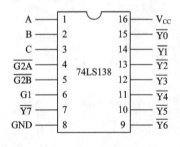

图 4.8　74LS138 引脚信号

表 4.2　74LS138 的译码逻辑关系

C	B	A	译码输出
0	0	0	$\overline{Y0}$
0	0	1	$\overline{Y1}$
0	1	0	$\overline{Y2}$
0	1	1	$\overline{Y3}$
1	0	0	$\overline{Y4}$
1	0	1	$\overline{Y5}$
1	1	0	$\overline{Y6}$
1	1	1	$\overline{Y7}$

4.3　存储器的扩展

4.3.1　存储器扩展概述

1. 51 单片机的扩展能力

51 单片机的地址总线宽度 16 位，在片外可扩展的存储器最大容量为 64 KB，地址为 0000H～FFFFH。

因为 51 单片机对片外程序存储器和数据存储器的操作使用不同的指令和控制信号，所以允许两者的地址空间重叠，故片外可扩展的程序存储器与数据存储器的最大容量分别为 64 KB。

为了配置外围设备而需要扩展的 I/O 口与片外数据存储器统一编址，即占据相同的地址空间。因此，片外数据存储器连同 I/O 口一起总的扩展容量是 64 KB。

2. 扩展的一般方法

存储器按读写特性不同区分为程序存储器和数据存储器。程序存储器又可分为掩膜 ROM、可编程 ROM(PROM)、可擦除 ROM(EPROM 或 EEPROM)；数据存储器又可分为静态 RAM 和动态 RAM。因此，存储器芯片有多种，即使是同一种类的存储器芯片，容量不同，其引脚数目也不同。尽管如此，存储器芯片与单片机扩展连接具有共同的规律。不论何种存储器芯片，其引脚都呈三总线结构，与单片机连接都是三总线对接。

存储器芯片的控制线：对于程序存储器来说，正常工作时，只有读操作，也只有读控制信号($\overline{OE}$)，它与单片机的 $\overline{PSEN}$ 信号线相连。对于数据存储器来说，可进行读或写操作，因而，具有读($\overline{OE}$)、写($\overline{WE}$)两个控制信号，应分别与单片机的 $\overline{RD}$、$\overline{WR}$ 对应连接。除此之外，对于 EPROM 芯片还有编程脉冲输入线($\overline{PRG}$)、编程状态线(READY/$\overline{BUSY}$)，这些引脚信号只在编程方式下起作用，编程时根据功能操作恰当连接即可。

存储器芯片的数据线：数据线的数目由芯片的存储位数(字长)决定。例如，1 位字长的芯片数据线有一根，4 位字长的芯片数据线有 4 根，8 位字长的芯片数据线有 8 根。存储器芯片的数据线与单片机的数据总线(P0.0～P0.7)按由低位到高位的顺序顺次相接。

存储器芯片的地址线：地址线的数目由芯片的容量决定。容量(Q)与地址线数目(N)满足关系式：$Q = 2^N$。存储器芯片的地址线与单片机的地址总线(A0～A15)按由低位到高位的顺序顺次相接。一般来说，存储器芯片的地址线数目总是少于单片机地址总线的数目。顺次相接后，单片机的高位地址线总有剩余。剩余地址线一般作为译码线，译码输出与存储器芯片的片选信号线相接。存储器芯片可能有一个或几个片选信号线，访问存储器芯片时，片选信号必须有效(如果有几个片选信号，则必须同时有效)，即选中存储器芯片。片选信号线与单片机系统的译码输出相接后，就决定了存储器芯片的地址范围。因此，单片机的剩余高位地址线的译码及译码输出与存储器芯片的片选信号线的连接，是存储器扩展连接的关键问题。

译码有两种方法：部分译码法和全译码法。

(1) 部分译码。所谓部分译码就是存储器芯片的地址线与单片机系统的地址线顺次相接后，剩余的高位地址线仅用一部分参加译码。参加译码的地址线对于选中某一存储器芯片有一个确定的状态，而与不参加译码地址线的状态无关。也可以说，只要参加译码的地址线处于对某一存储器芯片的选中状态，不参加译码的地址线的任意状态都可以选中该芯片。正因如此，部分译码使存储器芯片的地址空间有重叠，造成系统存储器空间的浪费。

部分译码的一种特例是线译码。所谓线译码就是直接用一根线与存储器芯片的片选信号连接，即一根线选中。

在设计存储器扩展连接或分析扩展连接电路确定存储器芯片的地址范围时，常采用图4.9 所示的地址译码关系图的方法。假定某一 2 KB 存储器芯片译码扩展系统具有图中译码地址线的状态，我们来分析其地址范围。

译码地址线					与存储器芯片连接的地址线										
A15	A14	A13	A12	A11	A10	A9	A8	A7	A6	A5	A4	A3	A2	A1	A0
·	0	1	0	0	×	×	×	×	×	×	×	×	×	×	×

图 4.9　地址译码关系图

图 4.9 中与存储器芯片连接的低 11 位地址线的地址变化范围为全"0"～全"1"。参加译码的 4 根地址线的状态是唯一确定的。不参加译码的 A15 位地址线有两种状态，都可以选中该存储器芯片。

当 A15 = 0 时，占用的地址是 0010000000000000～0010011111111111，即 2000H～27FFH。

当 A15 = 1 时，占用的地址是 1010000000000000～1010011111111111，即 A000H～A7FFH。

同理，若有 N 条高位地址线不参加译码，则有 2^N 个重叠的地址范围。重叠的地址范围中真正能存储信息的只有一个，其余仅是占据，所以造成浪费。这是部分译码的缺点。它的优点是译码电路简单。

(2) 全译码。所谓全译码就是存储器芯片的地址线与单片机系统的地址线顺次相接后，剩余的高位地址线全部参加译码。这种译码方法，存储器芯片的地址空间是唯一确定的，但译码电路相对复杂。

两种译码方法在单片机扩展系统中都有应用。在扩展存储器(包括 I/O 口)容量不大的情况下，选部分译码，译码电路简单，可降低成本。

3．扩展存储器芯片数目的确定

若选存储器芯片字长与单片机字长一致，则只需扩展容量。所需芯片数目按下式确定：

$$芯片数目 = \frac{系统扩展容量}{存储器芯片容量}$$

若选存储器芯片字长与单片机字长不一致，则不仅需要扩展容量，还需扩展字长。所需芯片数目按下式确定：

$$芯片数目 = \frac{系统扩展容量}{存储器芯片容量} \times \frac{系统字长}{存储器芯片字长}$$

4.3.2 程序存储器的扩展

单片机扩展常用的存储器类型是 EPROM 芯片，本节主要介绍它的扩展连接方法。

1. EPROM 芯片

2716 是常用 EPROM 芯片中容量最小的(更小的已很少采用)，有 24 条引脚，如图 4.10 所示。其中有 3 根电源线(V_{CC}、V_{PP}、GND)、11 根地址线(A0～A10)、8 根数据输出线(O0～O7)，其他 2 根为片选端 $\overline{CE}$ 和输出允许端 $\overline{OE}$。V_{PP} 为编程电源端，在正常工作(读)时，也接到 +5 V。大容量的 EPROM 芯片有 2732、2764、27128、27256，它们的引脚功能基本与 2716 类似，在图 4.10 中一并列出了它们两侧的引脚分布。

引脚	27256	27128	2764	2732
1	V_{PP}	V_{PP}	V_{PP}	
2	A12	A12	A12	2732
3	A7	A7	A7	A7
4	A6	A6	A6	A6
5	A5	A5	A5	A5
6	A4	A4	A4	A4
7	A3	A3	A3	A3
8	A2	A2	A2	A2
9	A1	A1	A1	A1
10	A0	A0	A0	A0
11	O0	O0	O0	O0
12	O1	O1	O1	O1
12	O2	O2	O2	O2
14	GND	GND	GND	GND

2716 引脚图（中间）：
左侧 1-12：A7 A6 A5 A4 A3 A2 A1 A0 O0 O1 O2 GND
右侧 24-13：V_{CC} A8 A9 V_{PP} $\overline{OE}$ A10 $\overline{CE}$ O7 O6 O5 O4 O3

2732	2764	27128	27256	引脚
	V_{CC}	V_{CC}	V_{CC}	28
	$\overline{PGM}$	$\overline{PGM}$	$\overline{PGM}$	27
V_{CC}	未用	A13	A13	26
A8	A8	A8	A8	25
A9	A9	A9	A9	24
A11	A11	A11	A11	23
$\overline{OE}/V_{PP}$	$\overline{OE}$	$\overline{OE}$	$\overline{OE}$	22
A10	A10	A10	A10	21
$\overline{CE}$	$\overline{CE}$	$\overline{CE}$	$\overline{CE}$	20
O7	O7	O7	O7	19
O6	O6	O6	O6	18
O5	O5	O5	O5	17
O4	O4	O4	O4	16
O3	O3	O3	O3	15

图 4.10 常用 EPROM 引脚排列

2. 程序存储器扩展举例

下面分三种情况说明程序存储器的扩展方法。

(1) 不用片外译码器的单片程序存储器的扩展。

例 1 用 EPROM2764 构成 80C31 的最小系统。

用一片 2764(8 KB×8)扩展程序存储器，因对地址空间无任何约束条件，采用图 4.11 所示连接。

图中，芯片的输出允许信号与单片机的 $\overline{PSEN}$ 连接，控制读取指令代码。芯片 8 条数据线与单片机数据线顺序连接。芯片的 13 条地址线顺次与单片机的地址线 A0～A12 相接。由于不采用地址译码器，所以，高 3 位地址线 A13、A14、A15 不接，片选信号 $\overline{CE}$ 直接接地(常有效)。这样连接，单片机读取该存储器芯片时，只要从低 13 位地址线传送确定地址即可；也就是说，与高 3 位地址状态无关(高 3 位地址线的任意状态都可以访问该芯片)。故有 $2^3=8$ 个重叠的 8 KB 地址空间，8 个重叠的地址范围为：

0000000000000000～0001111111111111，即 0000H～1FFFH；

0010000000000000～0011111111111111，即 2000H～3FFFH；

0100000000000000～0101111111111111，即 4000H～5FFFH；

0110000000000000～0111111111111111，即 6000H～7FFFH；

1000000000000000～1001111111111111，即 8000H～9FFFH；

1010000000000000～1011111111111111，即 A000H～BFFFH；

1100000000000000～1101111111111111，即 C000H～DFFFH；

1110000000000000～1111111111111111，即 E000H～FFFFH；

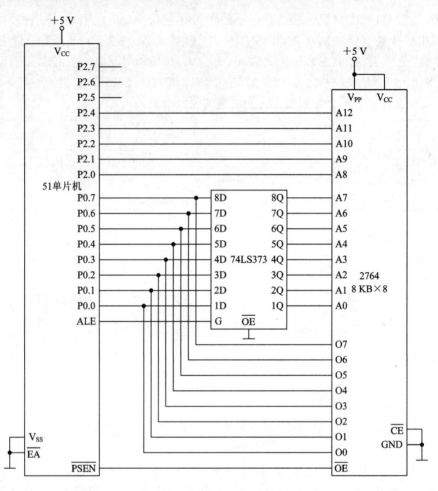

图 4.11　2764 与 51 单片机的扩展连接图

(2) 采用线选法的多片程序存储器的扩展。

例 2　使用两片 2764 扩展 16 KB 程序存储器，采用线选法选中芯片。

扩展连接图如图 4.12 所示。

图中，用 P2.7 的两个状态来选通两个芯片。当 P2.7 = 0 时，选中 2764(1)；当 P2.7 = 1 时，选中 2764(2)。因两根线(A13、A14)未用，故两个芯片各有 $2^2 = 4$ 个重叠的地址空间。它们分别为：

2764(1)：0000000000000000～0001111111111111，即 0000H～1FFFH；

　　　　　0010000000000000～0011111111111111，即 2000H～3FFFH；

　　　　　0100000000000000～0101111111111111，即 4000H～5FFFH；

　　　　　0110000000000000～0111111111111111，即 6000H～7FFFH；

2764(2)：1000000000000000～1001111111111111，即 8000H～9FFFH；

　　　　　1010000000000000～1011111111111111，即 A000H～BFFFH；

　　　　　1100000000000000～1101111111111111，即 C000H～DFFFH；

　　　　　1110000000000000～1111111111111111，即 E000H～FFFFH；

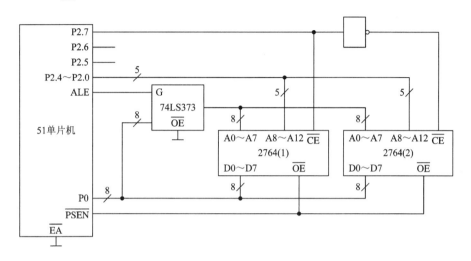

图 4.12 2 片 2764 部分译码与 51 单片机的扩展连接

(3) 采用地址译码器的多片程序存储器的扩展。

例 3 要求用 2764 芯片扩展 8051 的片外程序存储器，分配的地址范围为 0000H～3FFFH。

本例要求的地址空间是唯一确定的，所以要采用全译码方法。由分配的地址范围可知：扩展的容量为 3FFFH － 0000H + 1 = 4000H = 16 KB，2764 为 8 KB×8 位，故需要两片。第 1 片的地址范围应为 0000H～1FFFH；第 2 片的地址范围应为 2000H～3FFFH。

由地址范围确定译码器的连接，为此画出译码关系图如下：

P2.7	P2.6	P2.5	P2.4	P2.3	P2.2	P2.1	P2.0	P0.7	P0.6	P0.5	P0.4	P0.3	P0.2	P0.1	P0.0
A15	A14	A13	A12	A11	A10	A9	A8	A7	A6	A5	A4	A3	A2	A1	A0
0	0	0	×	×	×	×	×	×	×	×	×	×	×	×	×
0	0	1	×	×	×	×	×	×	×	×	×	×	×	×	×

从译码关系图可知，高 2 位地址(A15、A14)的 "00" 状态，用来选定 16 KB 地址空间，地址 A13 用来选择存储器芯片(8 KB 空间)。由此可知：选用 74LS138 译码器时，A15、A14、A13 作译码输入，其输出 $\overline{Y0}$ 应接在第 1 片的片选线上， $\overline{Y1}$ 应接在第 2 片的片选线上，可实现地址范围分配要求。扩展连接如图 4.13 所示。

上述三例中，前两例子从分析的角度，在给出扩展连接电路的情况下，分析出存储器芯片的地址范围；例 3 从设计的角度，给出地址范围分配，设计存储器芯片的连接。可以看出，对于存储器的扩展连接，译码逻辑与片选信号连接是关键技术。一旦连接确定，则扩展的存储器芯片的地址范围就被确定，应用中按确定的地址范围来访问存储器。这一关键技术对任何种类的存储器扩展连接都是一样的。

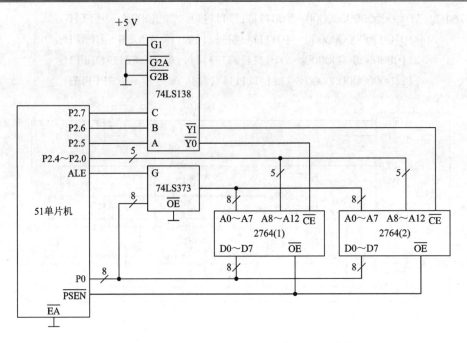

图 4.13　2 片 2764 全译码与 51 单片机的扩展连接图

4.3.3　数据存储器的扩展

1. 数据存储器芯片

数据存储器芯片可分两种：静态数据存储器(SRAM)和动态数据存储器(DRAM)。

SRAM 存取速度快，使用简单方便，在单片机扩展中最为常用。常用的芯片有 2114 (1K×4 位)、6116(2K×8 位)、6264(8K×8 位)，引脚图如图 4.14 所示。

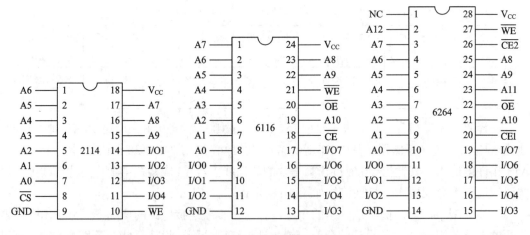

图 4.14　常用 SRAM 芯片引脚排列

2114 常用于一些数据简单的小系统中，芯片上只有一个读写控制信号 $\overline{WE}$，利用其两个状态来控制读写($\overline{WE}=0$，控制写操作，$\overline{WE}=1$ 控制读操作)。

6116 和 6264 最适合 8 位单片机的扩展，它们的读写控制方式是一样的。6264 提供了

两个片选信号 $\overline{CE1}$、$\overline{CE2}$，其作用是两个信号同时有效才能选中芯片(相当于一个片选信号的作用)，只是给用户使用带来了方便。

动态 RAM 虽然集成度高、成本低、功耗小，但需要刷新电路，单片机扩展中不如静态 RAM 方便，所以目前单片机的数据存储器扩展仍以静态 RAM 芯片为多。然而现在有一种称为集成动态随机存储器(iRAM)，它的刷新电路一并集成在芯片内，扩展使用与静态 RAM 一样方便。这种芯片有 2186、2187，它们都是 8K×8 位存储器，引脚图如图 4.15 所示。

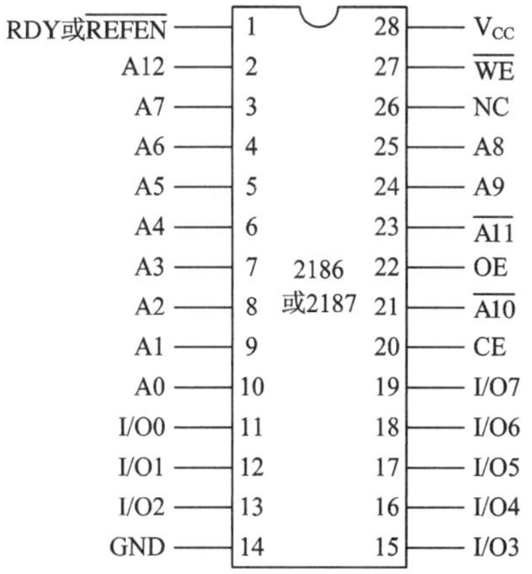

2186 与 2187 的不同仅在于前者的引脚 1 是刷新联络信号，后者的引脚 1 是刷新选通信号。

数据存储器的数据线、地址线及片选信号线的分布与作用同程序存储器，一般提供读($\overline{OE}$)和写

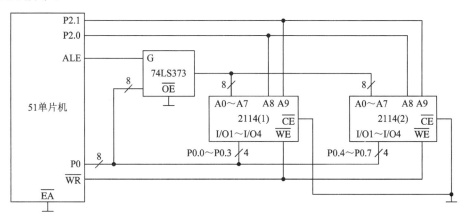

图 4.15　iRAM 芯片 2186/2187 引脚排列

($\overline{WE}$)两个控制信号。有些芯片可能只有一个控制信号(如 2114)，但还是具有读和写的逻辑功能。

2．数据存储器的扩展举例

数据存储器与单片机的扩展连接除芯片的输出允许信号 $\overline{OE}$ 应与单片机的 $\overline{RD}$ 读控制信号相连接、写允许信号与 $\overline{WR}$ 相连接外，其它信号线的连接与程序存储器类同。

例 4　采用 2114 芯片在 8031 片外扩展 1 KB 数据存储器。

这是一个需要位(字长)扩展的例子。因 2114 是 1K×4 位的静态 RAM 芯片，所以需要 2 片进行位扩展。两个芯片地址相同的单元组合起来，构成一个 8 位单元。扩展连接电路如图 4.16 所示。

图 4.16　2 片 2114 进行位扩展的连接示例

因为两个芯片相同地址单元分别存储一个 8 位字的高 4 位和低 4 位，即单片机访问存储器的 8 位数据时，要同时选通两个芯片的相同地址单元，所以片选信号线要并接在一起，即两片同时选中。为了重点说明位扩展的方法，片选信号采用了并接地(常有效)的简单连接。

连接电路确定的地址范围为: XXXXXX0000000000～XXXXXX1111111111, 有 2^5 个重叠的地址范围。当单片机按地址范围写存储器时, 产生有效的 $\overline{WR}$ 信号, 数据就能写入指令寻址的单元; 读存储器时, $\overline{WR}$ 为高电平, 数据从指令寻址的单元读出。

4.3.4 兼有片外程序存储器和片外数据存储器的扩展举例

例5 采用 2764 和 6264 芯片在 51 单片机片外扩展 24 KB 程序存储器和数据存储器。

2764 和 6264 都是 8K×8 存储器芯片, 扩展程序存储器和数据存储器各 24 KB, 两种芯片各需 3 片。扩展连接电路如图 4.17 所示。

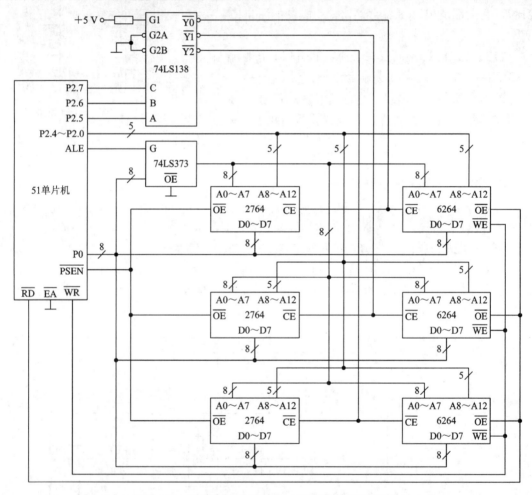

图 4.17 兼有片外 ROM 和 RAM 扩展的连接示例

图中各有一片 2764 和一片 6264 的片选端并接在同一根译码输出线上, 即 2764 和 6264 芯片具有相同的地址空间。但读控制信号连接不同, 2764 的 $\overline{OE}$ 连接于单片机的 $\overline{PSEN}$, 6264 的 $\overline{OE}$ 连接于单片机的 $\overline{RD}$, $\overline{WE}$ 连接于单片机的 $\overline{WR}$。尽管两种存储器的地址空间相同, 因使用不同的控制信号, 所以不会发生地址冲突。

地址范围分析:

第一组 2764 和 6264: 0000000000000000～0001111111111111, 0000H～1FFFH;

第二组 2764 和 6264：<u>001</u>0000000000000～<u>001</u>1111111111111，2000H～3FFFH；

第三组 2764 和 6264：<u>010</u>0000000000000～<u>010</u>1111111111111，4000H～5FFFH。

4.4　并行 I/O 扩展

51 单片机共有 4 个并行 I/O 口，但这些 I/O 口并不能完全提供给用户使用。只有片内无任何扩展器件时，4 个 I/O 口才有可能作为用户 I/O 口使用。然而大多数应用系统都需外部扩展，P0 口分时复用为系统低 8 位地址/数据线，P2 口作高 8 位地址线，P3 口提供控制信号，只有 P1 口可作为 I/O 口使用。因此，在 51 单片机应用系统设计中，都不可避免地要进行 I/O 扩展。

4.4.1　I/O 口扩展概述

1. 51 单片机 I/O 口的扩展性能

单片机应用系统中的 I/O 口扩展方法与单片机的 I/O 口扩展性能有关。

(1) 在 51 单片机应用系统中，扩展的 I/O 口与片外数据存储器统一编址。在系统总线上扩展一个 I/O 口，占用一个片外 RAM 单元地址，而与外部程序存储器无关。

(2) 利用串行口的移位寄存器工作方式(方式 0)，也可扩展 I/O 口，这时所扩展的 I/O 口不占用片外 RAM 地址。

(3) 扩展 I/O 口的硬件相依性。在单片机应用系统中，I/O 口的扩展不是目的，而是为外部通道及设备提供一个输入/输出通道。因此，I/O 口的扩展总是为了实现某一测控及管理功能而进行的。例如连接键盘、显示器、驱动开关控制、开关量监测等。这样，在 I/O 口扩展时，必须考虑与之相连的外部硬件电路特性，如驱动功率、电平、干扰抑制及隔离等。

(4) 扩展 I/O 口的软件相依性。选用不同的 I/O 口扩展芯片或外部设备时，扩展 I/O 口的操作方式不同，其应用程序差异很大，如入口地址、初始化状态设置、工作方式选择等都具有差别。

2. 扩展 I/O 口的芯片

51 单片机应用系统中，扩展 I/O 口的芯片主要有通用 I/O 口芯片和 TTL、CMOS 锁存器、缓冲器电路芯片两大类。

通用 I/O 口芯片通常为多功能、可编程芯片，可用于各种计算机系统中，最常用的芯片有 8255、8155 等。

采用 TTL 或 CMOS 锁存器、三态门电路作为 I/O 扩展芯片，也是单片机应用系统中经常采用的方法。这些 I/O 口扩展芯片具有体积小、成本低、配置灵活的特点。一般的锁存器、三态缓冲器芯片等都可用于单片机 I/O 口扩展，如 74LS373、74LS277、74LS244、74LS273、74LS367 等。在实际应用中，应根据芯片特点及输入、输出量的特征，来选择合适的扩展芯片。

3. I/O 口扩展方法

根据扩展并行 I/O 口时数据线的连接方式，I/O 口扩展可分为总线扩展方法、串行口扩展方法和 I/O 口扩展方法。

(1) 总线扩展方法。扩展的并行 I/O 芯片连在单片机系统总线上。即芯片的数据线连接于系统数据线上(P0 口)，芯片的端口寻址线按一定方式连接于系统地址线上(P0 口的锁存器输出和 P2 口)，芯片的读写控制信号分别连接于单片机的读写控制信号线($\overline{RD}$，$\overline{WR}$)，即和数据存储器扩展方法相似。这种扩展方法只分时占用系统总线，不会造成单片机硬件的额外开销。因此，在 51 单片机应用系统的 I/O 扩展中广泛采用这种扩展方法。

(2) 串行口扩展方法。这是 51 单片机串行口在方式 0 工作状态下所提供的 I/O 口扩展功能。串行口方式 0 为移位寄存器工作方式，因此接上串入并出的移位寄存器可以扩展并行输出口，而接上并入串出的移位寄存器则可扩展并行输入口。这种扩展方法只占用串行口，而且通过移位寄存器的级联方法可以扩展多数量的并行 I/O 口。对于不使用串行口的应用系统，可使用这种方法。但由于数据的输入输出采用串行移位的方法，传输速度较慢。

(3) 在单片机内部 I/O 口上扩展外部 I/O 口。这种扩展方法的特征是扩展片外 I/O 口的同时也占用片内 I/O 口，所以使用较少。

4.4.2　8255A 可编程并行 I/O 口扩展

8255A 是单片机应用系统中被广泛使用的可编程外部 I/O 口扩展芯片。它有 3 个 8 位并行 I/O 口，每个口有 3 种工作方式。

1. 芯片引脚信号及其内部结构

8255 芯片的引脚信号如图 4.18 所示。

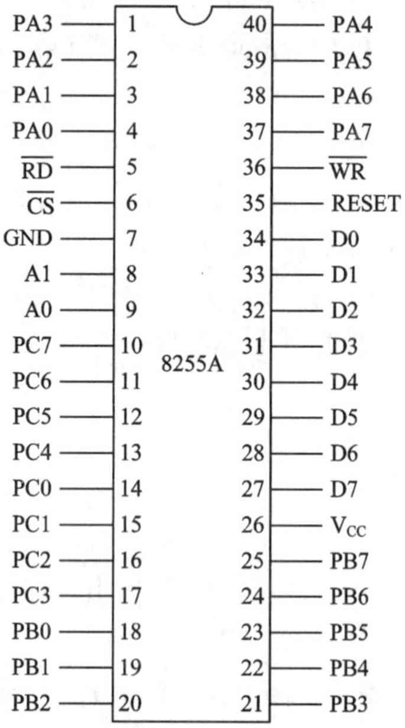

I/O 口芯片的引脚信号都具有"两边"性，即一边与系统线连接，一边与外部设备连接。

8255A 与系统相联系的引脚信号有：

D0～D7：8 条双向数据线。与单片机系统数据线(P0 口)连接，用于传输控制命令和数据。

A0、A1：8255A 的内部端口寻址线。8255A 内部有 4 个寄存器端口，称它们为 PA 口、PB 口、PC 口和控制口。通过 A1A0 上的 4 种状态来选择端口，其状态码与端口的对应关系如表 4.3 所示。

```
PA3 ── 1       40 ── PA4
PA2 ── 2       39 ── PA5
PA1 ── 3       38 ── PA6
PA0 ── 4       37 ── PA7
 RD ── 5       36 ── WR
 CS ── 6       35 ── RESET
GND ── 7       34 ── D0
 A1 ── 8       33 ── D1
 A0 ── 9       32 ── D2
PC7 ── 10      31 ── D3
PC6 ── 11      30 ── D4
PC5 ── 12 8255A 29 ── D5
PC4 ── 13      28 ── D6
PC0 ── 14      27 ── D7
PC1 ── 15      26 ── Vcc
PC2 ── 16      25 ── PB7
PC3 ── 17      24 ── PB6
PB0 ── 18      23 ── PB5
PB1 ── 19      22 ── PB4
PB2 ── 20      21 ── PB3
```

图 4.18　8255A 引脚信号

表 4.3　8255A 的端口寻址

A1 A0	寻址端口	说　明
0　0	PA 口	
0　1	PB 口	存储于外设交换的数据
1　0	PC 口	
1　1	控制口	存储对 8255A 的控制字

$\overline{RD}$、$\overline{WR}$：对 8255A 读、写的控制信号。与单片机的读、写信号连接，实现对 8255A 的读写操作控制。

RESET：复位信号。在该引脚上出现持续一定时间的高电平，使内部寄存器复位到初始状态，连接于外部复位电路或单片机的 RESET 引脚上。

$\overline{\text{CS}}$：片选信号。当其为低电平时，8255A 才能工作，否则禁止一切操作。同存储器芯片的片选信号作用一样，可与一个译码逻辑输出连接，确定内部端口地址范围。采用部分译码，内部端口有重叠地址；采用全地址译码内部端口有唯一地址。

Vcc、GND：工作电源接入端，接 +5 V 电源。

8255A 与外设相联系的数据线：PA7～PA0，PB7～PB0，PC7～PC0 分别是 PA、PB、PC 口的 8 位双向数据线，与外设并行数据线连接。

8255A 芯片的内部结构如图 4.19 所示。

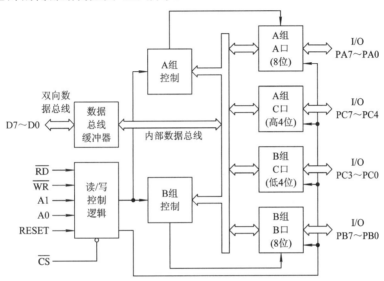

图 4.19　8255A 的内部结构图

从 8255A 的内部结构可以看出，从控制上分为两组：A 口和 C 口的高 4 位是 A 组控制；B 口和 C 口的低 4 位是 B 组控制。这样的分组规定了：当 A 口、B 口工作在需要由 C 口提供状态控制信号的工作方式时，由 C 口的高 4 位给 A 口提供状态控制信号，由 C 口的低 4 位给 B 口提供状态控制信号。当 C 口工作在 I/O 口方式时，C 口可作为两个 4 位并行口。

8255A 内部有一个读写控制逻辑模块，它接收对 8255A 的片选、复位、端口寻址和读写控制信号及命令字，分别控制 8255A 的各种功能操作。8255A 的全部工作状态是由读写控制逻辑根据用户编程设置来实现的。例如，根据 A1、A0 上传送的端口寻址码，经译码可选通相应的端口寄存器。

8255A 内部有一个数据总线缓冲器，暂存经数据线(D7～D0)传输的所有信息(命令和数据)。

2．8255A 的工作方式

8255A 有三种工作方式，可供用户根据需要来编程选用。

方式 0(基本输入/输出方式)：这种工作方式不需要任何状态联络信号。A 口、B 口和 C 口的高低 4 位可以由程序设定为输入或输出，可设定 16 种输入、输出状态。作为输出口时，输出数据被锁存；作为输入口时，输入数据不锁存。

方式 1(选通输入/输出方式)：在这种工作方式下，A 口可由编程设定为输入或输出，由 C 口的高 4 位提供相应的控制和同步信号；B 口可由编程设定为输入口或输出口，由 C 口的低 4 位提供相应的控制和同步信号。A 口和 B 口的输入数据或输出数据都被锁存。方式 1 下的逻辑组态关系如图 4.20 所示。

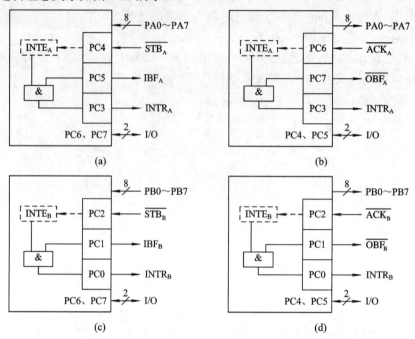

图 4.20 8255 方式 1 逻辑组态关系

(a) A 口输入；(b) A 口输出；(c) B 口输入；(d) B 口输出

当 A 口、B 口设定为方式 1 时，8255A 控制逻辑自动使 C 口相应位给 A 口、B 口提供规定的控制和状态同步信号，C 口不再作独立 I/O 口，但剩余位可按位作 I/O 线。

方式 2(双向传送方式)：这种工作方式只能用于 A 口，C 口的 PC3～PC7 用来作为输入/输出的控制和同步信号。这时 B 口可工作在方式 0 或方式 1。方式 2 下的逻辑组态关系如图 4.21 所示。

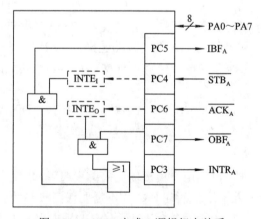

图 4.21 8255A 方式 2 逻辑组态关系

图 4.20 和图 4.21 中各状态控制信号的意义如下：

$\overline{\text{OBF}}$：输出缓冲器满信号。当其为低时，8255A 告知外设有数据可供输出。在单片机执行输出指令后，$\overline{\text{WR}}$ 上升沿使其为低电平有效，表示数据已传送到数据端口。由外设的应答信号 $\overline{\text{ACK}}$ 使其变为高电平，表示外设已取走数据，腾空了数据寄存器。

IBF：输入缓冲器满信号。当其为高时，8255A 告知外设数据已输入完毕。它由来自外设的 $\overline{\text{STB}}$ 置为高电平，表示外设数据已进入 8255A 的数据寄存器。在单片机执行输入指令后，$\overline{\text{RD}}$ 上升沿使其复位，表示数据已被读走，输入缓冲器已被腾空。

$\overline{\text{ACK}}$：来自外设的应答信号。当其为低时，表示外设已从数据端口取走数据。

$\overline{\text{STB}}$：来自外设的选通信号。当其为低时，表示将外设数据打入到 8255A 数据端口。

INTR：中断请求信号。输入时，当外设数据进入到 8255A 数据端口时，由 IBF 触发，产生中断请求；在输出时，单片机将数据送入数据端口，由 $\overline{\text{OBF}}$ 触发，产生中断请求。

INTE：中断允许控制信号。通过对 C 口相应位置位或复位来进行控制。置位是中断允许，复位是中断不允许(禁止)。A 口输入中断允许位是 PC4，A 口输出中断允许位是 PC6，B 口输入/输出中断允许位都是 PC2。

3. 8255A 的编程命令字

用户通过设置命令字，将其送入 8255A 的控制端口，选择 8255A 的工作方式及其特性。8255A 的编程控制字包含方式选择控制字和 C 口置/复位控制字。

方式选择控制字用于设定 8255A 的工作方式，其格式与定义如图 4.22(a)所示。

C 口置位/复位控制字用于设定 8255A 有关控制及操作的状态和特性，其格式定义如图 4.22(b)所示。

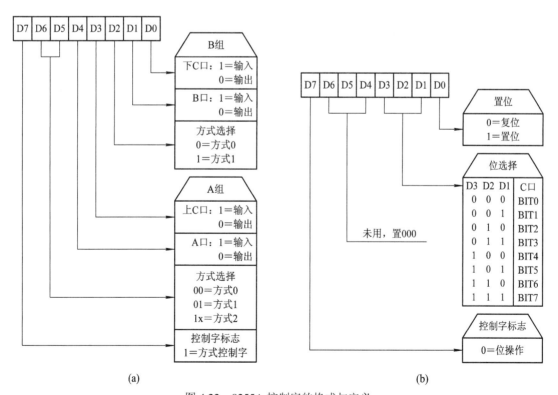

图 4.22　8255A 控制字的格式与定义

(a) 方式选择控制字；(b) C 口置位/复位控制字

8255A 工作前，必须根据应用需求，依照格式定义，设置方式控制字。设置好方式控制字后，用输出指令将其写入控制端口，8255A 就按设定的方式工作。如果不设定工作方式，或设定的工作方式不正确，8255A 将不能正常工作。这一步工作也称为对 8255A 的初始化。

C 口具有位操作功能，把一个置位/复位控制字写入 8255A 的控制端口，就能把 C 口的指定位置 1 或清 0。

两个命令字送入 8255A，存放在一个控制端口，它们通过最高位(D7)来区分。D7 = 1，则为方式控制字；D7 = 0，则为置位/复位操作控制字。

4. 51 单片机与 8255 的接口方法

8255A 与单片机连接的基本方法仍是三总线对接。8255A 三种工作方式下的接口要求有所不同。在方式 1 和方式 2 下，需和单片机控制线相连接的还有中断请求信号 INTR。该信号的连接还取决于 8255A 与单片机的数据传输方式。如果采用查询方式，INTR 可与单片机的一位 I/O 口线连接；如果采用中断方式，INTR 连接在单片机外部中断输入线上。

图 4.23 是 8255A 与 51 单片机的基本连接示例。

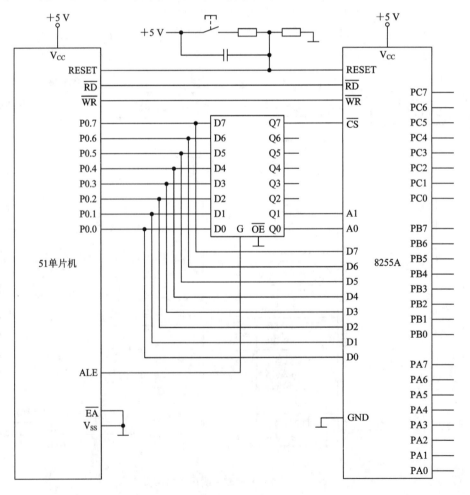

图 4.23　8255A 与 51 单片机的基本连接示例

扩展I/O口与单片机连接可区分8位地址端口连接和16位地址端口连接。对于8位地址端口连接，与I/O芯片端口寻址有关的线(端口寻址线、片选线)只和单片机的低8位地址线产生连接关系，可用R0或R1来间接寻址端口。对于16位地址端口连接，与I/O芯片端口寻址有关的线(端口寻址线、片选线)和单片机的16位地址线产生连接关系，需用DPTR来间接寻址端口。

图4.23采用了最简单的线译码、8位地址连接方式。PA口地址为0XXXXX00，取7CH；PB、PC和控制口地址依次可取7DH、7EH、7FH。8位地址端口连接也可以用16位地址来寻址端口，因为与高8位地址无关，只要低8位地址正确，就可以访问端口。所以，端口地址也可取FF7CH、FF7DH、FF7EH、FF7FH。

在I/O口扩展中多用部分译码方式，这是考虑单片机应用系统中外设数量一般不是太多。如果受片外RAM地址空间限制，则需采用全地址译码或更多地址线参与的部分译码。

在硬件接口的基础上，需对8255A初始化后，才能与其传输数据。下面通过例子来说明8255A的应用。

例6 利用8255A方式0以查询实现打印机接口。在图4.23基本连接的基础上，8255A连接打印机，如图4.24所示。设将片内RAM从30H单元开始存储的16个字符数据送打印机打印。

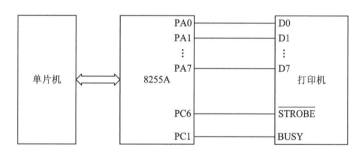

图4.24 扩展8255A与打印机的连接(查询方式)

单片机把打印数据输出到PA口，在STROBE信号线上出现一个不小于1 μs的负脉冲，可启动打印机。打印机接收数据后，当BUSY信号变为高电平时，表示忙碌；当BUSY信号为低电平时，表示空闲，可以接收下一数据。

根据打印机的工作过程，8255A工作在方式0下，从PA口输出数据，PC6输出选通信号，PC1输入打印机状态。8255A的方式控制字设定为81H。

对8255A初始化及数据传输程序如下：

```
PRINT:   MOV R0，#7FH         ；8255A初始化
         MOV A，#81H
         MOVX @R0，A
         MOV A，#0DH          ；PC6置位命令字
         MOV @R0，A           ；置位PC6
         MOV R2，#10H         ；以数据个数控制循环
         MOV R1，#30H         ；R1指向数据缓冲区首址
START:   MOV R0，#7EH         ；R0指向PC口
```

WAIT:	MOVX A，@R0	;从 PC 口读取状态

```
WAIT:   MOVX A，@R0        ;从 PC 口读取状态
        ANL A，#02H         ;取状态位
        JNZ WAIT            ;打印机忙，则等待
        MOV A，@R1          ;读取打印数据
        MOV R0，#7CH        ;R0 指向 PA 口
        MOVX @R0，A         ;向打印机输出数据
        MOV R0，#7FH        ;R0 指向控制口
        MOV A，#C0H         ;PC6 清 0 命令字
        MOVX @R0，A
        NOP
        MOV A，#0DH
        MOV @R0，A          ;产生负脉冲，选通打印机
        INC R1
        DJNZ R2，START
        END
```

例 7　利用 8255A 方式 1，以中断方式实现打印机接口。在图 4.23 基本连接的基础上，8255A 连接打印机，如图 4.25 所示。设将片内 RAM 从 30H 单元开始存储的 16 个字符数据送打印机打印。

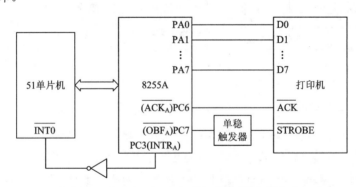

图 4.25　扩展 8255A 与打印机的连接(中断方式)

PA 口工作在方式 1 输出，单片机把数据输出到 PA 口，由 PC7 输出 $\overline{OBF_A}$ 信号，其下降沿触发单稳触发器选通打印机，打印机产生 $\overline{ACK}$ 加到 PC6 上，由 PC3 产生中断请求信号。因 8255A 的中断请求 INTR 是高电平有效，所以经反相器与单片机的 $\overline{INT0}$ 连接。

单片机与 8255A 的 PA 口采用中断方式输出数据，在主程序中对 8255A 初始化，在中断服务程序中完成数据输出。

8255A 的方式控制字可设置为：10100000。为了在打印机输出 $\overline{ACK}$ 时，通过 PC3 产生有效的中断请求信号，必须使 PA 口的中断请求允许 INTEA(PC6) = 1。

对 8255A 的初始化程序如下：

```
        MOV R0，#7FH               ;8255A 初始化
        MOV A，#0A0H
        MOVX @R0，A
```

```
        MOV A，#0DH          ；PC6 置位，使 PA 口输出中断允许
        MOVX @R0，A
:PINT0:  MOV R0，#7CH
        MOV R1，#30H
        MOV A，@R1           ；读取打印数据
        MOVX @R0，A          ；向 PA 口输出数据
        INC R1
        RETI
```

4.4.3　8155 可编程并行 I/O 口扩展

8155 芯片含有 256×8 位静态 RAM，两个可编程的 8 位 I/O 口，一个可编程的 6 位 I/O 口，一个可编程的 14 位定时器/计数器，具有地址锁存功能。8155 与 51 单片机接口简单，是单片机应用系统中广泛使用的芯片。

1．8155 的结构与引脚

8155 的逻辑结构如图 4.26(a)所示，引脚分布如图 4.26(b)所示。

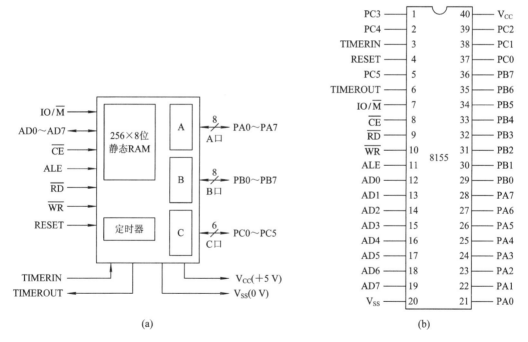

(a)　　　　　　　　　　　　　　(b)

图 4.26　8155 逻辑结构及引脚

(a) 8155 逻辑结构；(b) 8155 芯片引脚图

8155 与系统相联系的信号有：

AD0～AD7：地址/数据总线，用于传送地址、数据、命令、状态信息。

ALE：地址锁存信号输入线。在 ALE 的下降沿将地址及 $\overline{\text{CE}}$、IO/$\overline{\text{M}}$ 的状态锁存到 8155 内部寄存器。

IO/$\overline{\text{M}}$：访问 RAM 或 I/O 口选择控制线。当 IO/$\overline{\text{M}}$ = 0 时，对 8155 的 RAM 进行读/写，AD0～AD7 上的地址为 8155 中 RAM 单元地址；当 IO/$\overline{\text{M}}$ = 1 时，对 8155 的 I/O 口进行操作，AD0～AD7 上的地址为 I/O 口地址。

$\overline{\text{CE}}$：片选信号线。

$\overline{\text{RD}}$、$\overline{\text{WR}}$：读、写控制信号线。

RESET：复位控制端。

Vcc、Vss：电源线，接 +5 V 工作电源。

8155 与外部设备相联系的信号有：

PA0～PA7，PB0～PB6，PC0～PC5：与外设连接的双向数据线。

TIMERIN 为定时器/计数器的计数脉冲输入端，TIMEROUT 为定时器/计数器的输出端。

2. 8155 的 RAM 和 I/O 口编址

8155 在单片机应用系统中是按外部数据存储器统一编址的，地址为 16 位，低 8 位地址为片内 RAM 地址，其高 8 位地址由片选线 $\overline{\text{CE}}$ 连接的译码逻辑确定。当 IO/$\overline{\text{M}}$ = 0 时，对 RAM 读/写，RAM 低 8 位地址为 00H～FFH；当 IO/$\overline{\text{M}}$ = 1 时，对 I/O 口进行读/写，I/O 口及定时器由 AD0～AD3 进行寻址。其编址如表 4.4 所示。

表 4.4　8155 内部端口编址

AD7	AD6	AD5	AD4	AD3	AD2	AD1	AD0	端　口
×	×	×	×	×	0	0	0	命令状态寄存器(命令/状态口)
×	×	×	×	×	0	0	1	PA 口
×	×	×	×	×	0	1	0	PB 口
×	×	×	×	×	0	1	1	PC 口
×	×	×	×	×	1	0	0	定时器低 8 位
×	×	×	×	×	1	0	1	定时器高 8 位

3. 8155 的工作方式与基本操作

8155 的 A 口、B 口可工作于基本 I/O 方式或选通方式，C 口可作为输入/输出口线，也可以作为 A 口、B 口选通方式工作时的状态控制信号。工作方式选择是通过对 8155 内部命令寄存器设定控制字来实现的。三个口可组合工作于四种方式下。命令字的格式及定义如图 4.27 所示。

基本 I/O 工作方式：当 8155 编程设定为 ALT1、ALT2 时，A、B、C 口均为基本输入输出方式。该方式不需要任何状态选通信号。

选通 I/O 工作方式：当 8155 被设定为 ALT3 时，A 口为选通 I/O，B 口为基本 I/O；当设定为 ALT4 时，A、B 口均为选通 I/O 工作方式。选通方式的状态控制信号逻辑组态如图 4.28 所示。

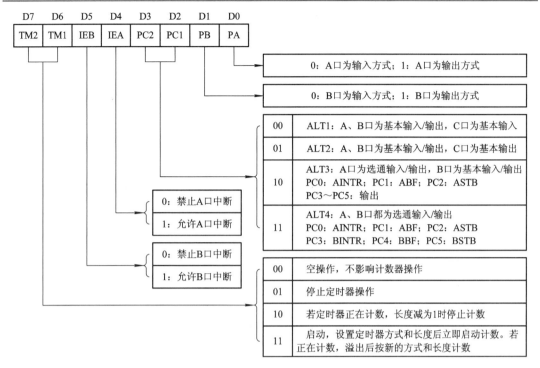

图 4.27　8155 命令控制寄存器格式

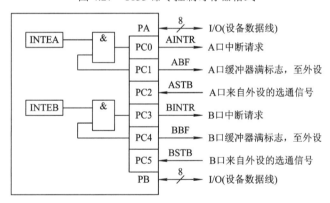

图 4.28　8155 选通方式信号逻辑组态

图 4.28 中各信号的含义如下：

BF：输出缓冲器满信号。缓冲器有数据时，BF 为高电平，否则为低电平。

$\overline{STB}$：来自外设的选通信号。当其为低时，从外设输入数据。

INTR：中断请求信号。当 8155 的 A 口或 B 口缓冲器接收到外设数据或外设从缓冲器中取走数据时，INTR 变为高电平(仅当命令寄存器相应中断允许位为 1)，向单片机请求中断，单片机对 8155 的相应 I/O 口进行一次读/写操作，INTR 变为低电平。

I/O 状态查询：8155 有一个状态寄存器，锁定 I/O 口和定时器的当前状态，供单片机查询。状态寄存器和命令寄存器共享一个地址，它只能读出不能写入。对其写入时，作为命令寄存器，写入的是命令；而对其读出时，作为状态寄存器，读出的是当前 I/O 和定时器的状态。

状态寄存器的格式如图 4.29 所示，它们表示了 I/O 作为选通输入/输出的状态以及定时器的工作状态。

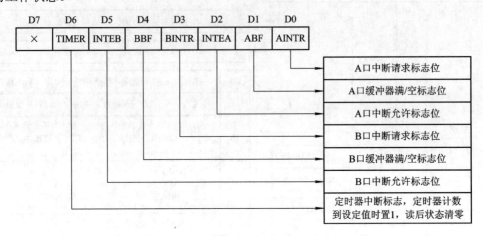

图 4.29　8155 状态寄存器格式

4. 8155 内部的定时器/计数器

8155 片内有一个 14 位减法计数器，可对输入脉冲进行减 1 计数。外部有两个定时器引脚端 TIMERIN、TIMEROUT。TIMERIN 为外部计数脉冲输入端；TIMEROUT 为定时器输出端，可输出不同脉冲波形。定时器/计数器的组成如图 4.30 所示。两个字节的低 14 位用于计数，最高 2 位用于控制输出方式。

定时器低字节	T7	T6	T5	T4	T3	T2	T1	T0

计数值低8位

定时器高字节	M2	M1	T13	T12	T11	T10	T9	T8

定时器方式　　　　　　　　　计数值高6位

图 4.30　8155 定时器寄存器格式

定时器有四种输出方式，可输出四种脉冲波形，如图 4.31 所示。

图 4.31　8155 定时器方式及输出波形

定时器/计数器的启停由命令字的最高两位(TM2、TM1)控制。向定时器/计数器写入初值和方式后，将启动命令字写入命令寄存器，即可启动工作。

如果设定为连续方波方式，则初值为偶数时，输出对称方波；初值为奇数时，输出方波不对称，方波的高电平比低电平多一个计数时钟周期。

5. 8155 与单片机的扩展连接

图 4.32 所示是 8155 与 51 单片机的扩展连接示例。

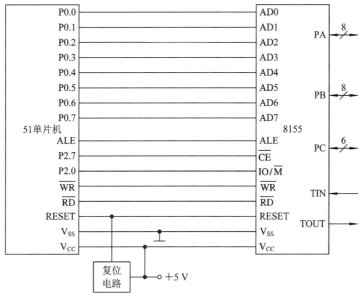

图 4.32　用 8155 的扩展连接

在图中连接状态下，8155 的地址分布：

RAM 地址范围：0XXXXXX000000000～0XXXXXX011111111，取 7E00H～7EFFH

I/O 端口地址：

命令/状态口	0 XXXXXX1XXXXX000	可取 7F00H
A 口	0 XXXXXX1XXXXX001	可取 7F01H
B 口	0 XXXXXX1XXXXX010	可取 7F02H
C 口	0 XXXXXX1XXXXX011	可取 7F03H
定时器低字节	0 XXXXXX1XXXXX100	可取 7F04H
定时器高字节	0 XXXXXX1XXXXX101	可取 7F05H

在 8155 硬件接口的基础上，还需对其初始化及应用编程。

例 8　使 8155 用作 I/O 口和定时器工作方式，A 口定义为基本输入方式，B 口为基本输出方式，定时器为方波发生器，对输入脉冲进行 24 分频(8155 中定时器最高计数频率为 4 MHz)，则相应的程序如下：

```
        MOV   DPTR，#7F04H        ; DPTR 指向定时器低字节
        MOV   A，#18H            ; 计数器常数 0018H = 24
        MOVX  @DPTR，A           ; 计数器常数低 8 位装入计数器低字节
        INC   DPTR               ; 使 DPTR 指向定时器高字节
        MOV   A，#40H(01000000B)  ; 置定时器方式为连续方波输出
        MOVX  @DPTR，A           ; 装计数器高字节值
        MOVX  DPTR，#7F00H        ; 使 DPTR 指向命令/状态口
        MOV   A，#0C2H           ; 启动定时器、A 口基本输入、B 口基本输出
```

```
    MOVX  @DPTR，A                    ;输出控制字，启动定时器
```

4.4.4　用 TTL 芯片扩展简单的 I/O 接口

在 51 单片机应用系统中，采用 TTL 或 CMOS 锁存器、三态门芯片，通过单片机系统总线(P0 口)可以扩展各种类型的简单输入/输出口。因 P0 口作系统线只能分时使用，故输出时，接口应有锁存功能；输入时，视数据是常态还是暂态的不同，接口应能三态缓冲，或锁存选通。

还应注意的是，不论是锁存器还是三态门芯片，都只具有数据线和锁存允许及输出允许控制线，而无地址线和片选信号线。而扩展一个 I/O 口相当于一个片外存储单元。CPU 对 I/O 口的访问，要以确定的地址用 MOVX 指令来进行。所以，在接口电路中，一般要用单片机系统的地址线或地址译码线与读/写控制信号组合，形成一个既有寻址作用又有读/写控制作用的信号线与锁存器或三态门芯片的锁存允许及输出允许控制端相接。

1. 用锁存器扩展输出口

图 4.33 是用一片 74LS377 扩展一个 8 位输出口的示例。

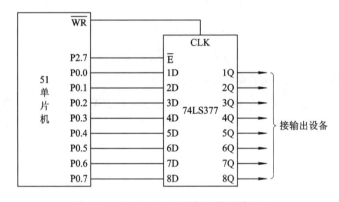

图 4.33　用 74LS377 锁存器扩展输出口

74LS377 是带有输出允许控制端的 8D 锁存器，1D～8D 是数据输入线，1Q～8Q 是数据输出线，CLK 是时钟控制端，$\overline{E}$ 为锁存允许端。当 $\overline{E} = 0$ 时，CLK 的上升沿将 8 位数据锁存，这时将保持 D 端输入的 8 位数据。在图中 CLK 与 $\overline{WR}$ 相连，作为写(输出)控制端；$\overline{E}$ 与单片机的地址选择线 P2.7 相连，作为寻址端。如此连接的输出口地址是 P2.7 = 0 的任何 16 位地址，取 7FFFH 作为该口地址。对该口的输出操作如下：

```
    MOV   DPTR，#7FFFH              ;使 DPTR 指向 74LS377 输出口
    MOV   A，#data                  ;输出的数据要通过累加器 A 传送
    MOVX  @DPTR，A                  ;向 74LS377 扩展口输出数据
```

2. 用锁存器扩展输入口

对于快速外部设备输出的数据，视为暂态数据。单片机扩展输入口时，应用锁存器，否则数据可能丢失。图 4.34 是用一片 74LS373 扩展一个 8 位输入口的示例。

图 4.34 中，单片机输入数据采用中断方式(也可以采用查询方式)，当外设准备好一个数据时，产生一个选通信号 XT 加到 74LS373 的锁存端 G，在选通信号的下降沿将数据锁存，同时向单片机发出中断请求。在中断服务程序中读取锁存器中的数据。单片机的地址

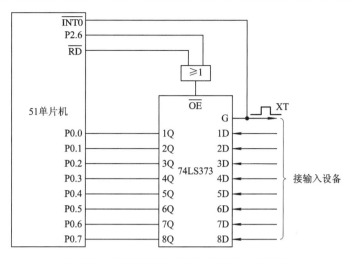

图 4.34　用 74LS373 锁存器扩展输入口示例

线 P2.6 和 $\overline{RD}$ 相 "或" 形成一个既有寻址作用又有读控制作用的信号线与 74LS373 的输出允许控制端相接。74LS373 的口地址为只要 P2.6＝0 的任何 16 位地址。取 BFFFH 作为该口的地址。若单片机从扩展的输入口 74LS373 输入的数据送入片内数据存储器中首地址为 50H 的数据区，其相应的中断系统初始化及中断服务程序如下：

中断系统初始化程序：

```
PINT:    SETB   IT0          ；外部中断 0 选择为下降沿触发方式
         SETB   EA           ；开系统中断
         MOV    R0，#50H      ；R0 作地址指针，指向数据区首址
         SETB   EX0          ；外部中断 0 中断允许
            ⋮
```

中断服务程序：

```
         ORG    0003H
         AJMP   PINT0
PINT0:   MOV    DPTR，#0BFFFH  ；使 DPTR 指向 74LS373 扩展输入口
         MOVX   A，@DPTR       ；从 74LS373 扩展输入口输入数据
         MOV    @R0，A         ；送存数据
         INC    R0
         RETI
```

3. 用三态门扩展输入口

对于慢速外设输出的数据，可视为常态数据(如开关量)。单片机扩展输入口时，可采用三态缓冲器芯片。图 4.35 是用一片三态缓冲器 74LS244 扩展一个 8 位输入口的示例。

图 4.35 中，74LS244 用作 8 位输入口，所以将 $\overline{1G}$、$\overline{2G}$ 并接，当作一个三态门控制端用。P2.6 和 $\overline{RD}$ 相 "或" 形成一个既有寻址作用又有读控制作用的信号和三态门控制端相接。从这个接口输入数据时使用以下两条指令即可：

```
         MOV    DPTR，#0BFFFH
         MOVX   A，@DPTR
```

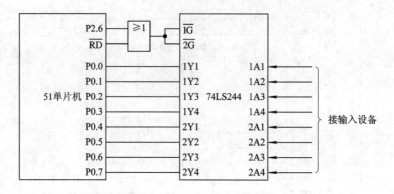

图 4.35 用 74LS244 三态缓冲器扩展输入口示例

4. 扩展多个输入、输出口举例

前述三种 I/O 口扩展都是一个 8 位口扩展，用一条地址线进行寻址，每个扩展口都有许多重叠的地址。也可使用多片锁存器或三态门来扩展多个 I/O 口，可用地址译码进行寻址。图 4.36 是用两片 74LS377 和两片 74LS244 分别扩展两个输出口和两个输入口的示例。图中采用 74LS138 译码器的输出作为扩展口的寻址与读/写控制。

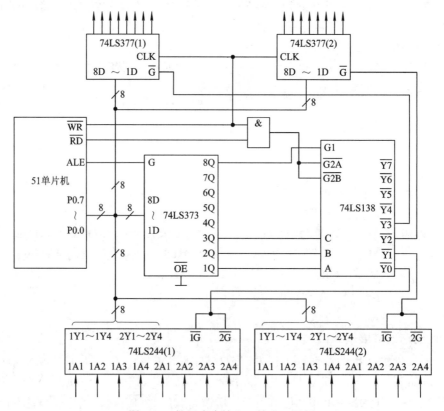

图 4.36 扩展多个输入、输出口示例

端口地址分布：

74LS377(2)输出口：1XXXX010

74LS377(1)输出口：1XXXX011

74LS244(1)输入口：1XXXX000

74LS244(2)输入口：1XXXX001

4.4.5　用串行口扩展并行 I/O 口

51 单片机的串行口在方式 0(移位寄存器方式)下，使用移位寄存器芯片可以扩展一个或多个并行 I/O 口。扩展并行输入口时，可用并入串出移位寄存器芯片，如 CMOS 芯片 CD4014 和 74LS165 芯片等。

CD4014 芯片的引脚信号如图 4.37(a)所示。

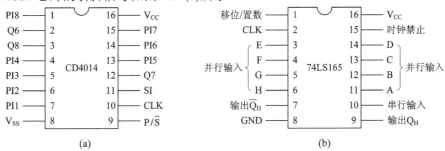

图 4.37　8 并入/串出移位寄存器芯片的引脚图

(a) CD4014；(b) 74LS165

PI1～PI8 是 8 个并行数据输入端；SI 是串行数据输入端；CLK 是时钟脉冲端，时钟脉冲既用于串行移位，也用于数据的并行置入；Q8、Q7、Q6 是移位寄存器高 3 位输出端；P/$\overline{S}$ 是并/串选择控制端，当 P/$\overline{S}$ 为高电平时，并行数据可置入 CD4014，低电平时，CD4014 串行移位。

74LS165 芯片的引脚信号如图 4.37(b)所示。74LS165 与 4014 的工作情况类似。移位/置数端高电平时，串行移位，低电平时，并行输入置数；串行移位仍在时钟脉冲的上升沿时实现，但并行数据进入与时钟脉冲无关；接口连接时，时钟禁止端接低电平。

扩展并行输出口时,可用串入/并出移位寄存器芯片,如 CMOS 芯片 CD4094 和 74LS164 芯片。

CD4094 芯片的引脚信号如图 4.38(a)所示。

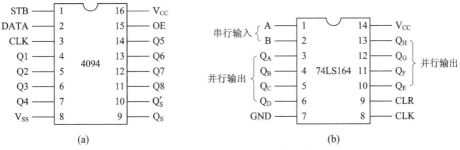

图 4.38　8 串入/并出移位寄存器芯片的引脚图

(a) CD4094；(b) 74LS164

Q1～Q8 是 8 个并行输出端；DATA 是串行数据输入端；CLK 是时钟脉冲端，时钟脉冲既用于串行移位，也用于数据的并行输出；OE 是并行输出允许端；STB 是选通脉冲端，STB 高电平时，4094 选通移位，低电平时，4094 可并行输出；Q$_S$、Q$_S'$ 是串行数据输出端，主要用于级联，Q_S 在第 9 个时钟的上升沿输出，Q_S' 在第 9 个时钟的下降沿输出。

74LS164 芯片的引脚信号如图 4.38(b)所示。74LS164 与 CD4094 的使用类似。CLR 为清除端，低电平时，$Q_A \sim Q_H$ 均为低电平；A、B 为 2 个串行输入端，可控制数据输入。当 A、B 任意一个为低电平时，禁止新数据输入；当 A、B 有一个为高电平时，另一个就允许输入数据，并在 CLK 上升沿移位。

1. 用串行口扩展并行输入口

图 4.39 是用 2 片 4014 扩展 2 个并行输入口的示例。

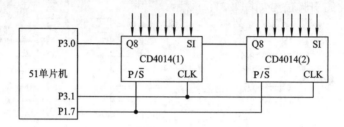

图 4.39　串行口扩展并行输入口连接

两片 CD4014 级联构成 16 位并入串出的移位寄存器。单片机串行口必须工作在方式 0(同步移位寄存器方式)下。单片机串行口工作在方式 0 时，P3.1(TxD)提供同步移位脉冲，它与 4014 的时钟端相连接，给 4014 提供移位脉冲，使 4014 并行输入的数据串行移入单片机的串行数据接收端 P3.0(RxD)。P1.7 与 4014 的 P/$\overline{\text{S}}$ 连接，控制其工作方式。从 P1.7 输出 1 时，控制两个 4014 同时平行接收数据；从 P1.7 输出 0 时，控制两个 4014 同步移位，每移位一次，4014(1)的一位数据移送到单片机串行口，4014(2)的一位数据就移送到 4014(1)中。单片机串行口接收两个并行输入口的数据，需要启动两次串行口。第 1 次启动接收4014(1)的 8 位数据；接着再启动一次，就可接收到 4014(2)的 8 位数据。

下面是从两个扩展的 8 位并行口输入数据，存于片内 RAM 的 30H、31H 单元的应用程序。

```
        SETB  P1.7              ; 置 4014 与并行输入工作方式
        CLR   P3.1              ; 串行口未启动之前，P3.1 上无同步移位脉冲，为 4014
        SETB  P3.1              ; 并行置数，软件产生一个脉冲上升沿
        CLR   P1.7              ; 置 4014 于串行移位工作方式
        MOV   SCON，#00010000B   ; 置串行口为工作方式 0，同时启动串行口接收数据
        JNB   RI，$             ; 检测串行口接收数据是否完毕，未完等待
        CLR   RI                ; 接收完毕后清 RI 标志
        MOV   R0，#30H
        MOV   @R0，SBUF          ; 将接收的 8 位数据送存 30H 单元
        MOV   SCON，#00010000B   ; 再启动串行口接收 4014(2)的 8 位数据
        JNB   RI，$             ; 检测串行口接收数据是否完毕，未完等待
        CLR   RI                ; 接收完毕后清 RI 标志
        INC   R0
        MOV   @R0，SBUF          ; 将接收到 4014(2)的 8 位数据送存 31H 单元
```

2. 用串行口扩展并行输出口

图 4.40 是用 2 片 4094 扩展 2 个并行输出口的示例。

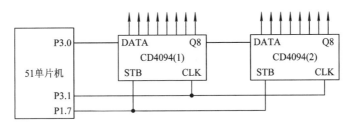

图 4.40 串行口扩展并行输出口连接

两片 CD4094 级联构成 16 位串入并出的移位寄存器。P1.7 连接于 CD4094 的 STB，用于控制 4094 的工作方式。从 P1.7 输出 1 时，控制 4094 串行移位，输出 0 时，控制 4094 并行输出数据。向 2 个并行口输出数据，需启动串行口发送 2 次数据：第 1 次发送数据到 4094(1) 中；第 2 次发送的数据移入到 4094(1) 的同时将第 1 次发送的数据移入 4094(2)。

下面是将片内 RAM 30H、31H 单元的两个数向两个扩展口 CD4094 输出的应用程序。

```
    SETB  P1.7            ; 置 4094 于串行移位工作方式
    MOV   SCON, #00H      ; 置串行口于工作方式 0
    MOV   R0, #31H
    MOV   SBUF, @R0       ; 将 31H 单元的数写入 SBUF，启动发送
    JNB   TI, $           ; 检测串行口发送数据是否完毕，未完等待
    CLR   TI              ; 发送完毕后清 RI 标志
    DEC   R0
    MOV   SBUF, @R0       ; 将 30H 单元的数写入 SBUF，再启动发送
    JNB   TI, $           ; 检测串行口发送数据是否完毕，未完等待
    CLR   TI              ; 发送完毕后清 RI 标志
    CLR   P1.7            ; 置 4094 于并行输出工作方式
    CLR   P3.1            ; 串行口数据发送完毕，P3.1 上已停止同步移位脉冲
    SETB  P3.1            ; 输出，为使 4094 并行输出数据，软件产生一个脉冲上升沿
```

从上述两种扩展示例可以看出，在串行口用移位寄存器扩展并行 I/O 口时，除使用单片机一根 I/O 口线外，不再耗费其他资源，扩展的 I/O 口不占用片外数据存储器地址，而且扩展连接简单。扩展口与外设的数据传送是并行的，而单片机与扩展口的数据传送是串行的，因此，数据传送的速度比较慢。

习 题 四

4-1 何谓单片机的最小系统？

4-2 画出 8051 单片机应用系统的原理结构图。

4-3 简述单片机系统扩展的基本方法。

4-4 51 单片机地址总线、数据总线加驱动器时，各应选何种驱动器芯片？

4-5　什么是全地址译码？什么是部分译码？各有什么特点？

4-6　采用部分译码时，为什么会出现重叠的地址范围？出现重叠的地址范围是不是扩大了芯片的存储容量？

4-7　存储器芯片地址引脚数与容量有什么关系？

4-8　数据存储器扩展与程序存储器扩展的主要区别是什么？

4-9　已知 8031 最小系统采用的一片 2716 程序存储器芯片(2K×8)，其片选信号 $\overline{CE}$ 端与 P2.6 相连，问占用了多少组重叠的地址范围？写出最小的一组和最大的一组地址。

4-10　采用 2764(8K×8)芯片扩展程序存储器，分配的地址范围为 4000H～7FFFH。采用完全译码方式，试确定所用芯片数目，根据地址范围，画出地址译码关系图，设计译码电路，画出与单片机的连接图。

4-11　采用 6116(2K×8)芯片扩展数据存储器，分配地址范围为 4000H～47FFH。用完全译码方式，使用 74LS138 译码器，试确定所用芯片数目，画出译码电路及与单片机的连接图。

4-12　某单片机系统用 8255A 扩展 I/O 口，设其 A 口为方式 1 输入、B 口为方式 1 输出，C 口余下的口线用于输出，试确定其方式控制字；设 A 口允中、B 口禁中，试确定出相应的置位/复位字。

4-13　试设计用两片 74LS377 和两片 74LS244 扩展 8051 的两个输出口和两个输入口的扩展连接电路图。

4-14　试设计用两片 74LS165 在 8051 串行口扩展两个并行输入口的扩展连接电路图，并编写从扩展的两个口输入数据，存放在片内 RAM 的 30H、31H 单元的程序。

4-15　试设计用两片 74LS164 在 8051 串行口扩展两个并行输出口的扩展连接电路图，并编写把片内 RAM 的 30H、31H 单元的数从扩展的两个口输出的程序。

4-16　试设计一单片机的存储器扩展系统，并确定存储器芯片的地址范围，要求：

(1) 单片机用 8031;

(2) 片外 ROM 用两片 2764;

(3) 片外 RAM 用一片 6116。

第5章 单片机串行口功能扩展

5.1 串行口功能扩展概述

随着单片机应用技术的发展，单片机的应用模式也在不断更新。一方面，单片机应用系统的规模越来越大，外围连接了种类繁多的外设；另一方面，单片机进入了计算机网络系统，工业控制系统多采用多机分布式系统。同时，单片机的嵌入式系统应用模式又使其体积越来越小，器件引脚数目要求尽量减少。近年来，串行接口设备凭借其控制灵活、接口简单、占用资源少等优点在工业测控、仪器仪表等领域被广泛应用。这些发展趋势加强了单片机串行通信的功能。串行通信技术已成为单片机应用技术的重要组成部分。

51 系列单片机内部仅含有一个可编程的全双工串行通信口，具有 UART 的全部功能。在单片机应用系统开发中，开发人员常面临单片机串行口不能满足通信要求的问题，需要对串行通信口进行扩展。在进行串行通信接口扩展设计时，必须根据需要选择标准接口，并考虑传输介质、电平转换、通信协议等问题。采用标准接口后，能够方便地把单片机和外设、测量仪器等有机地连接起来。单片机串行口功能扩展实质上是串行通信总线接口的扩展。目前，串行总线除了使用通用异步串行接口以外，越来越多地使用同步串行总线接口。

5.2 51 系列单片机与异步串行通信总线接口

51 系列单片机与异步串行通信接口简单，只要解决电平转换与驱动问题，就可方便地实现串行通信。异步串行通信接口主要有三类：RS-232 接口；RS-449、RS-422、RS-423 接口以及 20 mA 电流环接口。

5.2.1 RS-232 接口

RS-232C 是使用最早、应用最多的一种异步串行通信总线标准。它由美国电子工业协会 EIA(Electronic Industry Association)于 1962 公布，1969 年最后修订而成。RS 表示 Recommended Standard，232 是该标准的标识，C 表示最后一次修订。

RS-232C 主要用于定义计算机系统的一些数据终端设备(DTE)和数据通信设备(DCE)之间接口的电气特性。CRT、打印机与 CPU 的通信大都采用 RS-232C 总线。

1. RS-232C 接口的电平转换

RS-232C 标准是在 TTL 电路之前研制的，它的电平不是 +5 V 和地，而是采用负逻辑，其逻辑电平为：

逻辑 "0"：+3 V～+15 V；逻辑 "1"：−3 V～−15 V。

因此，RS-232C 不能和计算机的 TTL 电平直接相连，使用时必须加上适当的电平转换电路芯片，否则将使 TTL 电路烧坏。

常用的电平转换接口芯片是传输驱动器 MC1488 和传输接收器 MC1489，它们是用于计算机(终端)与 RS-232C 总线间进行电平转换的接口芯片。

MC1488：输入 TTL 电平，输出与 RS-232C 兼容，电源电压为 ±15 V 或 ±12 V。

MC1489：输入与 RS-232C 兼容，输出为 TTL 电平，电源电压为 5 V。

MC1488 和 MC1489 的原理电路如图 5.1 所示。

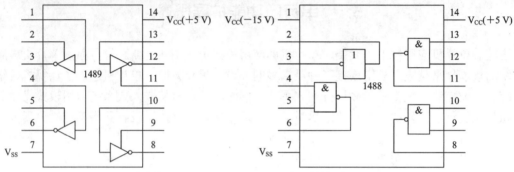

图 5.1　MC1488、MC1489 电平转换原理图

另一种常用的电平转换芯片是 MAX232，该芯片有两个传输驱动器和两个传输接收器。MAX232 系列收发器引脚及原理如图 5.2 所示。

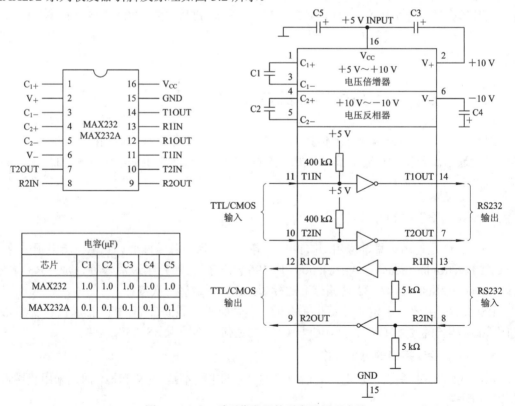

电容(μF)					
芯片	C1	C2	C3	C4	C5
MAX232	1.0	1.0	1.0	1.0	1.0
MAX232A	0.1	0.1	0.1	0.1	0.1

图 5.2　MAX 系列收发器的引脚及原理电路

从图 5.2 可看出，MAX232 系列收发器由电压倍增器、电压反向器、RS-232 发送器和 RS-232 接收器 4 部分组成。电压倍增器利用电荷充电泵原理，用电容 C1 把 +5 V 电压变换成 +10 V 电压，并存放在 C3 上。第二个电容充电泵用 C2 将 +10 V 转换成 −10 V，存储在滤波电容 C4 上。因此，RS-232 只需用 +5 V 单电源即可。这些芯片的收发性能与 MC1488、1489 基本相同，只是收发器路数不同。

2．RS-232C 总线标准接口

RS-232C 标准规定的数据传输率为 50 b/s、75 b/s、100 b/s、150 b/s、300 b/s、600 b/s、1200 b/s、2400 b/s、4800 b/s、9600 b/s、19 200 b/s。驱动器允许有 2500 pF 的电容负载，通信距离将受此电容限制。例如，采用 150 pF/m 的通信电缆时，最大通信距离为 15 m；若每米电缆的电容量减小，通信距离可以增加。传输距离短的另一原因是 RS-232 属单端信号传送，存在共地噪声和不能抑制共模干扰等问题。因此，它一般用于 20 m 以内的通信。

RS-232C 总线标准规定了 21 个信号，有 25 条引脚线，常采用 25 芯 D 型插头座，提供一个主信道和一个辅助信道，在多数情况下主要使用主信道。对于一般异步双工通信，仅需几条信号线就可实现，如一条发送线、一条接收线及一条地线，RS-232C 也有 9 芯标准 D 型插头座。RS-232C 引脚排列如图 5.3 所示。

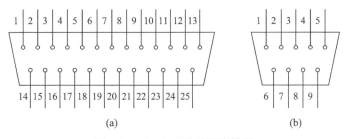

图 5.3　RS-232C 总线引脚排列

(a) 25 芯排列；(b) 9 芯排列

25 芯 RS-232C 的引脚信号定义如表 5.1 所示。

表 5.1　25 芯 RS-232C 引脚说明

引脚号	信号名称	符号	流向	功　　　能
1	保护地	GND		设备外壳接地
2	发送数据	TxD	DTE→DCE	DTE 发送串行数据
3	接收数据	RxD	DTE←DCE	DTE 接收串行数据
4	请求发送	RTS	DTE→DCE	DTE 请求 DCE 将线路切换到发送方式
5	允许发送	CTS	DTE←DCE	DCE 告诉 DTE 线路已接通可以发送数据
6	数据设备准备好	DSR	DTE←DCE	DCE 准备好
7	信号地	SGND		
8	载波检测	DCD	DTE←DCE	接收到远程载波信号
9	空			留作调试用
10	空			留作调试用
11	空			未用

引脚号	信号名称	符号	流向	功　　能
12	载波检测	DCD	DTE←DCE	在第二信道检测到远程载波信号
13	允许发送(2)		DTE←DCE	第二信道允许发送
14	发送数据(2)	TxD(2)	DTE→DCE	第二信道发送数据
15	发送时钟		DTE←时钟	提供发送器定时信号
16	接收数据(2)	RxD(2)	DTE←DCE	第二信道接收数据
17	接收时钟		DTE←时钟	为接口和终端提供定时
18	空			未用
19	请求发送(2)		DTE→DCE	连接第二信道的发送器
20	数据终端准备好	DTR	DTE→DCE	DTE 准备就绪
21	空			
22	振铃指示	RI	DTE←DCE	表示 DCE 与线路接通，出现振铃
23	数据率选择		DTE→DCE	选择两个同步数据率
24	发送时钟		DTE→DCE	为接口和终端提供定时
25	空			未用

9 芯 RS-232C 的引脚信号定义如表 5.2 所示。

表 5.2　9 芯 RS-232C 引脚说明

引脚号	信号名称	符号	流向	功　　能
1	载波检测	DCD	DTE←DCE	接收到远程载波信号
2	接收数据	RxD	DTE←DCE	DTE 接收串行数据
3	发送数据	TxD	DTE→DCE	DTE 发送串行数据
4	数据终端准备好	DTR	DTE→DCE	DTE 准备就绪
5	信号地	SGND		
6	数据设备准备好	DSR	DTE←DCE	DCE 准备就绪
7	请求发送	RTS	DTE→DCE	DTE 请求 DCE 将线路切换到发送方式
8	允许发送	CTS	DTE←DCE	DCE 告诉 DTE 线路已接通可以发送数据
9	振铃指示	RI	DTE←DCE	表示 DCE 与线路接通，出现振铃

　　RS-232C 提供的两个信道中，辅助串行通道提供数据控制和第二信道，但其传输速率比主信道要低得多。除了速率低之外，两信道无异，但辅助信道通常很少使用。这里对主信道的信号再做详细说明。

　　信号分为两类，一类是 DTE 与 DCE 交换的信息：TxD 和 RxD；另一类是为了正确无误地传输上述信息而设计的联络信号。

　　1) 传送信息的信号

　　(1) 发送数据 TxD(Transmitting Data)：由发送端(DTE)向接收端(DCE)发送的信息，按串行数据格式，以先低位后高位的顺序发出。正信号是一个空号(Space)(二进制 0)，负信号是一个传号(Mark，二进制 1)。当没有数据发送时，DTE 应将此条线置为传号状态，包括字符或文字之间的间隔也是这样。

(2) 接收数据 RxD(Receiving Data)：用来接收发送端 DTE(或调制解调器)输出的数据，当收不到载波信号时(管脚 8 为负电平)，这条线会迫使信号进入传号状态。

2) 联络信号

这类信号共有 6 个：

(1) 请求传送信号 RTS(Request To Send)：DTE 向 DCE 发出的联络信号，当 RTS = 1 时，表示 DTE 请求向 DCE 发送数据。

(2) 清除发送 CTS(Clear To Send)：DCE 向 DTE 发出的联络信号。当 CTS = 1 时，表示本地 DCE 响应 DTE 向 DCE 发出的 RTS 信号，且本地 DCE 准备向远程 DCE 发送数据。

(3) 数据准备就绪 DSR(Data Set Ready)：DCE 向 DTE 发出的联络信号。DSR 将指出本地 DCE 的工作状态，当 DSR = 1 时，表示 DCE 没有处于测试通话状态，这时 DCE 可以与远程 DCE 建立通道。

(4) 数据终端就绪信号 DTR(Data Terminal Ready)：DTE 向 DCE 发送的联络信号。DTR = 1 时，表示 DTE 处于就绪状态，本地 DCE 和远程 DCE 之间建立通信通道；而 DTR = 0 时，将迫使 DCE 终止通信工作。

(5) 数据载波检测信号 DCD(Data Carrier Detect)：DCE 向 DTE 发出的状态信息。当 DCD = 1 时，表示本地 DCE 接收到远程 DCE 发来的载波信号。

(6) 振铃指示信号 RI(Ring Indication)：DCE 向 DTE 发出的状态信息。当 RI = 1 时，表示本地 DCE 接收到远程 DCE 的振铃信号。连接时，按照技术规范连接上述信号即可。

3. RS-232C 接口连线方式

RS-232C 规定有 25 条连接线，虽然其中大部分引脚线有信号定义，可以使用，但在一般的计算机串行通信系统中，仅 9 个信号(不包括保护地)经常使用。计算机与终端设备之间的连接方法如图 5.4 所示。

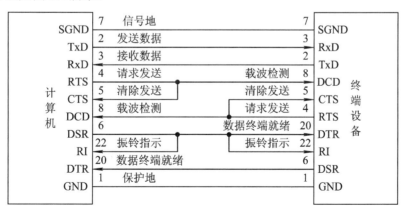

图 5.4　RS-232C 直接与终端设备连接

最简单的 RS-232C 连接方式，只需要交叉连接 2 条数据线以及信号地线即可，如图 5.5 所示。

在图 5.5(a)中，将各自的 RTS 和 DTR 分别接到自己的 CTS 和 DSR 端，只要一方使自己的 RTS 和 DTR 为 1，那么它的 CTS、DSR 也就为 1，从而进入了发送和接收的就绪状态。

这种接法常用于一方为主动设备，而另一方为被动设备的通信中，如计算机与打印机或绘图仪之间的通信。这样，被动的一方 RTS 与 DTR 常置 1，因而 CTS、DSR 也常置 1，使其常处于接收就绪状态。只要主动一方令线路就绪(DTR＝1)，并发出发送请求(RST＝1)，即可立即向被动的一方传送信息。

图 5.5(b)所示为更简单的连接方法。如果说图 5.5(a)所示的连接方法在软件设计上还需要检测"清除发送(CTS)"和"数据设备就绪(DSR)"的话，那么图 5.5(b)所示的连接方法则完全不需要检测这些信号，随时可进行数据发送和接收。

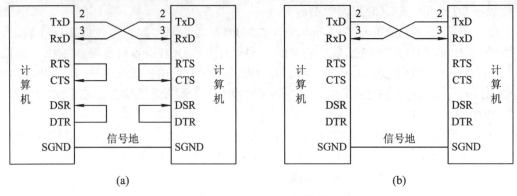

(a)　　　　　　　　　　　　　　　　　　(b)

图 5.5　RS-232C 三线连接

(a) 三线连接；(b) 简化的三线连接

5.2.2　51 单片机与 PC 机间的通信接口

利用 PC 机配置的异步通信适配器，可以方便地完成 PC 机与 51 单片机的数据通信。

1. 接口电路

采用 MAX232 芯片接口的 PC 机与 51 单片机串行通信接口电路如图 5.6 所示。MAX232芯片中有两路发送/接收器，与 51 单片机接口时，只选其中一路即可。连接时，应注意其发送与接收引脚的对应关系，否则可能造成器件或计算机串口的永久性损坏。

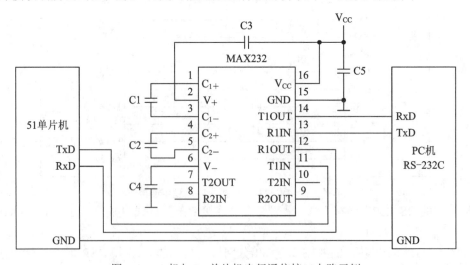

图 5.6　PC 机与 51 单片机串行通信接口电路示例

2. PC 机端通信软件设计

1) 通信协议

波特率: 1200 b/s。

信息格式: 8 位数据位, 1 位停止位, 无奇偶检验。

传送方式: PC 机采用查询方式收发数据, 51 单片机采用中断方式接收, 查询方式发送。

校验方式: 累加和校验。

握手信号: 采用软件握手。发送方在发送之前先发一联络信号"?", 接收方接到"?"号后回送字符"."作为应答信号, 随后依次发送数据块长度(字节数), 发送数据, 最后发送校验和。接收方在收到发送方发过来的校验和后与自己所累加的校验和相比较。若相同, 则回送一个"0", 表示正确传送并结束本次的通信过程; 若不相同, 则回送一个"F", 要求发送方重新发送数据, 直到接收正确为止。

为了给出一个完整的通信程序, 下面分别给出 C 语言 PC 机端和汇编语言单片机端通信程序。

2) PC 机发送文件子程序

发送文件子程序是 C 语言的函数 Sendf( ), 规定欲发送的这个文件存在当前盘上。为了便于说明问题, 只传送总字节小于 256 个字符的文件。

Sendf( )函数程序流程图如图 5.7 所示。

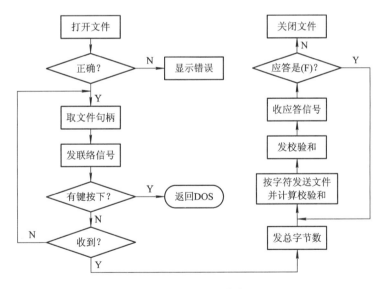

图 5.7 PC 机发送函数流程图

PC 机发送文件子函数 sendf( )的程序清单如下:

```
Void sendf(char    *fname)
{
    FIIE    *fp;
    char ch;
    int handle, count, sum=0;
```

```
            if((fp=fopen(fname，"r"))==NULL)
            {
              printf("不能打开输入文件!\n");
              exit(1);
            }
            Handle=fileno(fp);                      /*取得文件句柄*/
            count=filelength(handle):                /*取得文件总字节数*/
            printf("准备发送文件...  \n");
            do
            {
              ch='?';                               /*发送联络信号*/
              sport(ch);
            }while(rport()!='.  ');                  /*直到接到应答信号为止*/
            sport(count);                           /*发送总字节数*/
    rep:    for(;count;count--)
            {
              ch=getc(fp);                          /*从文件中取一个字符*/
              sum=sum+ch;                           /*累加校验和*/
              if(ferror(fp))
              {
                printf("读文件有错误\n");
                Break;
              }
              sport(ch);                            /*从串口发一个字符*/
              sport(sum);                           /*发送累加校验和*/
              if(rport()=='F')
              {
                count=filelength(handle);           /*发送错误则重发*/
                sum=0;
                fseek(fp,-count，1);                /*文件指针回退 COUNT 字节*/
                goto rep;
              }
              else
              {
                fclose(fp);
                printf("发送文件结束\n");
              }
            }
          }
```

3) PC 机接收文件子程序

接收子文件是 C 语言的函数 receivef( )。采用查询方式，从串口接收一个总字节数小于 256 个字符，接收的文件存于当前盘上。

接收文件子函数 receivef( )的程序流程图如图 5.8 所示。

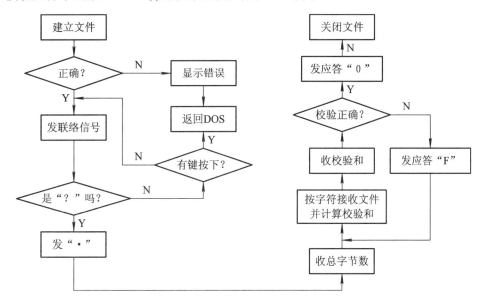

图 5.8　PC 机接收文件函数流程图

PC 机接收文件子函数 receivef()的程序清单如下：

```
void receivef(char   *fname)
{
    FILE   *fp;
    char ch;
    int count,temp,sum=0;
    remove(fname);                        /*盘上有同名文件将被删掉*/
    if((fp＝fopen(fname，"w"))==NULL)
    {
        printf("不能打开输出文件\n");
        exit(1);
    }
    printf("接收文件名：%s\n", fname);
    while(rport( )!＝'?');                  /*收到联络信号"?"*/
    sport('$');
    ch='.  ';
    sport(ch);                            /*发应答信号"."*/
    temp＝rport(   );                      /*收总字节数*/
    count=temp;
```

```
rep:    for(;  count;  count--)
        {
            ch＝rport( );                          /*从串口接收一个字符*/
            putc(ch， fp);                         /*将一个字符写入文件*/
            sam＝sum+ch;                           /*累加校验和*/
            if(ferror(fp))
            {
                printf("写文件有错误\n");
                exit(1);
            }
        }
        if(rport( )!＝sum)
        {
            ch='F';
            sport(ch);                             /*校验和有错误，发"F"*/
            count=temp;
            sum=0;
            fseek(fp， –count， 1);                 /*文件指针回退 COUNT 个字节*/
            goto rep;
        }
        else
        {
            ch='0';
            sport(ch);                             /*校验和正确，发"0"*/
            fclose(fp);
            printf("接收文件结束\n");
        }
    }
```

4) PC 机主程序(函数)

有了上述发送和接收文件两个子函数之后，就可以在主函数中使用了。主函数的工作是在完成串口初始化后，根据键入的命令来决定是发送文件还是接收文件。

主函数流程图如图 5.9 所示。

PC 机主函数清单如下：

```
main(int   argc， char * argv[    ])               /*主函数带命令参数*/
{
    while(argc!=3)                                 /*等待输入正确命令*/
    {
        printf("命令行命令不正确，请重新键入命令!\n");
        exit(1);
```

```
    }
    bioscom(0，0x83，0);                        /*串口初始化*/
    if(tolower(* argv[1])= ='s')
    sendf(argv[2]);
    else
        if(tolower(*argv[1])= ='r')   receivef(argv[2]);
    }
```

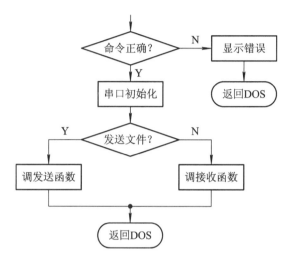

图 5.9　PC 机主函数流程图

这里采用的是带参主函数 main(int argc，char * argv[ ])。其中，argc 是一个整型变量，argv[ ]是一个字符型指针数组。利用 main( )函数的参数可以使主程序从系统得到所需数据(也就是说带参函数可直接从 DOS 命令行中得到参数值，当然，这些值是字符串)。当程序运行时(在 DOS 下执行.EXE 文件)，可以根据输入的命令行参数进行相应的处理。

例如，执行程序 mypro 时，若要从当前盘上将名为 f1.c 的文件从串口发送出去，则须键入下述命令:

　　　mypro　s　　f1.c

其中，mypro 是源文件 mypro.c 经编译连接后生成的可执行文件 mypro.exe。

键入命令:

　　　mypro　r　　f2.c

可以从串口接收若干字符，并写入当前盘上名为 f2.c 的文件中。

3．单片机通信软件设计

单片机以中断方式接收 PC 机发送来的数据，采用查询方式向 PC 机发送数据。接收、发送数据缓冲区设在片外 RAM 首址为 1000H 的 256 字节。单片机在接收数据的过程中，分别要接收联络信号、数据块字节数、数据和校验和。为了便于判断不同信息并分别处理，用片内 RAM 的位寻址区中 00H、01H、02H、03H 位单元分别作为接收联络信号标志位、接收数据块字节数标志位、接收数据标志位和接收校验和后的数据块接收结束标志位。在接收数据前，这些标志位清零，表示没有接收到相应信息。当接收到相应信息后，再置"1"。

工作寄存器 R6 作校验和单元。设单片机的振荡频率为 6 MHz，使用定时器 1 作波特率发生器。单片机通信程序分查询发送子程序、中断接收服务程序和主程序。

1) 单片机查询发送子程序

单片机查询发送数据的过程是：按握手约定，先发联络信号，再接收应答；接收应答后，再发送数据块字节数；接着发送数据块数据并求校验和；数据块数据发送完毕后，发送校验和，等待 PC 机对校验和判断的应答。如果接收到校验和正确应答，则结束发送；如果接收校验和不正确应答，则重发数据块。查询发送子程序流程如图 5.10 所示。

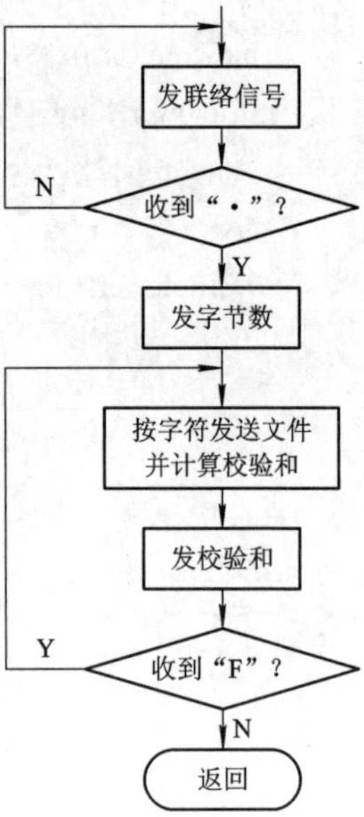

单片机查询发送子程序如下：

```
SEND:  MOV  A, #3FH    ; 3FH 是 "?" 的 ASCII 码
       MOV  SBUF, A    ; 发联络信号
       JNB  TI, $      ; 等待联络信号发送出去
       CLR  TI         ; 清除联络信号发送完毕的中断标志
       JNB  RI, $              ; 等待 PC 机应答
       CLR  RI                ; 清除应答信号接收完毕的中断标志
       MOV  A, SBUF          ; 读取 PC 机应答信号
       CJNE A, #2EH, SEND    ; 应答信号不是 "."，继续等待
       MOV  A, R7            ; 应答信号是 "."，则读取字节数
       MOV  R3, A
       MOV  SBUF, A         ; 发送字节数
       JNB  TI, $           ; 等待字节数发送出去
       CLR  TI             ; 清除字节数发送完毕的中断标志
       MOV  R6, #00H       ; 清校验和寄存器
       MOV  DPTR, #1000H
SEND1: MOVX A, @DPTR       ; 读取发送数据
       MOV  SBUF, A        ; 发送一个数据
       JNB  TI, $          ; 等待数据发送出去
       CLR  TI            ; 清除数据发送完毕的中断标志
       ADD  A, R6        ; 计算校验和
       MOV  R6, A
       INC  DPTR
       DJNZ R7, SEND1    ; 循环发送数据块中的数据
       MOV  A, R6
       MOV  SBUF, A      ; 发送校验和
       JNB  TI, $        ; 等待校验和发送出去
       CLR  TI          ; 清除校验和发送完毕的中断标志
```

图 5.10 单片机查询发送流程图

```
        JNB    RI, $              ;等待 PC 机对校验和的应答
        CLR    RI                 ;清除校验和应答接收完毕中断标志
        MOV    A, SBUF            ;读取 PC 机非校验和的应答信号
        CJNE   A, #30H, SEND2     ;如果收到应答不是"0",即 30H,则重发数据
        RET                       ;如果收到应答是"0",则结束发送
SEND2:  MOV    DPTR, #1000H       ;置重发指针
        MOV    R6, #00H           ;清除校验和
        MOV    A, R3              ;读取数据块字节数
        MOV    R7, A
        AJMP   SEND1              ;转重发
```

2) 单片机接收中断服务子程序

单片机接收到一个数据后产生中断。在中断服务子程序中判断所接受信息的性质,分别进行处理。首先检测是否接收到联络信号。如果接收到正确联络信号,向 PC 机发应答信号,并置标志(00H 位单元置"1");如果收到不正确联络信号,则向 PC 机发不正确联络信号应答。在收到正确联络信号后,接收数据块字节数,收到字节数后建立标志(01H 位单元置"1")。在接收到数据块字节数后,接收数据,将数据送存缓冲区,数据计数器 R7减一。当数据块数据接收完时,建立标志(02H 位单元置"1")。接收完数据后,接收校验和,并将接收的校验和与本机校验和比较。如果校验和正确,则发送正确应答信号,建立数据接收过程结束标志(03H 位单元置"1")。如果校验和不正确,则发送不正确应答信号,并置接收数据的开始状态,准备重新接收数据。接收数据终端服务程序流程图如图 5.11 所示。

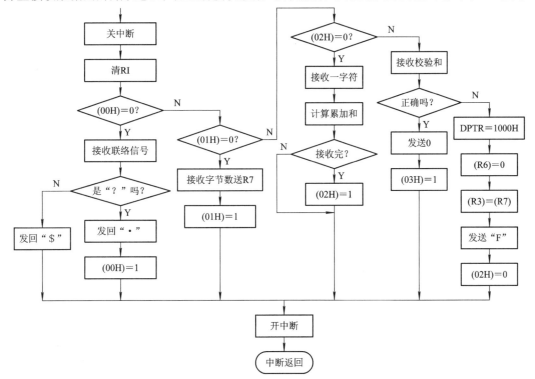

图 5.11　单片机接收中断服务程序流程图

单片机接收中断服务子程序如下：

```
    RECEIVE:  CLR   ES              ; 禁止串行口中断
              CLR   RI              ; 清除当前接收中断标志
              JB    00H, RECE1      ; 测试 00H 位的接收联络信号的标志, 是"1"转 RECE1
              MOV   A, SBUF         ; 如果 00H 位是"0", 则读取联络信号
              CJNE  A, #3FH, RECE2  ; 如果收到的不是"?"号, 则转 RECE2
              MOV   A, #2EH         ; 如果收到的是"?"号, 则发送"."应答信号
              MOV   SBUF, A
              JNB   TI, $           ; 等待应答信号发送出去
              CLR   TI              ; 清除应答信号发送完毕中断标志
              SETB  00H             ; 设置联络完成标志
              SETB  ES              ; 开串行口中断
              RETI
    RECE2:    MOV   A, #24H         ; 发送应答信号"$"
              MOV   SBUF, A
              JNB   TI, $           ; 等待应答信号发送出去
              CLR   TI              ; 清除应答信号发送完毕的中断标志
              SETB  ES              ; 开串行口中断
              RETI
    RECE1:    JB    01H, RECE4      ; 测试 01H 位的接收字节数标志, 是"1"转 RECE4
              MOV   A, SBUF         ; 字节标志位为 0, 接收字节数
              MOV   R7, A           ; 把字节数存 R7 中
              MOV   R3, A           ; 暂存字节数在 R3 中
              SETB  01H             ; 设置接收到字节数标志
              SETB  ES              ; 开串行口中断
              RETI
    RECE4:    JB    02H, RECE5      ; 测试 02H 位的接收数据标志, 是"1"转 RECE5
              MOV   A, SBUF         ; 接收一个数据
              MOVX  @DPTR, A        ; 送存数据
              ADD   A, R6           ; 计算校验和
              MOV   R6, A           ; 校验和存 R6 中
              INC   DPTR            ; 修改存储数据指针
              DJNZ  R7, RECE7       ; 字节数减一, 不为 0 返回
              SETB  02H             ; 设置数据块接收完毕标志
    RECE7:    SETB  ES              ; 开串行口中断
              RETI
    RECE5:    MOV   A, SBUF         ; 读取校验和
              CJNE  A, 06H, RECE8   ; 接收校验和与本机校验和比较(06H 为 R6 的字节地址)
              MOV   A, #4FH         ; 校验和相等, 发送应答信号"0"
```

```
          MOV   SBUF，A
          JNB   TI，$            ；等待应答信号"0"发送完毕
          CLR   TI               ；清除应答信号发送完毕的中断标志
          SETB 03H               ；设置数据块接收结束标志
          SETB ES                ；开串行口中断
          RETI
RECE8:    MOV   DPTR，#1000H      ；置数据块发送前的初始状态
          MOV   R6，#00H
          MOV   A，R3
          MOV   R7，A
          MOV   A，#46H           ；发送校验和不正确的应答信号"F"
          MOV   SBUF，A
          JNB   TI，$            ；等待应答信号"F"发送完毕
          CLR   TI               ；清除应答信号"F"发送完毕的中断标志
          CLR 02H
          SETB ES
          RETl
```

3) 单片机主程序

主程序中，要对通信系统初始化。初始化的内容包括串行口、作为波特率发生器的定时器、系统堆栈和中断等。初始化后，就等待接收 PC 机数据。接收完一个数据块后，再将数据块发给 PC 机。主程序流程图如图 5.12 所示。

设置串行口工作在方式 2，设置 SMOD = 0。

初始化定时器前，要根据波特率计算定时器初值。定时器 1 作波特率发生器，选择方式 2，振荡频率为 6 MHz，机器周期为 2 μs。初值计算如下：

根据公式：

$$波特率 = \frac{2^{SMOD} \times 定时器溢出率}{32}$$

$$定时器溢出率 = 1200 \times 32 = 38\,400(次/秒)$$

$$定时器溢出周期 = \frac{1}{定时器溢出} = \frac{1}{38\,400} \approx 26(\mu s)$$

$$定时器初值 = 256 - 26/2 = 243 = F3H$$

单片机主程序如下：

```
          ORG   0000H
          AJMP  MAIN
          ORG   0023H            ；串行口中断程序入口地址
          AJMP  RECEIVE
          ORG   0040H
MAIN:     MOV   SP，#60H          ；建立堆栈
```

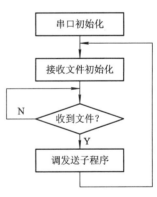

图 5.12　单片机主程序流程图

```
              MOV   SCON，#50H        ;串口初始化为方式 2、允许接收
              MOV   TMOD，#20H        ;定时器 1 初始化为非门控、定时、方式 2
              MOV   TH1，#0F3H        ;设置定时器 1 初值
              MOV   TL1，#0F3H
              MOV   PCON，#00H        ;使 SMOD = 1
              SETB  TR1               ;启动定时器 1
              SETB  EA                ;开单片机中断
              SETB  ES                ;开串行口中断
    L3:       CLR   00H               ;初始化接收联络信号标志位
              CLR   01H               ;初始化接收字节数标志位
              CLR   02H               ;初始化接收数据标志位
              CLR   03H               ;初始化接收数据块标志位
              MOV   R6，#00H          ;清除校验和寄存器
              MOV   DPTR，#1000H      ;设置数据指针
    L2:       JB    03H，L1           ;检测并等待数据块接收完毕
              SJMP  L2
    L1:       ACALL  SEND             ;接收数据块后，再将数据块发送给 PC 机
              AJMP  L3
```

5.2.3　RS-449/RS-422/RS-423/RS-485 标准接口

RS-232 虽然应用广泛，但因为推出较早，因而在通信系统中存在一些缺点：数据传输速率慢，传输距离短，未规定标准的连接器，接口处各信号间易产生串扰。鉴于此，EIA 制定了新的标准 RS-449/RS-422/RS-423/RS-485，这些标准除了与 RS-232C 兼容外，在提高传输速率、增加传输距离、改善电气性能方面有了很大改进。

1. RS-449 接口

RS-449 是 1977 年公布的标准接口，在很多方面可以代替 RS-232C 使用。两者的主要差别在于信号在导线上的传输方法不同。RS-232C 是利用传输信号与公共地的电压差；RS-449 是利用信号导线之间的信号电压差，可在 1200 m 的 24-AWG 双绞线上进行数字通信。

RS-449 可以不使用调制解调器，它比 RS-232C 传输速率高，通信距离长，且由于 RS-449 系统用平衡信号差传输高速信号，所以噪声低，又可以多点或者使用公共线通信。故 RS-449 通信电缆可与多个设备并联。

2. RS-422A、RS-423A 接口

RS-422A 给出了通信电缆、驱动器和接收器的要求，规定了双端电气接口形式，其标准是双端线传送信号。它通过传输驱动器，将逻辑电平变换成电位差，完成发送端的信息传递；通过传输接收器，把电位差变换成逻辑电平，完成接收端的信息接收。RS-422A 比 RS-232C 传输距离长、速度快，传输速率最大可达 100 kb/s，在此速率下电缆的允许长度为 12 m，如果采用低速率传输，则最大传输距离可达 1200 m。

　　RS-422A 与 TTL 电平信号接口时，需进行电平转换。最常用的转换芯片是传输驱动器 MC3487 和传输线接收器 MC3486。这两种芯片的设计都符合 EIA 标准，RS-422A 采用 +5 V 电源供电。

　　RS-422A 的接口电路如图 5.13 所示。发送器 MC3487 将 TTL 电平转换为标准的 RS-422A 电平；接收器 MC3486 将 RS-422A 接口信号转换为 TTL 电平，采用差分输入输出。

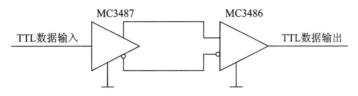

图 5.13　RS-422A 接口电平转换

　　美国电子工业协会在 1987 年提出了 RS-423A 总线标准，RS-423A 和 RS-422A 一样，也给出了 RS-449 接口中的通信电缆、驱动器和接收器的要求。RS-423A 给出了不平衡信号差的规定，而 RS-422A 给出的是平衡信号差的规定。RS-423A 标准接口的最大传输速率为 100 kb/s，电缆的允许长度为 90 m。差分输入对共模干扰信号有较高的抑制作用，这样就提高了通信的可靠性。RS-423A 用 −6 V 表示逻辑 "1"，用 +6 V 表示逻辑 "0"，可以直接与 RS-232C 相接。采用 RS-423A 标准可以获得比 RS-232C 更佳的通信效果。

　　RS-423A 也需要进行电平转换，常用的驱动器和接收器为 MC3488A 和 MC3486。其接口电路如图 5.14 所示，采用差分输入，单端输出。

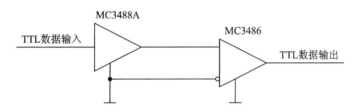

图 5.14　RS-423A 接口电平转换

3. RS-485 接口

　　RS-485 接口是 20 mA 电流环路串行通信接口，它也是目前串行通信广泛使用的一种接口标准。其最大的优点是低阻传输，对电气噪声不敏感，而且易于实现光电隔离，非常适于长距离串行通信。RS-485 有两线制和四线制两种接口。在两线制接口中，两根线组成一个信号传输的电流回路，由逻辑开关控制。它不能同时实现串行数据的收发工作，串行通信只能处于半双工状态，但它在线路铺设中只需两根线，因此线路简单、成本低，适于串行通信流不太大的场合。在四线制接口中，发送正、发送负、接收正、接收负四根线组成一个输入回路和一个输出电流回路，当发送数据时，根据数据的逻辑 1、0，有规律地使回路形成通、断状态。RS-485 接口芯片很多，常用的有 MAX481E 和 MAX488E。这两种芯片的主要区别是前者为半双工，后者为全双工。除这两种芯片外，与 MAX481E 相同的系列芯片还有 MAX483E/485E/487E/1487E。与 MAX488E 相同的有 MAX490E，它们的原理结构及引脚如图 5.15 所示。

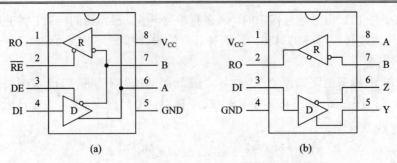

图 5.15　MAX481E 和 MAX488E 的结构及引脚图

(a) MAX481E；(b) MAX488E

由半双工接口芯片 MAX481E 构成的 RS-485 两线制接口电路如图 5.16 所示。

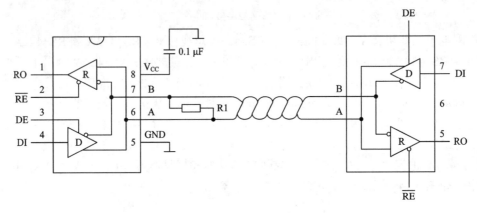

图 5.16　MAX481E 构成的 RS-485 两线制接口电路图

由全双工接口芯片 MAX488E 构成的 RS-485 四线制接口电路如图 5.17 所示。

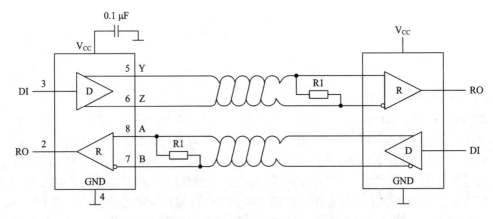

图 5.17　MAX488E 构成的 RS-485 四线制接口电路图

5.3　51 系列单片机与同步串行总线接口

在单片机应用系统中，越来越多的外围器件都配置了同步串行扩展总线接口，如 EPRAM、A/D、D/A 及集成智能传感器等。从 20 世纪 90 年代开始，众多的单片机厂商陆续推出了带同步串行总线接口的单片机，如 Philips 公司的 8XC552 和 LPC76X 系列带 I²C 总线接口；Motorola 公司的 M68HC05 和 M68HC11，ATMEL 公司的 AT89S8252 以及新一代的基于 RISC 的 AVR 系列单片机都集成有 SPI 接口。同步串行通信总线应用越来越多，主要有 I²C、SPI、单总线(1-wire)、Microwire 等。

5.3.1 I²C 总线

I²C(Inter IC Bus)总线全称为芯片间总线，是由 Philips 公司推出的一种基于两线制的同步串行总线，被广泛应用于消费类电子产品、通信产品、仪器通信及工业系统总线中。

1. I²C 总线工作原理

I²C 总线采用两线制，由数据线 SDA 和时钟线 SCL 构成。I²C 总线为同步传输总线，数据线上的信号完全与时钟同步。数据传送采用主从方式，即主器件(主控器)寻址从器件(被控器)，启动总线，产生时钟，传送数据及结束数据的传送。SDA、SCL 总线上挂接的单片机(主器件)或外围器件(从器件)，其接口电路都应具有 I²C 总线接口，所有器件都通过总线寻址，而且所有 SDA、SCL 同名端相连，如图 5.18 所示。

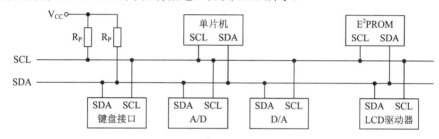

图 5.18　I²C 总线系统组成

按照 I²C 总线规范，总线传输中将所有状态都生成相应的状态码，主器件能够依照这些状态码自动地进行总线管理。

Philips 公司、Motorola 公司和 MAXIM 公司推出了很多具有 I²C 总线接口的单片机及外围器件，如 24C 系列 E²PROM，A/D 和 D/A 转换器 PCF8951、MAX521 和 MAX5154，LCD 驱动器 PCF8576 等。用户可以根据数据操作要求，通过标准程序处理模块，完成 I²C 总线的初始化和启动，就能完成规定的数据传送。

作为主控器的单片机，可以具有 I²C 总线接口，也可以不带 I²C 总线接口，但被控器件必须带有 I²C 总线接口。

2. 总线器件的寻址方式

在一般的串行接口扩展系统中，器件地址都是由地址线的连接形式决定的，而在 I²C 总线系统中，地址是由器件类型及其地址引脚电平决定的，对器件的寻址采用软件方法。

I²C 总线上所有外围器件都有规范的器件地址。器件地址由 7 位组成，它与一位方向位共同构成了 I²C 总线器件的寻址字节。寻址字节(SLA)的格式如表 5.3 所示。

表 5.3　寻址字节格式

位　序	D7	D6	D5	D4	D3	D2	D1	D0
寻址字节	器件地址				引脚地址			方向位
	DA3	DA2	DA1	DA0	A2	A1	A0	R/$\overline{W}$

器件地址(DA3，DA2，DA1，DA0)是 I^2C 总线外围器件的固有地址编码，器件出厂时就已经给定。例如 I^2C 总线 E^2PROM AT24C02 的器件地址为 1010，4 位 LED 驱动器 SAA1064 的器件地址为 0111。

引脚地址(A2，A1，A0)是由 I^2C 总线外围器件引脚的硬件连接所确定的地址。A2、A1 和 A0 在电路中可接电源或接地或悬空，根据其连接状态形成 3 位地址代码。

数据方向位($R/\overline{W}$)规定了总线上的单片机(主器件)与外围器件(从器件)的数据传送方向。$R/\overline{W} = 1$，表示接收(读)；$R/\overline{W} = 0$，表示发送(写)。

3. 总线的电气结构与驱动能力

I^2C 总线接口内部如图 5.19 所示。每一个 I^2C 总线器件内部的 SDA、SCL 引脚电路结构都是一样的，引脚的输出驱动和输入缓冲连在一起，构成双向传输电路。其中输出驱动位漏极开路的场效应管，输入缓冲是一只高输入阻抗的同相器。由于输出驱动为漏极开路，故总线上必须接上拉电阻。上拉电阻 R_P 与电源电压 V_{CC} 及总线串接电阻有关，可参考有关数据手册，通常取 5~10 kΩ。

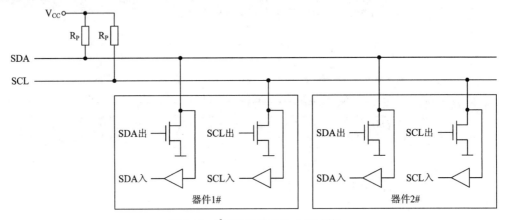

图 5.19　I^2C 总线接口的内部结构

I^2C 总线上的外围扩展器件都是 CMOS 器件，属于电压型负载，总线上的器件数量不是由电流负载能力决定，而是由电容负载确定的。I^2C 总线上每个节点器件的接口都有一定的等效电容，这会造成信号传输的延迟。通常 I^2C 总线的负载能力为 400 pF(通过驱动扩展可达 4000 pF)，据此可计算出总线长度及连接器件的数量。总线上每个外围器件都有一个器件地址，扩展器件时也要受器件地址空间的限制。I^2C 总线传输速率为 100 kb/s，新规范传输速率可达 400 kb/s。

4. I^2C 总线上的数据传送

1) 数据传送

I^2C 总线上每传送一位数据都与一个时钟脉冲相对应。在时钟线高电平期间，数据线上必须保持稳定的逻辑电平状态，高电平为数据"1"，低电平为数据"0"。只有在时钟为低电平时，才允许数据线上的电平状态变化。

I^2C 总线上传送的每一帧数据均为一字节。启动 I^2C 总线后，传送的字节数没有限制，只要求每传送一字节后，对方发送一个应答位。

传送完一字节后，可以通过对时钟的控制来停止传送。使 SCL 保持低电平，就可控制总线暂停。

在发送时，首先发送的是数据的最高位。每次传送开始时有起始信号，结束时有停止信号。

I^2C 总线的数据传送过程如图 5.20 所示。

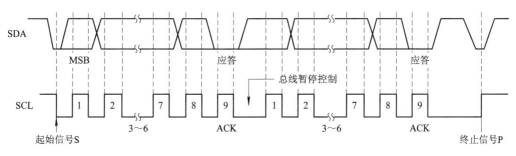

图 5.20 I^2C 总线数据传送过程

2) 总线信号

I^2C 总线上与数据传送有关的信号有起始信号(S)、终止信号(P)、应答信号(A)、非应答信号(/A)以及总线数据位。

- 起始信号(S)：在时钟 SCL 为高电平时，数据线 SDA 出现由高到低的下降沿，被认为是起始信号。只有出现起始信号以后，其他命令才有效。
- 终止信号(P)：在时钟 SCL 为高电平时，数据线 SDA 出现由低到高的上升沿，被认为是终止信号。随着终止信号的出现，所有外部操作都结束。
- 起始信号和终止信号如图 5.21 所示。这两个信号都是由主器件产生的，总线上带有 I^2C 总线接口的器件很容易检测到这些信号。但对于不具备 I^2C 总线接口的一些单片机来说，为了准确地检测这些信号，必须保证在总线的一个时钟周期内对数据线至少进行两次采样。

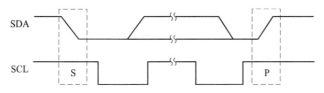

图 5.21 I^2C 总线的起始信号和终止信号

- 应答信号(A)：I^2C 总线传送数据时，每传送一个字节数据后都必须有应答信号，与应答信号相对应的时钟由主器件产生。这时，发送方必须在这一时钟上使 SAD 处于高电平状态，以便接收方在这一位上送出应答信号。应答信号产生时序如图 5.22 所示。应答信号在第 9 个时钟位上出现，接收方输出低电平为应答信号。
- 非应答信号($\overline{A}$)：每传送完一字节数据后，在第 9 个时钟位上，接收方输出高电平为非应答信号。由于某种原因，接收方不产生应答时，如接收方正在进行其他处理而无法接收总线上的数据时，必须将数据线置高电平，然后主控器可通过产生一个停止信号来终止总线数据传输。

当主器件接收来自从器件的数据时，接收到最后一个字节数据后，必须给从器件发送一个非应答信号($\overline{A}$)，使从器件释放数据总线，以便主器件发送停止信号，从而终止数据传送。

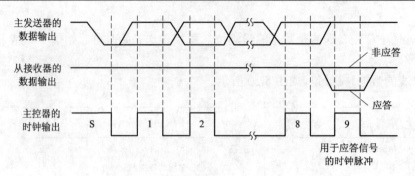

图 5.22　I²C 总线上的应答信号

- 总线数据位：在 I²C 总线启动后或应答信号后的第 1～8 个时钟脉冲对应一个字节的 8 位数据传送。在数据传送期间，只要时钟线为高电平，数据线上必须保持稳定的逻辑电平状态，否则数据线上的任何变化都当作起始或停止信号。

3) **数据传送格式**

按照 I²C 总线规范，起始信号表明一次数据传送的开始，其后为寻址字节，在寻址字节后是按指定读、写操作的数据字节与应答位。在数据传送完成后，主器件必须发送停止信号。在起始与停止信号之间传输的数据字节数由单片机决定。

总线上的数据传送有许多读/写组合方式。下面介绍 3 种数据传送格式。

- 主器件的写操作：主器件向被寻址的从器件发送 n 个数据字节，整个传送过程中数据传送方向不变。其数据传送格式如下：

S	SLA W	A	Data1	A	Data2	A

···	Data(n−1)	A	Data n	A/$\overline{A}$	P

其中：SLA W 为寻址字节(写)，Data1～Datan 为写入从器件的 n 个数据字节。

- 主器件的读操作：主器件读出来自从器件的 n 个字节，整个传送过程中除寻址字节外，都是从器件发送、主器件接收的过程。数据传送格式如下：

S	SLA R	A	Data1	A	Data2	A

···	Data(n−1)	A	Data n	$\overline{A}$	P

其中：SLA R 为寻址字节(读)；Data1～Datan 为从器件被读出的 n 个字节。主器件发送停止信号前应发送非应答信号 $\overline{A}$，向从器件表明读操作要结束。

- 主器件的读、写操作：在一次数据传输过程中需要改变传送方向的操作，此时起始位和寻址字节都会重复一次，但两次读、写方向正好相反。数据传送格式如下：

S	SLA $\overline{W}$/R	A	Data1	A	Data2	A	···	Data n	A/$\overline{A}$	Sr	SLA R/$\overline{W}$	A

Data1	A	Data2	A	Data3	A	···	Data(n−1)	A	Datan	A/$\overline{A}$	P

其中：Sr 为重复起始信号，数据字节的传送方向决定于寻址字节的方向位；SLA W/R 和 SLA R/W 分别表示写/读寻址字节或读/写寻址字节。

从上述数据传送格式可以看出：

(1) 无论何种方式起始或停止，寻址字节都由主器件发出，数据字节的传送方向则遵循寻址字节中方向位的规定。

(2) 寻址字节只表明从器件地址及传送方向，从器件内部的 N 个数据地址，由器件设计者在该器件的 I²C 总线数据操作格式中，指定第一个数据字节作为器件内的单元地址(SUBADR)指针，并且设置地址自动加减功能，以减少单元地址寻址操作。

(3) 每个字节传送都必须有应答信号(A 或 $\overline{A}$)相随。

(4) I²C 总线从器件在接收到起始信号后都必须释放数据总线，使其处于高电平，以便对将要开始的从器件地址的传送进行预处理。

5. 无 I²C 总线硬件控制接口的 51 单片机使用 I²C 总线时的接口模拟

在使用 I²C 总线器件时，首先考虑带有 I²C 总线硬件控制接口的芯片，例如 Philips 公司的 P87C591，Cypress 公司的 CY7C646XX 等芯片。这些芯片有 I²C 总线硬件控制接口，只需按技术要求连接即可。51 单片机不带有 I²C 总线硬件控制接口，与 I²C 总线器件接口需采用软件模拟方法来实现数据传输。

1) 51 单片机与 I²C 总线的硬件连接

不带 I²C 接口的 51 单片机控制 I²C 总线时，用两条 I/O 线来模拟 SDA 和 SCL，从器件的 SDA、SCL 对应连接在这两条 I/O 线上，再加上拉电阻即可。硬件接口如图 5.23 所示。

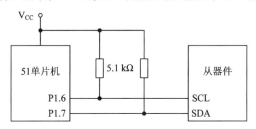

图 5.23　51 单片机与 I²C 器件连接

2) 单片机对 I²C 总线的模拟控制程序

简单的单片机控制 I²C 总线系统中，总线上只有单片机对 I²C 总线从器件的访问，没有总线的竞争等问题，这种情况下只需要模拟主发送和主接收时序。设计单片机控制数据传送程序时，可分别设计出模拟 I²C 总线典型信号时序的子程序，通过调用这些子程序来控制数据传送。I²C 总线典型信号包括起始信号(S)、终止信号(P)、应答信号(A)、非应答信号($\overline{A}$)，其时序如图 5.24 所示。

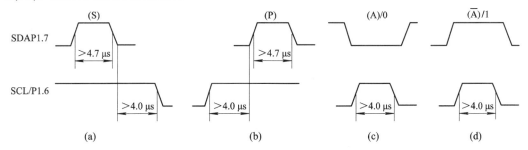

图 5.24　I²C 总线数据传送典型信号的时序
(a) 起始位；(b) 终止位；(c) 应答位；(d) 非应答位

对于 I²C 总线的典型信号，可以用指令操作来模拟其时序过程。若 51 单片机的系统时钟为 6 MHz，相应的单周期指令的周期为 2 μs。下面给出模拟起始(STA)、终止(STOP)、发送应答(MACK)、发送非应答(NMACK)信号时序的子程序。在模拟控制信号时序子程序的基础上，又给出检测应答信号、发送一个字节数据、接收一个字节的子程序、发送 N 字节和接收 N 字节的子程序。有了这些子程序，可很方便地设计 51 单片机控制 I²C 总线数据传送的应用程序。

(1) 模拟 I²C 总线起始信号子程序 STA。

```
STA:  SETB   P1.7      ; 置 SDA 为高电平
      SETB   P1.6      ; 置 SCL 为高电平
      NOP              ; 使起始条件建立时间大于 4.7 μs
      NOP
      NOP
      CLR    P1.7      ; 使 SDA 变为低电平
      NOP              ; 使起始条件锁定时间大于 4.0 μs
      NOP
      NOP
      CLR    P1.6      ; 箝住总线，准备发送数据
      RET
```

该程序产生了如图 5.24(a)所示的起始信号时序。

(2) 模拟 I²C 总线终止信号子程序 STOP。

```
STOP: CLR    P1.7      ; 使 SDA 为低电平
      SETB   P1.6      ; 置 SCL 为高电平，发送停止条件的时钟信号
      NOP              ; 使停止条件时间大于 4.0 μs
      NOP
      NOP
      SETB   P1.7      ; 置 SDA 位高电平，产生停止信号
      NOP              ; 使停止信号时间大于 4.7 μs
      NOP
      NOP
      CLR    P1.7      ; 使 SDA 变为低电平
      CLR    P1.6      ; 使 SCL 变为低电平，使总线可传送数据
      RET
```

该程序产生了如图 5.24(b)所示的停止信号时序。

(3) 模拟发送应答位信号子程序 MACK。

```
MACK: CLR    P1.7      ; 使 SDA 为低电平
      SETB   P1.6      ; 使 SCL 为高电平
      NOP              ; 保持应答信号时间大于 4.0 μs
      NOP
      NOP
```

CLR P1.6   ; 应答信号结束

  SETB P1.7

  RET

该程序产生了如图 5.24(c)所示的应答信号。

(4) 模拟发送非应答位信号子程序 MNACK。

  NMACK：SETB P1.7   ; 使 SDA 为高电平

     SETB P1.6   ; 使 SCL 为高电平

     NOP   ; 保持非应答信号时间 4.0 μs

     NOP

     NOP

     CLR P1.6   ; 非应答信号结束

     CLR P1.7

     RET

该程序产生了如图 5.24(d)所示的非应答信号的时序。

  如果单片机的时钟不是 6 MHz，在使用上述子程序时，应调整 NOP 指令个数，以满足时序要求。

(5) 应答位检查子程序 CACK。

  在应答位检查子程序中，用 F0 作标志位，当检查到正常应答位后，F0 = 0；否则 F0 = 1。

  CACK：SETB P1.7   ; 置 SDA 为接收数据方式

    SETB P1.6   ; 使 SCL 为高电平，保持 SDA 上电平状态

    CLR F0   ; 预设 F0 = 0

    NOP

    MOV C，P1.7 ; 输入从器件 SDA 线上数据

    JNC CEND ; 检查 SDA 状态。如果输入为 0，则产生了应答

    SETB F0   ; 如果输入为 1，则无正常应答

  CEND：CLR P1.6   ; 结束检测，使 SCL = 0

    RET

(6) 发送一字节数据子程序 WRBYTE。

  设要发送的数据已在 A 中。使用带进位左移指令，从高位到低位，将数据的每一位依次移入位累加器 C 中，模拟 I^{2}C 时序发送。

  WRBYTE：MOV R0，#08H ; 8 位数据长度送 R0 中

  WLP： RLC A   ; 发送数据左移，使发送位入 C

     JC WR1   ; 判断发送 1 还是 0，发送 1 转 WR1

     AJMP WR0   ; 发送 0 转 WR0

  WLP1： DJNZ R0，WLP ; 循环发送 8 位数据

     RET

  WR1： SETB P1.7   ; 向数据线 SDA 发送 1

     SETB P1.6   ; 在 SCL 上产生时钟脉冲

     NOP

```
              NOP
              NOP
              CLR     P1.6
              CLR     P1.7
              AJMP    WLPl
WR0:          CLR     P1.7            ; 向数据线 SDA 发送 0
              SETB    P1.6
              NOP
              NOP
              NOP
              CLR     P1.6
              AJMP    WLPl
```

(7) 从 SDA 上接收一字节数据子程序 RDBYTE。

模拟 I^2C 时序，从 SDA 上读取一位数据到位累加器 C，使用带进位循环左移指令，将字节数据移入累加器 A 中。

```
RDBYT: MOV     R0, #08H        ; 8 位数据长度送 R0 中
RLP  : SETB    P1.7            ; 置 P1.7 为输入方式
       SETB    P1.6            ; 产生输入数据时钟脉冲
       MOV     C, P1.7         ; 读入 SDA 一位数据
       RLC     A
       CLR     P1.6            ; 使 SCL = 0 可继续接收数据位
       DJNZ    R0, RLP         ; 循环输入 8 位数据
       RET
```

(8) 向被控器发送 N 字节数据子程序 WRNBYTE。

单片机向从器件发送多个字节数据，必须按照 I^2C 总线规定的读/写操作格式。即先发起始信号，接着发器件寻址字节，此后依次发数据字节。每一字节发送后，必须检测到从器件的应答信号，才能进行后继字节的发送。数据块发送完毕，要发一个停止信号。

设发送数据存储在首地址为 MTD 的缓冲区中，数据块字节数已存放在 NUMBYT 单元。I^2C 总线的控制信号可调用模拟子程序。

发送 N 字节的通用子程序(WRNBYTE)如下：

```
WRNBYTE:    MOV R3, NUMBYT      ; 发送数据字节数送 R3 中
            LCALL STA           ; 调用模拟起始信号子程序, 启动 I²C 总线
            MOV A, SLAW         ; 读取器件寻址字节 SLAW(写)
            LCALL  WRBYTE       ; 调用发送一字节数据子程序, 发送寻址字节
            LCALL  CACK         ; 调用检查应答信号子程序, 检测应答
            JB  F0, WRNBYTE     ; 如果非应答, 则重发寻址字节
            MOV  R1, #MTD       ; 使 R1 指向发送数据缓冲区首址
WRDA:       MOV  A, @R1         ; 读取一字节数据
            LCALL  WRBYTE       ; 调用发送一字节数据子程序, 发送一个数据
```

```
            LCALL   CACK          ; 检测应答
            JB  F0,WRNBYTE         ; 非应答重发数据
            INC    R1             ; 正确应答,准备发送下一个数据
            DJNZ  R3,WRDA          ; 循环发送数据块
            LCALL STOP            ; 数据块发送完毕,调用模拟停止信号子程序
            RET
```

(9) 从外围器件读取 N 字节数据子程序 RDNBYT。

单片机读取从器件多个字节数据,必须按照 I^2C 总线规定的读/写操作格式。即先发起始信号,接着发器件寻址字节,此后依次接收数据字节。每接收一字节后,必须发送应答信号。数据块接收完毕,要发一个非应答信号,再发一个停止信号。

设接收数据存储在首地址为 MRD 的缓冲区中,数据块字节数已存放在 NUMBYT 单元。I^2C 总线的控制信号可调用模拟子程序。

接收 N 字节数据的子程序(RDNBYTE)清单如下:

```
    RDNBYTE: MOV   R3,NUMBYT     ; 数据块字节数送 R3 中
            LCALL   STA          ; 调用模拟起始信号子程序,发送启动信号
            MOV   A,SLAR          ; 读取寻址字节(读)
            LCALL   WRBYT         ; 调用发送字节子程序,发送器件地址
            LCALL   CACK          ; 检查应答信号
            JB F0,RDNBYT          ; 检测到非正常应答,重新开始
    RDN:    MOV R1,#MRD           ; 使 R1 指向接收数据缓冲区
    RDNl:   LCALL   RDBYT         ; 检测到正常应答,调用接收一字节数据子程序
            MOV   @R1,A           ; 把数据存入缓冲区
            DJNZ    R3,ACK        ; 循环实现接收 N 字节数据
            LCALL   MNACK         ; 发送非应答信号
            LCALL   STOP          ; 发送停止信号
            RET
    ACK:    LCALL   MACK          ; 发送应答位
            INC     R1            ; 准备发送下一个数据
            SJMP    RDNl
```

在上述子程序的基础上,可以方便地实现单片机控制 I^2C 总线系统的数据传送。只要编写简单的主程序,调用相应子程序,即可实现单片机控制 I^2C 总线系统的数据传送。在主程序中需要对子程序中的有关存储单元进行初始化。例如:

```
    SDA  BIT P1.7
    SCL  BIT P1.6  ; 有这两条定义指令,就可以在子程序中用 SDA、SCL 符号取代 P1.7、P1.6
    MTD  EQU 30H    ; 定义发送数据缓冲区首址符号
    MRD  EQU 40H    ; 定义接收数据缓冲区首址符号
    SLA  EQU 60H    ; 定义寻址字节的存放单元符号
    NUMBYT EQU 6lH  ; 定义传送字节数存放单元符号
```

5.3.2 SPI 总线接口

SPI(Serial Peripheral Interface)是串行外围设备接口,是由 Motorala 公司提出的一种基于四线制的同步串行总线,在速度要求不高、低功耗、需保存少量参数的智能化仪器仪表及控制系统中得到广泛应用。

1. SPI 总线单主系统的组成

SPI 总线通信基于主从配置,它有以下 4 个信号:

MOSI:主器件数据输出,从器件数据输入;

MISO:主器件数据输入,从器件数据输出;

SCLK:时钟信号,由主器件产生;

$\overline{SS}$:从器件使能信号,由主器件控制。

SPI 总线系统可直接与各个厂家生产的多种标准外围器件接口。外围器件可包括 EEPROM、FLASH、实时时钟、AD 转换器以及数字信号处理器和数字信号解码器等。使用 SPI 总线可很方便地构成主-从分布式系统。图 5.25 是 SPI 总线典型结构示意图。

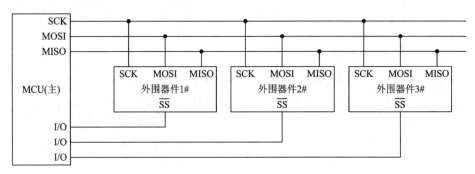

图 5.25 SPI 总线外围扩展结构示意图

单片机与外围扩展器件连接时,SCK、MOSI、MISO 上都是同名端相连。带 SPI 接口的外围器件都有从属片选择端 $\overline{SS}$。在扩展多个 SPI 外围器件时,单片机应通过相应 I/O 端口分时选通外围器件。当系统中有多个 SPI 接口的单片机时,应区别其主从地位,在某一时刻只能由一个单片机为主器件。主控器件控制数据向 1 个或多个外围器件传送,从器件只能在主机发命令时,接收或向主机传送数据。其数据的传递格式是高位(MSB)在前,低位(LSB)在后。SPI 总线时序如图 5.26 所示。

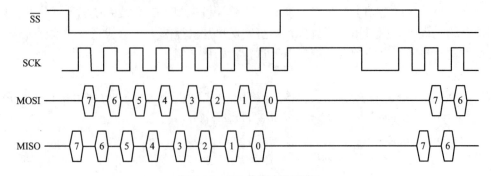

图 5.26 SPI 总线工作时序

SPI 系统可工作在全双工方式，主 SPI 的时钟信号(SCK)使传输同步。在 SCK 下降沿，将移位寄存器中一位数据从 MOSI 引脚输出。在 SCK 上升沿从 MISO 引脚接收一位数据移入到移位寄存器中。发送一个字节后，从另一个外围器件接收一个字节数据进入移位寄存器中。对具有 SPI 总线控制器的单片机而言，可方便地以规定时序工作。

2．51 单片机与 SPI 外设的接口方法举例

对于没有 SPI 接口的 51 单片机来说，可使用硬件和软件来模拟 SPI 的操作，包括串行时钟、数据输入和输出。下面以 51 单片机与具有 SPI 总线的 EEPROM 芯片 MCM2814 为例来说明接口连接和模拟程序设计。

MCM2814 芯片的 SPI 总线信号可连接于 51 单片机的四条 I/O 线上，通过 I/O 线模拟相应时序信号来控制数据传输操作。接口连接如图 5.27 所示。

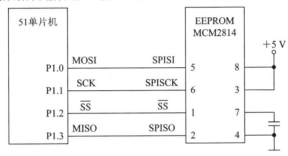

图 5.27 51 单片机与 SPI 总线器件连接示例

P1.1(SCK)模拟产生输出时钟信号。在时钟的下降沿，从 P1.0(MOSI)接收从器件的一位数据；在时钟的上升沿，向从器件发送一位数据。模拟产生 8 个时钟脉冲，便可发送或接收一个字节数据。

下面给出单片机向 MCM2814 写一个字节数据、单片机从 MCM2814 读取一个字节数据及同时与 MCM2814 交换一个字节的子程序。

(1) 单工方式发送。将 R0 中的数据写入 MCM2814。

```
SPIOUT:   SETB  P1.1           ;产生 SCL 高电平
          CLR   P1.2           ;选通 MCM2814
          MOV   R1, #08H       ;设置循环次数
          MOV   A, R0          ;发送数据送累加器 A
          RLC   A              ;把数据的高位移入位累加器 C
          MOV   P1.0, C        ;将最高位数据送输出锁存器
SPIOT1:   CLR   P1.1           ;产生 SCK 下降沿，数据从 MOSI 输出
          NOP                  ;延时
          NOP
          RLC   A              ;数据由高位到低位逐位移入 C
          MOV   P1.0, C        ;按位序送一位数据到输出锁存器
          SETB  P1.1           ;产生 SCK 高电平
          DJNZ  R1, SPIOT1     ;循环实现 8 位数据发送
          RET
```

(2) 单工方式接收。从 MCM2814 接收 1 字节数据放入寄存器 R0 中。

```
SPIIN:   CLR   P1.1          ；产生 SCK 低电平
         CLR   P1.2          ；选通 MCM2814
         MOV   R1，#08H       ；设置循环次数
SPINl:   SETB  P1.1          ；产生 SCK 上升沿，从 MCM2814 接收一位数据到锁存器
         NOP                 ；延时
         NOP
         MOV   C，P1.3        ；读取所接收的一位数据到位累加器 C
         RLC   A             ；将接收的一位数据移入累加器 A
         CLR   P1.1          ；产生 SCK 低电平
         DJNZ  R1，SPINI      ；循环实现 8 位数据输入
         MOV   R0，A          ；把接收的 8 位数据送 R0
         RET
```

(3) 全双工方式发送/接收。把 R0 中的数据传送到 MCM2814 中，同时从 MCM2814 接收 1 字节数据存入 R0 中。

```
SPIIO:   CLR   P1.1          ；置 SCK 为低电平状态
         CLR   P1.2          ；选通 MCM2814
         MOV   R1，#08H       ；设置循环次数
         MOV   A，R0          ；取发送数据到累加器
SPIOI:   SETB  P1.1          ；产生 SCK 上升沿，接收一位数据到锁存器
         NOP                 ；延时
         NOP
         MOV   C，P1.3        ；读取接收的一位数据
         RLC   A             ；把接收的一位数据移入到累加器，发送数据位到 C
         MOV   P1.0，C        ；把一位数据送输出锁存器
         CLR   P1.1          ；产生 SCK 下降沿，将一位数据发送出去
         DJNZ  Rl，SP101      ；循环实现 8 位数据的接收与发送
         MOV   R0，A          ；把接收的输入存入 R0
         RET
```

程序中，现将 R0 中待发送数据送累加器 A 中，先接收一位数据，用带进位循环左移指令将接收的一位数据移入累加器 A 的低位，同时也将发送数据的高位移入位累加器 C。8位数据接收、发送完毕，累加器 A 中是所接收的 8 位数据。

5.3.3　单总线技术

单总线(1-Wire)是美国达拉斯半导体公司(DALLAS)推出的同步串行通信总线。单总线系统中的数据交换、控制都在一根线上完成。利用单总线可很方便地构成单主控的主从式计算机控制系统。它具有线路简单，硬件开销少，成本低，便于总线扩展和维护等优点。近几年，其在单片机测控系统中得到广泛应用。

1. 单总线技术的基本原理

单总线系统是由总线命令者(称为主机)和一个或多个从者(一般是具有单总线接口的器件，统称为从机)构成的计算机系统。所用设备通过单总线端口挂接在一根线上。单总线端口内部结构如图 5.28 所示。

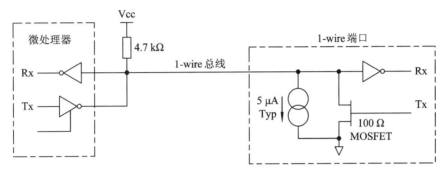

图 5.28　单总线硬件接口示意图

单总线接口设备通过一个漏极开路或三态端口连接至总线上，以允许设备在不传送数据时能够释放总线，让其他设备使用总线。单总线要求外接一个约 5 kΩ 的上拉电阻。这样，当总线闲置时，保持高电平状态(称为释放总线)。

单总线系统主机对从机的识别是通过器件的标识码来进行的。每一个具有单总线接口的器件芯片，厂家生产时用激光刻录了一个 64 位二进制 ROM 代码，作为器件唯一的标识。单总线接口器件芯片的 64 位 ROM 代码的组成格式如图 5.29 所示。

D63 ◄──────► D56	D55 ◄──────────────────► D8	D7 ◄──────► D0
8 位 CRC 校验码	48 位序列号	8 位簇

图 5.29　单总线器件 ROM 代码格式

单总线系统的硬件组成比较简单，但控制数据传输的程序相对复杂。因为地址、控制、数据信号都通过一根线传输，必须遵守严格的总线协议。对于不具有单总线接口标准的 51 单片机来说，协议的实现要靠程序来完成。由程序来模拟总线协议，实现数据传送的控制。单总线协议包括总线信号时序和命令序列。

2. 单总线信号时序

单总线协议定义了初始化信号、应答信号、写 1、写 0 和读信号的时序。所有单总线命令都是由这些基本信号时序组成的。这些信号中，除了应答信号由从机发出外，其他信号都是由主机同步发出，并且发出的所有命令和数据都是低位在前高位在后。这些信号的时序如图 5.30 所示。

图 5.30(a)是初始化信号的时序。初始化时序包括主机发出的复位脉冲和从机发出的应答脉冲。主机通过拉低总线至少 480 μs 产生 Tx 复位脉冲，然后由主机释放总线(高电平状态)，进入 Rx 接收模式。主机释放总线时，产生一个由低电平跳变为高电平的上升沿，单总线器件检测到这个上升沿后，延时 15～60 μs，通过拉低总线 60～240 μs 来产生应答脉

冲，主机收到从机的应答脉冲后，就判定有从机在线，然后主机就可以开始对从机进行命令操作。

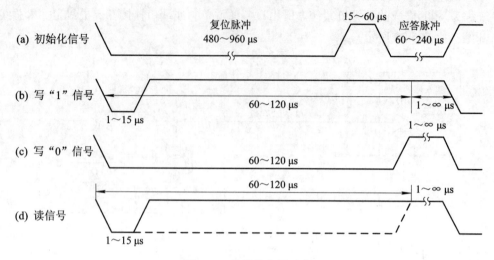

图 5.30　单总线信号时序

图 5.30 中的(b)、(c)、(d)图分别是写 1、写 0 和读时序。在每一个时序中，总线只能传输一位数据。所有的读、写时序至少需要 60 μs，且每两个独立的时序之间至少需要 1 μs 的恢复时间。读、写时序均始于主机拉低总线。在写时序中，主机将在拉低总线 15 μs 之内释放总线，并向从机写 1。若主机拉低总线后能保持至少 60 μs 的低电平，则向从机写 0。从机仅在主机发出读时序时才向主机传输数据。所以，当主机向从机发出读数据命令后，必须紧接着产生读时序，以便从机能够传输数据。在主机发出读时序之后，从机才开始在总线上发送 0 或 1。若从机发送 1，则总线保持高电平；若发送 0，则拉低总线。由于从机发送数据后可保持 15 μs 的有效时间，因此，主机在读时序期间必须释放总线，且须在 15 μs 内采样总线状态，以便接收从机发送的数据。

3. 命令序列

单总线协议除定义了总线信号的时序外，还包括主机访问从机必须遵守的命令序列。如果出现序列混乱，则从机不会响应主机。

典型的单总线命令序列如下：

第一步：初始化；

第二步：ROM 命令；

第三步：功能命令。

注：这个序列准则对于搜索 ROM 命令和报警搜索 ROM 命令例外，这两条指令执行后，必须返回第一步(初始化)。

初始化就是在总线上产生图 5.30(a)所示的初始化时序信号。

ROM 命令与各个从机设备的唯一 64 位 ROM 代码相关。在单总线上连接多个从机的系统中，ROM 命令用于指定操作某个从机设备。ROM 命令还能够使主机检测到总线上有多少个从机设备以及设备类型，或者有没有设备处于报警状态。单总线器件一般都支持表 5.4 所示的 5 种 ROM 命令。

表 5.4　单总线器件的基本 ROM 命令

指令操作	指令代码	功 能 描 述
读 ROM	33H	直接读出器件的 64 位 ROM 代码，仅适用于总线上只有一个从机器件
匹配 ROM	55H	匹配 ROM 命令跟随 64 位 ROM 代码，仅当器件完全匹配 64 位 ROM 代码时，才会响应主机随后发出的功能命令
跳过 ROM	CCH	不需读取器件的 ROM 代码，直接发功能指令，总线上所有器件都可接收指令，仅适用单器件系统
搜索 ROM	F0H	系统初始上电时，搜索出所有器件的 ROM 代码，从而判断出器件的数目和类型
报警搜索 ROM	ECH	搜索出超过设置的报警门限值的器件，工作方式完全等同于搜索 ROM 命令

　　功能命令由具体单总线器件所支持的功能来确定。在单总线应用举例中以 DS18B20 作具体说明。

4．单总线技术应用举例

　　下面用单总线接口的温度传感器 DS18B20 与 51 单片机构成简单的温度测控系统，说明单总线技术的应用。

　　1）DS18B20 温度传感器简介

　　DS18B20 是美国 DALLAS 公司生产的单总线数字温度传感器，在内部使用了在板(ON-BOARD)专利技术，将传感器、A/D 转换器及存储器集成在形如一只三极管的集成电路内，封装及引脚如图 5.31 所示。DS18B20 具有如下功能特性：

- 温度测量范围为 −55～+125℃，固有测温分辨率为 0.5 V；
- 测量结果以 9 位数字量方式进行串行传输；
- 用户可设置报警温度的上下限；
- 在使用中不需要任何外围器件。

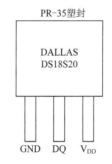

图 5.31　DS18B20 封装图

　　DS18B20 内部有便签式 RAM 和非易失性 EEPROM 组成的存储器。便签式 RAM 作高速暂存器，由 9 个字节构成。第 0、1 字节存储温度值的低位字节和高位字节。第 2、3 字节存储高温限值(TH)和低温限值(TL)。第 4 字节是配置寄存器，第 5、6、7 字节保留，第 9 字节存储 CRC 校验码。当温度转换命令触发后，经转换所得的温度值以二字节补码形式存放在第 0 和第 1 个字节。单片机可通过单线接口读到该数据，读取时低位在前，高位在后。

　　DS18B20 支持表 5.5 中的功能操作命令。

表 5.5　对 DS18B20 功能操作命令

命令操作	命令代码	功 能 描 述
转换温度	44h	启动温度转换
读暂存器	BEh	读全部的暂存器内容包括 CRC 字节
写暂存器	4Eh	写暂存器第 2、3 和 4 字节的数据
复制暂存器	48h	将暂存器第 2、3 和 4 字节复制到 EEPROM 中
回读 EEPROM	B8h	将 THTL 和配置字节从 EEPROM 回读至暂存器中

2) 51 单片机与 DS18B20 连接

由于 51 单片机没有单总线标准的串行接口，故只能通过 I/O 口线进行模拟。51 单片机 I/O 中任一位都可与单总线进行双向数据传输，为了在单片机端区分对单总线的输入输出操作，可将 I/O 的两位并接于单总线上。通过单总线可以方便地构建主从分布式单片机测控系统，如图 5.32 所示。为了在 DS18B20 的操作周期内提供足够的驱动电流，用一只 MOSFET 和 P1.0 来实现总线作上拉。

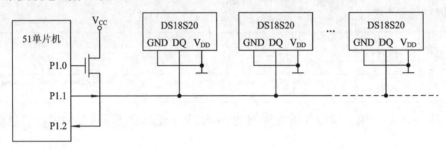

图 5.32　51 单片机与 DS18B20 温度检测系统接口示意图

3) 控制数据传输模拟程序

为了说明单片机控制数据传输模拟程序的编写方法，仅以单总线上挂接一只 DS18B20 为例。设单片机的晶振频率为 12 MHz。

程序分初始化 DS18B20 子程序、向 DS18B20 写一个字节命令子程序、从 DS18B20 读取一个字节数据子程序、启动 DS18B20 子程序、延时子程序和主程序几个模块编写。

```
;****************************************************************
;主程序
;功能：定义系统资源，调用子程序初始化、启动 DS18B20，读取温度值
;;***************************************************************
            ORG    0000H
            AJIMP   START
            ORG    0030H
            DQO   BIT   P1.1        ;定义口线连接符号
            DQI   BIT   P1.2
            TL   EQU   30H          ;定义温度值低位字节存储单元符号
            TH   EQU   31H
    START:  ACALL   Init_DS18B20    ;初始化 DS18B20 并检测应答
            ACALL   Seton           ;启动 DS18B20
            ACALL   Resddata        ;读取温度值低字节
            MOV   TL, R4            ;保存温度值低字节
            ACALL   Resddata        ;读取温度值高字节
            MOV   TH, R4            ;保存温度值高字节
            END
;****************************************************************
;初始化 DS18B20 子程序：Init_DS18B20
```

; 功能：模拟初始化信号时序，检测到 DS18B20 的应答信号

;; **

```
        Init_DS18B20：CLR   DQO          ; 拉低总线
                     MOV R7，#160        ; 传延时常数
                     ACALL Delay         ; 拉低总线保持 485 μs(要求 480～960 μs)
                     SETB   DQO          ; 拉高总线
                     MOV R7，#7          ; 传延时常数
                     ACALL Delay         ; 拉高总线保持 26 μs(要求 15～60 μs)
                     JB DQI，$            ; 采样总线，等采样到应答
                     RET
```

; **

; 启动 DS18B20 子程序：Seton

; 功能：向 DS18B20 发 ROM 命令、启动命令和读温度值命令

; **

```
        Seton：MOV R4，#0CCH             ; 传 ROM 命令 CCH
               ACALL   Writecode        ; 向 DS18B20 写命令
               MOV R4，#44H              ; 传启动命令 44H
               ACALL   Writecode        ; 向 DS18B20 写命令
               MOV R4，#0BEH             ; 传读暂存器命令
               ACALL   Writecode        ; 向 DS18B20 写命令
               RET
```

; **

; 向 DS18B20 写一个字节命令子程序：Writecode

; 功能：模拟写时序，向 DS18B20 写一个字节命令

; 参数：通过寄存器 R4 传入要发送的命令

; **

```
        Writecode：   MOV   A，R4        ; 接收传入命令
                      MOV R7，#8         ; 设置循环次数（数据位数）
        Nextbitc：    SETB DQO           ; 为产生写时序，拉高总线
                      NOP                ; 等待硬件反应
                      CLR DQO            ; 拉低总线，产生写时序
                      RRC   A            ; 将要发送的一位数据移入位累加器 C
                      MOV DQO，C          ; 发送一位数据
                      MOV R7，#8         ; 传延时常数
                      ACALL   Delay      ; 延时 29 μs，等待 DS18B20 采样数据
                      SETB DQO           ; 释放总线
                      NOP
                      NOP                ; 延时 2 μs，产生两个写时序间隔
                      DJNZ R7，Nextbitc   ; 循环实现发 8 位数据
```

```
                    RET
;  ***********************************************************
; 从 DS18B20 读一个字节数据子主程序：Readdata
; 功能：模拟读时序，从 DS18B20 读取一个字节数据
; 参数：读取数据通过 R4 传回
;  ***********************************************************
        Readdata： MOV R7，#8          ; 设置循环次数(数据位数)
        Nextbitr   SETB DQO           ; 为产生读时序，拉高总线
                   NOP                ; 等待硬件反应
                   CLR  DQO           ; 拉低总线，产生读时序
                   NOP
                   NOP                ; 低电平保持 2 μs(要求 1～15 μs)
                   SETB DQO           ; 拉高总线，进入读模式
                   MOV R7，#1          ; 传延时常数
                   ACALL  Delay       ; 延时 8 μs，单片机在 15 μs 内采样数据
                   MOV C，P1.2         ; 读取一位数据
                   RRC  A             ; 把读取的一位数据移入累加器 A
                   NOP
                   NOP                ; 延时 2 μs，产生两次写时序间隔
                   DJNZ R7，Nextbitr   ; 循环实现接收 8 位数据
                   MOV R4，A           ; 数据送 R4 传回
                   RET
;  ***********************************************************
; 延时子程序：Delay
; 功能：根据调用传入的常数，产生延时
; 参数：通过 R7 传入循环程序的执行次数，即延时常数
; 调用产生的延时计算：((3 × (R7) + 2) + 3) μs，(R7) = 1 是最小延时 8 μs
;  ***********************************************************
        Delay：  NOP                  ; 1 个机器周期(1 μs)
        DL：     NOP                  ; 1 个机器周期(1 μs)
                 DJNZ R7，DL          ; 2 个机器周期(2 μs)
                 RET                  ; 1 个机器周期(1 μs)
```

习 题 五

5-1　什么是单片机的扩展总线？串行扩展总线与并行扩展总线相比有哪些特点？目前单片机应用系统中较为流行的串行扩展总线有哪些？

5-2　PC 机通过 RS-232 接口与 51 单片机通信时，通过什么方式完成 RS-232C 到 TTL

电平转换?

5-3 RS-232C 标准中的数据传输速率有何规定?

5-4 试述 RS-449、RS-422A 为什么要采用平衡输入、输出方式? 比较 RS-232C 有什么优点?

5-5 I^2C 总线一帧信息可传送多少数据? 对 SCL 来说,一帧对由多少个时钟构成? 怎样知道数据传送已被接收?

5-6 I^2C 总线上 SDA 传送数据有效时,SCL 是高电平还是低电平? 数据传送起始信号如何表达? 结束信号如何表达?

5-7 I^2C 总线只有两根连线(数据线和时钟线),如何识别扩展器件的地址? 写出 I^2C 总线器件地址 SLA 格式,如何识别相同器件地址?

5-8 51 单片机仿真 I^2C 总线时,P1.6 作为 SDA,P1.7 作为 SLC,编程实现数据传送起始信号的模拟。

5-9 简述 SPI 总线接口与 I^2C 总线接口通信原理的区别。

5-10 SPI 总线怎样控制数据输入及输出?

5-11 SPI 总线系统中连接多个外围器件,怎样选择器件进行数据传输?

5-12 简述单总线接口通信原理与数据传输过程。

5-13 单总线系统连接多个从机,怎样选择器件进行数据传输?

5-14 单总线系统通过一根线传输从机地址、数据和控制信息,对从机来说,如何识别不同功能的信息?

5-15 简述单总线系统中,主机启动一个从机的操作过程。

5-16 简述单总线系统中,主机向从机写一个字节数据和读一个数据的操作过程。

第6章　51单片机的接口与应用

　　在第4、5章中，我们给单片机扩展了各种外围功能芯片，构成了功能更为完善的单片机扩展系统。但一个实际单片机应用系统还需要配置一些外部设备。外部设备需要适当的接口控制电路与单片机连接，才能协调地工作，这就是接口问题。外设的种类很多，而且外设不同、用法不同，接口的方法、电路、涉及的应用程序等也随之而异。限于篇幅，本章只介绍几种最基本、最常用外围扩展器件芯片的接口技术。

6.1　按键、键盘及其接口

　　在单片机应用系统中，为了控制系统的工作状态以及向系统输入数据，应用系统一般都设有按键或键盘。例如，复位用的复位键，功能转换用的功能键以及数据输入用的数字键盘等。

6.1.1　键输入过程与软件结构

　　单片机应用系统中，按键或键盘的每一键都被赋予特定的功能，它们通过接口电路与单片机相连接，通过软件了解按键的状态及键信息的输入，并转去执行该键的功能处理程序。键盘的接口方法有多种，但键输入过程与软件结构基本是一样的。所以，在具体介绍键盘接口之前，先介绍键输入过程与软件结构，这样能更好地理解键盘的接口方法。

　　图6.1是51单片机应用系统的键输入软件框图。对一组键或键盘上的每一个键都有一个编号(称为键号)，CPU可以采用中断方式或查询方式了解有无键输入，并检查是哪一个键按下，将该键号送入累加器A，然后通过散转指令转入执行该键的功能程序，最后返回到原始状态。JMP @A+DPTR可以看成是键信息输入的软件接口。

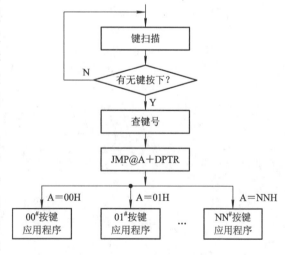

图6.1　51单片机键输入过程

6.1.2　键盘接口和键输入软件中应解决的几个问题

1．消除键抖动

按键的合断都存在一个抖动的暂态过程，如图 6.2 所示。这种抖动的暂态过程大约经过 5～10 ms 的时间，人的肉眼是觉察不到的，但对高速的 CPU 是有反应的，可能产生误处理。为了保证键动作一次，仅作一次处理，必须采取措施以消除抖动。

消除抖动的措施有两种：硬件消抖和软件消抖。

硬件消除抖动可用简单的 R-S 触发器或单稳电路构成，如图 6.3 所示。

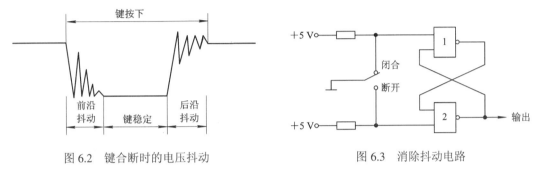

图 6.2　键合断时的电压抖动　　　　　　　　图 6.3　消除抖动电路

从图可知，当键闭合时，R-S 触发器输出为"0"，将与非门 1 封锁，即使键抖动，不会把抖动状态反应到输出上。

软件消除抖动是用延时来躲过暂态抖动过程，执行一段大于 10 ms 的延时程序后，再读取稳定的键状态。

2．键编码及键值

一组按键或键盘都要通过 I/O 线查询按键的开关状态。根据键盘结构不同，采用不同的编码方法。但无论有无编码，以及采用什么编码，最后都要转换成为与累加器中的数值相对应的键值，以实现按键功能程序的散转。

(1) 用键盘连接的 I/O 线的二进制组合表示键码。例如用 4 行、4 列线构成的 16 个键的键盘，可使用一个 8 位 I/O 口线的高、低 4 位口线的二进制数的组合表示 16 个键的编码，如图 6.4(a)所示。各键相应的键值为 88H、84H、82H、81H、48H、44H、42H、41H、28H、24H、22H、21H、18H、14H、12H、11H。这种键值编码软件较为简单直观，但离散性大，不便安排散转程序的入口地址。

(2) 顺序排列键编码，如图 6.4(b)所示。在这种方法中，键值的形成要根据 I/O 线的状态作相应处理。键码可按下式形成：

$$键码 = 行首键码 + 列号$$

3．键盘的监测方法

对于计算机应用系统，键盘扫描只是 CPU 工作的一部分，键盘处理只是在有键按下时才有意义。对是否有键按下的信息输入方式有中断方式与查询方式两种。

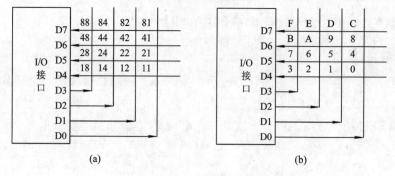

图 6.4　行列式键盘的编码与键值

(a) 二进制组合编码；(b) 顺序排列编码

6.1.3　独立式按键

1. 独立式按键接口结构

独立式按键是指直接用一根 I/O 口线构成的单个按键接口方式。每个独立式按键单独占用一根 I/O 口线，每根 I/O 口线上的按键的工作状态不会影响其他 I/O 口线的工作状态。独立式按键电路如图 6.5 所示。

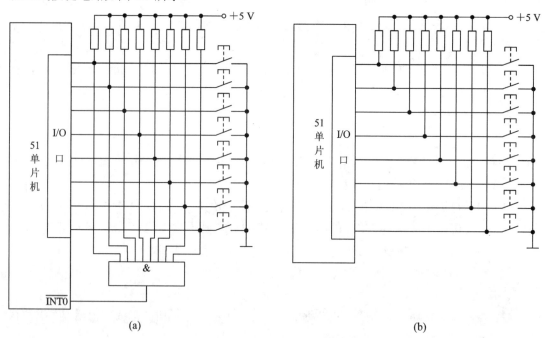

图 6.5　独立式按键的接口示意图

(a) 中断方式；(b) 查询方式

独立式按键接口电路配置灵活，软件结构简单，但每个按键必须占用一根 I/O 口线，在按键数量较多时，I/O 口线浪费较大。故在按键数量不多时，常采用这种按键结构。

图 6.5(a)为中断方式的独立式按键接口电路，图 6.5(b)为查询方式接口电路。通常按键输入都采用低电平有效。上拉电阻保证了按键断开时，I/O 口线上有确定的高电平。

2．独立式按键的软件结构

下面是查询方式的键盘程序。K0～K7 为功能程序入口地址标号，其地址间隔应能容纳 JMP 指令字节，PROM0～PROM7 分别为每个按键的功能程序。设 I/O 为 P1 口。

```
START: MOV   A，#0FFH
       MOV   P1，A              ；置 P1 口为输入状态
       MOV   A，P1              ；键状态输入
       JNB   ACC.0，K0          ；检测 0 号键是否按下，按下转
       JNB   ACC.1，K1          ；检测 1 号键是否按下，按下转
       JNB   ACC.2，K2          ；检测 2 号键是否按下，按下转
       JNB   ACC.3，K3          ；检测 3 号键是否按下，按下转
       JNB   ACC.4，K4          ；检测 4 号键是否按下，按下转
       JNB   ACC.5，K5          ；检测 5 号键是否按下，按下转
       JNB   ACC.6，K6          ；检测 6 号键是否按下，按下转
       JNB   ACC.7，K7          ；检测 7 号键是否按下，按下转
       JMP   START              ；无键按下返回，再顺次检测
   K0：  AJIMP  PROM0
   K1：  AJIMP  PROM1           ；入口地址表
   ⋮      ⋮
   K7：  AJIMP  PROM7
PROM0：…                        ；0 号键功能程序
       …
       JMP   START              ；0 号键功能程序执行完返回
PROM1：…                        ；1 号键功能程序
       …
       JMP   START              ；1 号键功能程序执行完返回
   ⋮      ⋮
PROM7：…                        ；7 号键功能程序
       …
       JMP   START              ；7 号键功能程序执行完返回
```

6.1.4　行列式键盘

行列式键盘又叫矩阵式键盘，用 I/O 口线组成行、列结构，按键设置在行列的交点上。例如 4×4 的行列结构可组成 16 个键的键盘。因此，在按键数量较多时，可以节省 I/O 口线。

1．行列式键盘的接口

行列式键盘的接口方法有许多。例如：直接接口于单片机的 I/O 口上；利用扩展的并行 I/O 接口；用串行口扩展并行 I/O 口接口；利用一种可编程的键盘、显示接口芯片 8279 进行接口等。其中，利用扩展的并行 I/O 接口方法方便灵活，在单片机应用系统中比较常用。本节针对这种方法介绍行列式键盘的接口原理。

图 6.6 是在扩展的 8155 的 PA 口和 PC 口上组成 4 × 8 键盘的示例。PA 口作为列线，PC0～PC3 作为行线。

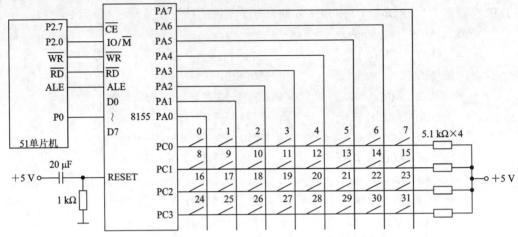

图 6.6 8155 扩展 I/O 口组成的行列式键盘

2. 键盘工作原理

按键设置在行、列线的交点上，行和列线分别连接到按键开关的两端。行线通过上拉电阻接 +5 V 电源，被箝位在高电平状态。

键盘的工作过程可分两步：第一步是 CPU 首先检测键盘上是否有键按下；第二步识别是哪一键按下。

检测键盘上有无键按下，可采用查询工作方式、定时扫描工作方式和中断工作方式。

1) 查询工作方式

键盘中有无键按下是由列线送出全扫描字，读入行线状态来判别的。其方法是：PA 口输出 00H，即所有列线置成低电平，然后从 PC 口读取行线值。如果有键按下，总会有一根行线电平被拉至低电平，从而使行输入不全为 "1"。

键盘中哪一个键按下是由列线逐列置低电平后，检查行输入状态，称为逐列扫描。其方法是：从 PA0 开始，依次输出 "0"，置对应的列线为低电平，然后从 PC 口读入行线状态，如果全为 "1"，则所按下之键不在此列；如果不全为 "1"，则所按下的键必在此列，而且是与 0 电平行线交点上的那个键。

为求取键码，在逐列扫描时，可用计数器记录下当前扫描列的列号，然后用列线值为 "0" 的行首键码加列号的办法计算。

依此原理可编写出键盘扫描子程序。键盘扫描子程序的流程框图如图 6.7 所示。

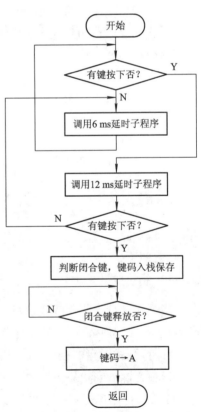

图 6.7 键盘扫描子程序流程图

键盘扫描子程序如下：

KEY1:	ACALL KS1	; 调用判断有无键按下子程序
	JNZ LK1	; 有键按下时，(A)≠0 转消抖延时
	AJMP KEY1	; 无键按下返回
LK1:	ACALL TM12S	; 调 12 ms 延时子程序
	ACALL KS1	; 查有无键按下，若有则真有键按下
	JNZ LK2	; 键(A)≠0 逐列扫描
	AJMP KEY1	; 不是真有键按下返回
LK2:	MOV R2，#0FEH	; 初始列扫描字(0 列)送入 R2
	MOV R4，#00H	; 初始列(0 列)号送入 R4
LK4:	MOV DPTR，#7F01H	; DPTR 指向 8155PA 口
	MOV A，R2	; 列扫描字送至 8155PA 口
	MOVX @DPTR，A	
	INC DPTR	; DPTR 指向 8155PC 口
	INC DPTR	
	MOVX A，@DPTR	; 从 8155PC 口读入行状态
	JB ACC.0，LONE	; 查第 0 行无键按下，转查第 1 行
	MOV A，#00H	; 第 0 行有键按下，行首键码 #00H→A
	AJMP LKP	; 转求键码
LONE:	JB ACC.1，LTWO	; 查第 1 行无键按下，转查第 2 行
	MOV A，#08H	; 第 1 行有键按下，行首键码 #08H→A
	AJMP LKP	; 转求键码
LTWO:	JB ACC.2，LTHR	; 查第 2 行无键按下，转查第 3 行
	MOV A，#10H	; 第 2 行有键按下，行首键码 #10H→A
	AJMP LKP	; 转求键码
LTHR:	JB ACC.3，NEXT	; 查第 3 行无键按下，转查下一列
	MOV A，#18H	; 第 3 行有键按下，行首键码 #18H→A
LKP:	ADD A，R4	; 求键码，键码 = 行首键码 + 列号
	PUSH ACC	; 键码进栈保护
LK3:	ACALL KS1	; 等待键释放
	JNZ LK3	; 键未释放，等待
	POP ACC	; 键释放，键码→A
	RET	; 键扫描结束，出口状态(A) = 键码
NEXT:	INC R4	; 准备扫描下一列，列号加 1
	MOV A，R2	; 取列扫描字送累加器 A
	JNB ACC.7，KEND	; 判断 8 列扫描否？扫描完返回
	RL A	; 扫描字左移一位，变为下一列扫描字
	MOV R2，A	; 扫描字送入 R2
	AJMP LK4	; 转下一列扫描

```
KEND:    AJMP  KEY1
KS1:     MOV   DPTR，#7F01H      ; DPTR 指向 8155PA 口
         MOV   A，#00H           ; 全扫描字→A
         MOVX  @DPTR，A          ; 全扫描字送往 8155PA 口
         INC   DPTR             ; DPTR 指向 8155PC 口
         INC   DPTR
         MOVX  A，@DPTR          ; 读入 PC 口行状态
         CPL   A                ; 变正逻辑，以高电平表示有键按下
         ANL   A，#0FH           ; 屏蔽高 4 位，只保留低 4 位行线值
         RET                     ; 出口状态：(A)≠0 时有键按下
TM12ms:  MOV   R7，#18H           ; 延时 12 ms 子程序
TM:      MOV   R6，#0FFH
TM6:     DJNZ  R6，TM6
         DJNZ  R7，TM
         RET
```

　　调用键盘扫描子程序时，应在调用程序中对 8155 进行初始化设置，使 PA 口为基本输出口，PC 口为基本输入口。子程序的出口状态：(A) = 键码。

　　2) 定时扫描工作方式

　　定时扫描工作方式是利用单片机内部定时器产生定时中断(例如 10 ms)，CPU 响应中断后，对键盘进行扫描，再检测是哪一键按下。定时扫描工作方式的键盘硬件电路与查询工作方式相同。其软件框图如图 6.8 所示。

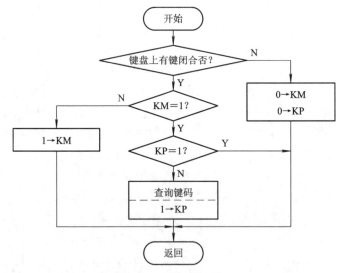

图 6.8　定时扫描方式程序框图

　　定时扫描工作方式本质上是中断方式。因此，图 6.8 是一个中断服务程序框图。KM、KP 分别是在单片机片内 RAM 位寻址区设置的消抖标志和键处理标志。当键盘上无键按下，KM、KP 置 0，返回。由于定时刚开始一般不会立即有键按下，故 KM、KP 初始化置 0。

　　当键盘上有键按下时，先检查 KM 标志，KM = 0 时，表示尚未作消除抖动处理，此时

中断返回同时 KM 置 1。因为中断返回后要经 10 ms 才可能再次中断，相当于实现了 10 ms 延时，因而程序中不需要延时。当再次定时中断后，再检查 KP 标志，由于开始时 KP = 0，程序进入查找键码，并使 KP 置 1，执行键功能程序，然后返回。在 KM、KP 均为 1 时，表示键处理完毕，再次定时中断时，都返回原来 CPU 状态。

3) 中断工作方式

计算机应用系统工作时，并不经常需要键输入。但无论是查询工作方式还是定时扫描工作方式，CPU 经常处于空扫描状态。为了提高 CPU 的效率，可采用中断工作方式。这种工作方式是当键盘上有键按下时，向 CPU 发一个中断请求信号，CPU 响应中断后，在中断服务程序中扫描键盘。中断请求信号的接口电路可参考图 6.5(a)。中断服务中扫描键盘的程序基本和查询工作方式键盘程序相同。

6.2　LED 显示器及其接口

发光二极管(LED，Light Emitting Diode)显示器是单片机应用系统中常用的显示器，它们具有成本低廉、配置灵活和与单片机接口方便的特点。本节主要介绍 LED 显示原理与接口方法。

6.2.1　LED 显示器结构与原理

LED 显示器是由发光二极管显示字段组成的显示器件。在单片机应用系统中通常使用的是七段 LED。这种显示器有共阴极和共阳极两种，如图 6.9 所示。共阴极 LED 显示器的结构如图 6.9(a)所示。其阴极并接在一起，构成公共端，由阳极控制字段点亮或熄灭。当发光二极管的阳极为高电平时，发光二极管点亮。共阳极 LED 显示器的结构如图 6.9(b)所示。其阳极并接在一起，作为公共选通端，由阴极控制字段点亮或熄灭。当发光二极管的阴极为低电平时，发光二极管点亮。在应用中，公共端用于控制某一位显示器是否选通，也称为位选通端。

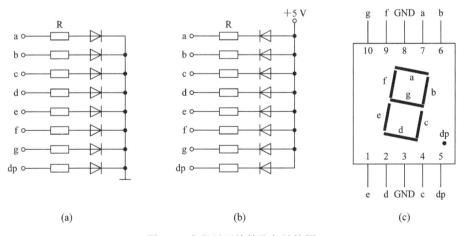

图 6.9　七段显示块管脚与结构图

(a) 共阴极；(b) 共阳极；(c) 管脚配置

通常的七段 LED 显示器中有八个发光二极管，其中七个发光二极管构成七笔字形"8"，一个发光二极管构成小数点。七段 LED 显示块的管脚如图 6.9(c)所示。从 g～a 管脚输出一个 8 位二进制码，可显示对应字符。譬如，在共阴极显示器上显示字符"1"，应是 b、c 段点亮，其他段熄灭，对应的二进制码为 00000110(06H)。通常把显示一个字符对应的 8 位二进制码称为段码。共阳极与共阴极的段码互为反码，如表 6.1 所示。

表 6.1 七段 LED 的段选码

显示字符	共阴极段选码	共阳极段选码	显示字符	共阴极段选码	共阳极段选码
0	3FH	C0H	C	39H	C6H
1	06H	F9H	D	5EH	A1H
2	5BH	A4H	E	79H	86H
3	4FH	B0H	F	71H	8EH
4	66H	99H	P	73H	8CH
5	6DH	92H	U	3EH	C1H
6	7DH	82H	Γ	31H	CEH
7	07H	F8H	y	6EH	91H
8	7FH	80H	8.	FFH	00H
9	6FH	90H	"灭"	00H	FFH
A	77H	88H	⋮	⋮	⋮
B	7CH	83H			

6.2.2 LED 显示器的显示方式

在单片机应用系统中可利用 LED 显示器灵活地构成所要求位数的显示器。

N 位 LED 显示器有 N 根位选线和 8×N 根段码线。根据显示方式的不同，位选线和段码线的连接方法不同。

1. LED 静态显示方式

LED 工作在静态显示方式下，公共端不受控，共阴极接地或共阳极接 +5 V；每一位的段选线(dp、g～a)与一个 8 位并行 I/O 口相连。图 6.10 是一个 4 位静态 LED 显示器接口示例。显示器的每一位可独立显示，只要从段码口输出一个段码，该位就保持显示相应字符。由于每一位由一个 8 位输出口输出段码，故在同一时刻各位可以显示不同的字符。

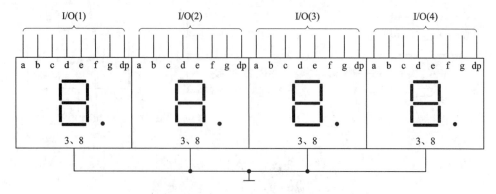

图 6.10 4 位 LED 静态显示接口示例

N 位静态显示器要求有 N × 8 根 I/O 口线，占用 I/O 口线较多。故在位数较多时，往往采用动态显示方式。

2. LED 动态显示方式

　　LED 动态显示是将所有位的段码线并接在一个 I/O 口上，共阴极端或共阳极端分别由相应的 I/O 口线控制。图 6.11 是一个 8 位 LED 动态显示器接口示意图。

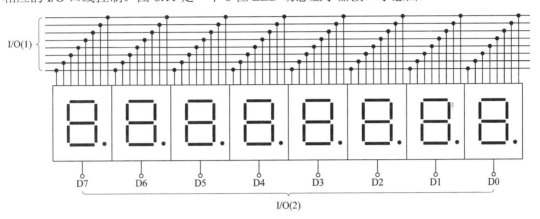

图 6.11　8 位 LED 动态显示接口示例

　　由于每一位的段码线都接在一个 I/O 口上，所以每送一个段码，如果公共端不受控制，则 8 位就显示同一个字符，这种显示器是不能用的。解决此问题的方法是利用人的视觉滞留，从段码 I/O 口上按位次分别送显示字符的段码，在位选控制口也按相应的次序分别选通对应的位(共阴极低电平选通，共阳极高电平选通)，选通位就显示相应字符，并保持几毫秒的延时，未选通位不显示字符(保持熄灭)。这样，对各位显示就是一个循环过程。从计算机的工作来看，在一个瞬时只有一位显示字符，而其他位都是熄灭的，但因为人的视觉滞留，这种动态变化是觉察不到的。从效果上看，各位显示器能连续而稳定的显示不同的字符。这就是动态显示。

6.2.3　LED 显示器接口

　　从 LED 显示原理可知，要显示各种字母、数字、符号，必须先转换成段码，这种转换称之为译码。译码有两种方式：硬件译码和软件译码。译码方式不同，接口所用器件以及接口电路也不同。

1. 硬件译码显示器接口

　　硬件译码是采用专门的转换器件芯片来实现字母、数字的二进制数值到段码的转换。这种转换芯片有许多，下面仅以 MC14495 介绍其接口方法。

　　MC14495 是 Motorola 公司生产的 CMOS BCD——七段十六进制锁存、译码驱动芯片。单片机应用系统中常要求 LED 显示十六进制及十进制带小数点的数，使用 MC14495 是非常方便的。图 6.12 是 MC14495 的内部逻辑及引脚图。

　　引脚信号 $\overline{\text{LE}}$ 是数据锁存控制端，在 $\overline{\text{LE}} = 0$ 时输入数据，在 $\overline{\text{LE}} = 1$ 时锁存数据；h + i 引脚信号是译码器输入大于等于 10 的指示端，当输入数据大于等于 10 时，该引脚输出高电平；$\overline{\text{VCR}}$ 是输入为 15 时的指示端，当输入数据为 15 时，该引脚输出为低电平。

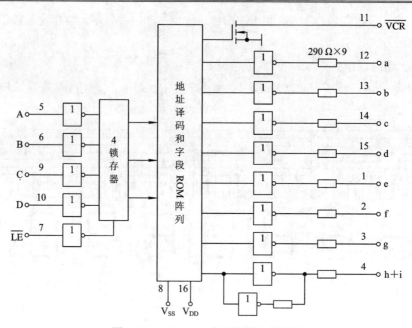

图 6.12　MC14495 内部逻辑与引脚图

　　图 6.13 是使用 MC14495 构成的多位 LED 静态显示接口电路，该电路可直接显示多位十六进制数。若要显示带小数点的十进制数，只要在 LED 的 dp 端另加驱动控制即可。LED 显示块采用共阴极形式。由于 MC14495 有输出限流电阻，故 LED 不须外加限流电阻。

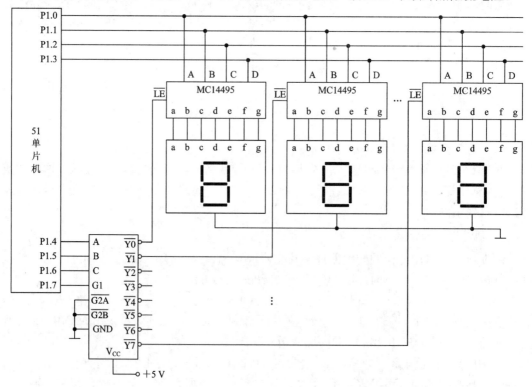

图 6.13　使用 MC14495 的多位 LED 静态显示接口

该接口电路对应的程序十分简单。当置 P1.7 为 1 时，开显示，由 P1.4、P1.5、P1.6 控制$\overline{\text{LE}}$依次选通一位 LED，然后由 P1.0～P1.3 输出 BCD 码，再使$\overline{\text{LE}}$变为高电平时锁存该位数据并译码、驱动显示。

2．软件译码显示器接口

软件译码是把各字符的段码组织在一个表中，要显示某字符时，先查表得到其段码，然后送往显示器的段码线。

单片机应用系统中，多采用软件译码的动态显示。图 6.14 是 51 单片机通过 8155 扩展 I/O 口控制的 8 位 LED 动态显示的接口。图中 PB 口输出段码，PA 口输出位选码。位选码占用输出口线数取决于显示器位数。BIC-8718 为 8 位集成驱动芯片。

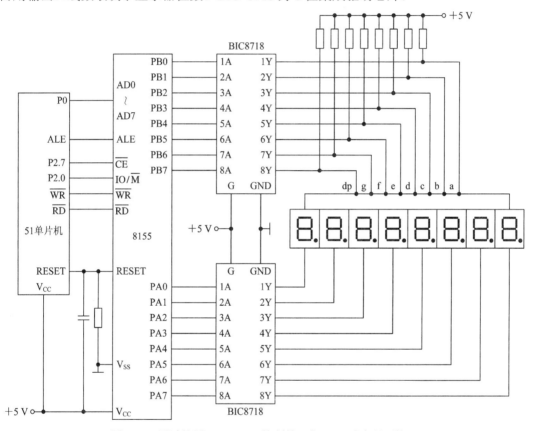

图 6.14　通过扩展 8155I/O 口控制的 8 位 LED 动态显示接口

3．动态显示程序设计

对于图 6.14 所示的动态显示接口，设 51 单片机片内 RAM 的 78H～7FH 单元为显示缓冲区，从低到高依次存放 8 个显示数据，以非压缩的 BCD 码存放。其动态显示程序如下：

```
DISPLAY:    MOV   A，#00000011B        ；8155 初始化
            MOV   DPTR，#7F00H         ；使 DPTR 指向 8155 控制寄存器端口
            MOVX  @DPTR，A
            MOV   R0，#78H             ；动态显示初始化，使 R0 指向缓冲区首址
```

```
                MOV  R3，#7FH          ; 初始位选字送 R3
                MOV  A，R3             ;
        LD0:    MOV  DPTR，#7F01H      ; 使 DPTR 指向 PA 口
                MOVX @DPTR，A          ; 输出位选字
                INC  DPTR             ; 使 DPTR 指向 PB 口
                MOV  A，@R0            ; 从显示缓冲区中读取显示数
                ADD  A，#0DH           ; 调整距段码表首的偏移量
                MOVC A，@A+PC          ; 查表取得段选码
                MOVX @DPTR，A          ; 段选码从 PB 口输出
                ACALL DL              ; 调用延时子程序
                INC  R0               ; 指向缓冲区下一单元
                MOV  A，R3             ; 位选码送累加器 A
                JNB  ACC.0，LD1        ; 判 8 位是否显示完毕，显示完返回
                RR   A                ; 未显示完，形成下一位选通字
                MOV  R3，A             ; 修改后的位选字送 R3
                AJMP LD0              ; 循环实现按位序依次显示
        LD1:    RET
        DSEG:   DB 3FH，06H，5BH；4FH，66H，6DH，7DH        ; 段码表
                DB 07H，7FH，6FH，77H，7CH，39H，5EH，79H
        DL:     MOV  R7，#02H          ; 延时子程序
        DL1:    MOV  R6，#0FFH
        DL0:    DJNZ R6，DL0
                DJNZ R7，DL1
                RET
```

6.2.4　键盘、显示器组合接口

根据键盘和显示器的工作原理，可将二者组合与单片机接口。这样既可简化接口电路，节省单片机的 I/O 口线，同时扫描程序可交替工作，提高程序执行效率。在键盘扫描程序中，为消除抖动而要调用一个延时子程序，组合接口后，可利用调用显示子程序来实现消抖延时，可达到一举两得的效果。

1. 键盘、显示组合接口电路

图 6.15 是一个采用 8155 并行扩展口构成的键盘、显示组合接口电路。图中设置了 32 个键。LED 显示器采用共阴极。显示器段码线接 8155PA 口，位选线接 PB 口。键盘的列线接 PB 口，与显示器的位选线公用，行线接 PC0～PC3。显然，因为键盘与显示器公用了 PB 口，比单独接口节省了一个 I/O 口。

2. 软件设计

由于键盘与显示组合成一个接口电路，因此在软件中合并考虑键盘查询与动态显示，键盘消抖的延时子程序可用显示子程序替代。

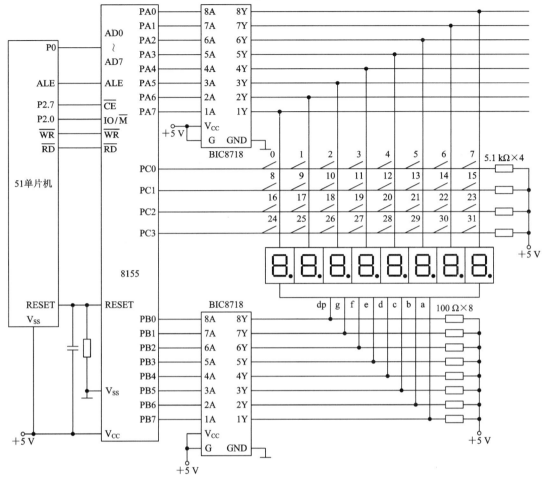

图 6.15　扩展 8155I/O 口的键盘、显示接口

参考程序如下：

KD1:	MOV　A，#03H	；初始化 8155PA、PB 口为基本输出，PC 口为输入
	MOV　DPTR，#7F00H	
	MOVX　@DPTR,A	
KEY1:	ACALL　KS1	
	JNZ　LK1	
	ACALL　DISPLAY	；调用显示子程序实现延时，防止抖动引起按键拒认
	AJMP　KEY1	；延时后再检测键盘
LK1:	ACALL　DISPLAY	；调用两次显示实现延时，防止抖动引起误处理
	ACALL　DISPLAY	
	ACALL　KS1	
	JNZ　LK2	
	ACALL　DISPLAY	
	AJMP　KEY1	
LK2:	MOV　R2，#0FEH	

```
                MOV   R4, #00H
LK4:            MOV   DPTR, #7F01H
                MOV   A, R2
                MOVX  @DPTR, A
                INC   DPTR
                INC   DPTR
                MOVX  A, @DPTR
                JB    ACC.0, LONE
                MOV   A, #00H
                AJMP  LKP
LONE:           JB    ACC.1, LTWO
                MOV   A, #08H
                AJMP  LKP
LTWO:           JB    ACC.2, LTHR
                MOV   A, #10H
                AJMP  LKP
LHR:            JB    ACC.3, NEXT
                MOV   A, #18H
LKP:            ADD   A, R4
                PUSH  ACC
LK3:            ACALL DISPLAY
                ACALL KS1
                JNZ   LK3
                POP   ACC
                RET
NEXT:           INC   R4
                MOV   A, R2
                JNB   ACC.7, KEND
                RL    A
                MOV   R2, A
                AJMP  LK4
KEND:           AJMP  KEY1
KS1:            MOV   DPTR, #7F01H
                MOV   A, #00H
                MOVX  @DPTR, A
                INC   DPTR
                INC   DPTR
                MOVX  A, @DPTR
                CPL   A
```

ANL　A，#0FH

　　　　RET

DISPLAY：见 6.2.3 节 8155 扩展动态扫描子程序。

6.3　LCD 显示器及其接口

　　液晶显示器(LCD，Liquid Crystal Display)是一种低功耗显示器件，具有显示内容丰富、体积小、重量轻、寿命长、使用方便、安全省电等优点，在计算器、万用表、袖珍式仪表和低功耗微机应用系统中得到广泛使用。

6.3.1　液晶显示器简介

　　液晶显示器的基本结构如图 6.16 所示。在两块透明电极板间夹持液晶材料，当液晶厚度小于数百微米时，界面附近的液晶分子发生取向并保持有序性，当电极板上施加受控的电场方向后就产生一系列电光效应，液晶分子的规则取向随即相应改变。液晶分子的规则取向形态有平行取向、垂直取向、倾斜取向三种，液晶分子的取向改变，即发生了折射率的异向性，从而产生光散射效应、旋光效应、双折射效应等光学效应。这就是 LCD 显示器的基本原理。

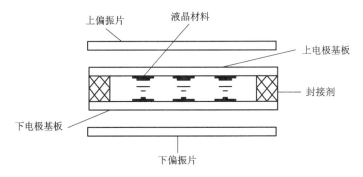

图 6.16　液晶显示器的原理结构

　　液晶显示器件的种类很多，实际应用中并非需要从原理、结构上去区分，而更多是从产品角度、驱动方式、显示颜色、显示方式上区分。从产品形式上液晶显示器可分为两大类：液晶显示器件(LCD)和液晶显示模块(LCM)；从驱动方式上可分为内置驱动控制器的液晶显示模块和无控制器的液晶显示器件两种；从显示颜色上可分为单色、彩色等；从显示方式上可分为正性显示、负性显示、段性显示、点阵显示、字符显示、图形显示、图像显示、非存储型显示、存储型显示等。实际应用中，可根据不同的显示要求选择合适的液晶显示器。

6.3.2　字符型液晶显示模块 LCM 的组成原理

1．液晶显示模块 LCM 简介

　　液晶显示器件是一种高新技术的基础元器件，其使用和装配比较复杂。为方便用户使用，将液晶显示器件与控制、驱动电路集成在一起，形成一个功能部件，提供一个标准的 LCD 控制驱动接口，用户只需按照接口要求进行操作就可控制 LCD 正确显示。这样就形成了实际应用中的液晶显示模块(LCD Module，LCM)。

实际使用中的通用液晶显示模块主要有通用段式液晶显示模块、通用段式液晶显示屏、点阵字符型液晶显示模块、点阵图形液晶显示模块等几种。通用段式液晶显示模块一般做成多个 8 段数码位和一些通用的提示符，使用比较简单，成本较低，一般用于数字化仪表。通用段式液晶显示屏本身不带控制器和驱动电路，显示内容只有比较简单的数码位，相对成本较低，必须使用具有液晶驱动能力的电路，一般用于电子产品，如电话机、计算器等。点阵字符型液晶显示模块可显示西文字符、数字、符号等，显示内容比较丰富，字符由 5×7 或 5×11 点阵块实现，但无法显示汉字和复杂图形。点阵字符型液晶显示模块的通用性好，一方面是它可适用各种领域，另一方面是不同的厂家、不同的型号的模块所用控制器相同或相互兼容。它们的主要区别仅是可显示字符数、屏幕大小、点阵大小不同，使用方法和软件基本相同。点阵图形液晶显示模块可以混合显示西文字符、符号、汉字、图形等，灵活性好，一般用于要求显示汉字、图形、人机交互界面等内容复杂的仪器设备。不同厂家、不同型号的点阵图形液晶显示模块所使用的控制器可能不同，因而相应的接口特性、指令系统也有所不同，使用时除需选择点阵数、尺寸外，还要注意所选控制器的型号。

从上面介绍可看出，不同的液晶显示模块其显示性能和显示控制是有较大区别的，应用中应根据不同的显示要求灵活选取。本节仅以点阵字符型液晶显示模块为例介绍其组成原理和应用。

2. 字符型 LCM 的组成原理

点阵字符型液晶显示模块包括液晶显示器件、控制器、字符发生器、译码驱动器等部分。字符型液晶显示模块上常采用内置式 HD44780 驱动控制器的集成电路。下面针对 HD44780 介绍字符型液晶显示模块的组成及工作原理。

HD44780 集成电路的内部结构如图 6.17 所示。在 HD44780 内部集成了输入输出缓存器、指令寄存器(IR)、指令解码器(ID)、地址计数器(AC)、数据寄存器(DR)、80×8 位数据显示 RAM(DDRAM)、192×8 位字符产生器 ROM(CGROM)、光标闪烁控制器、并行串行转换等 11 个单元电路。

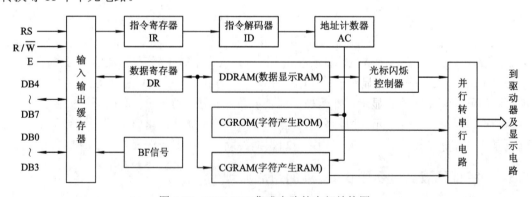

图 6.17 HD44780 集成电路的内部结构图

(1) 数据显示 RAM(Data Display RAM，DDRAM)。这个存储器用来存放所要显示的数据，只要将字符的 ASCII 码放入 DDRAM 中，内部控制电路就会自动将数据传送到显示器上。例如，要显示字符 "C"，只需将 ASCII 码 43H 存入 DDRAM 中就可以了。DDRAM 有 80 字节空间，总共可显示 80 个字(每个字占 1 个字节)，其存储地址与实际显示位置的排列顺序与字符型液晶显示模块的型号有关。不同类型的字符型液晶显示模块显示位置、地址之间的对应关系见表 6.2。

表 6.2　不同类型的液晶显示模块显示位置、地址之间的对应关系

液晶显示模块类型	DDRAM 地 址	显示位置												
		0	1	2	3	…	12	13	14	15	16	17	18	19
16 字 × 1 行	第一行	00	01	02	03	…	0C	0D	0E	0F				
20 字 × 2 行	第一行	00	01	02	03	…	…	…	…	0F	10	11	12	13
	第二行	40	41	42	43	…	…	…	…	4F	50	51	52	53
20 字 × 4 行	第一行	00	01	02	03	…	…	…	…	0F	10	11	12	13
	第二行	40	41	42	43	…	…	…	…	4F	50	51	52	53
	第三行	14	15	16	17	…	…	…	…	23	24	25	26	27
	第四行	54	55	56	57	…	…	…	…	63	64	65	66	67

(2) 字符产生器 ROM(Character Generator ROM，CGROM)。这个存储器储存了 192 个 5×7 点阵字符，CGROM 中的字符要经过内部转换才会传到显示器上，只能读出不能写入。字符的排列方式及字符码与标准的 ASCII 码相同，例如，字符码 31H 为字符"1"，字符码 43H 为字符"C"。

(3) 字符产生器 RAM(Character Generator RAM，CGRAM)。这个存储器是供用户储存自己设计的特殊字符码，CGRAM 共有 512 位(64×8 位)。一个 5×7 点阵字型为 8×8 位，所以 CGRAM 最多可存 8 个字符。

(4) 指令寄存器(Instruction Register，IR)。指令寄存器用于存储微处理器写给字符型液晶显示模块的指令码。

(5) 数据寄存器(Data Register，DR)。数据寄存器是存储微处理器与 CGRAM、DDRAM 之间传送数据的缓冲器，即微处理器与 CGRAM、DDRAM 传送数据时必须经 DR。

(6) 忙碌信号(Busy Flag，BF)。BF 是内部的一个标志位，可通过指令读取，进行查询。BF = 1，表示 LCM 内部正在处理数据，不能接受微处理器送来的指令或数据；BF = 0，表示 LCM 空闲，可以接受微处理器的指令或数据。微处理器向 LCM 传送指令或数据之前，必须先查看 BF 是否为 0。

(7) 地址计数器(Address Counter，AC)。地址计数器用于指示 CGROM 或 CGRAM 或 DDRAM 的地址，也对应着显示器的显示位置。使用地址设定指令写到指令寄存器后，地址数据会经过指令解码器存入地址记数器中。当微处理器从 DDRAM 或 CGROM 或 CGRAM 读取数据时，地址计数器按照微处理器对 LCM 的设定值自动进行修改。

3. 内置 HD44780 的 LCM 引脚信号

内置 HD44780 驱动控制器的字符型液晶显示模块提供了标准接口信号，可方便地与单片机连接，其引脚信号如图 6.18 所示。HD44780 是字符型液晶显示模块控制器的典型集成电路，目前内置该驱动控制器

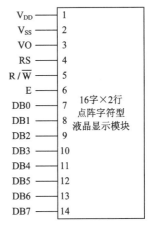

图 6.18　内置 HD44780 的 LCM 引脚信号

的液晶显示模块的生产厂家和具体型号都较多，如北京精电蓬远显示技术有限公司的 MDL(S)-16263、深圳航通科技有限公司的 HT162A、EPSON 公司的 EA-D16025 等，它们的引脚数和封装都相同。

DB7～DB0：8 条数据线，用于微处理器与字符型液晶显示模块之间交换数据或命令。

VO：对比度调整电压输入端。在使用中接可调电压，如电位器的滑动端，用来调整液晶显示屏的对比度。

V_{DD}：电源电压输入端。接 +5 V 单电源电压。

V_{SS}：参考地端。接工作电源参考地。

RS：寄存器选择输入端。当输入高电平时，选择数据寄存器；输入低电平时选择指令寄存器。

R/$\overline{W}$：读/写选通信号输入端。当输入高电平时，对液晶显示模块进行读操作；当输入低电平时，对液晶显示模块进行写操作。

E：使能信号输入端。当输入高电平时，可对液晶显示模块进行读/写操作；当输入低电平时，液晶显示模块不工作。

目前常用的字符型液晶显示模块的类型用 16 字 × 1 行、16 字 × 2 行、20 字 × 2 行和 40 字 × 2 行，它们都具有相同的输入/输出接口。

6.3.3　LCM 的命令字

在应用 LCM 进行显示控制时，通过其引脚线发送相应命令和数据到内部指令寄存器或数据寄存器中，控制 LCM 完成相应的显示功能。内置 HD44780 驱动控制器的字符型液晶显示模块可以使用的指令共有 11 条，其指令格式如表 6.3 所示。

表 6.3　LCM 指令格式定义一览表

指令序号	选择状态			指令控制字								指令功能
	RS	R/$\overline{W}$	E	DB7	DB6	DB5	DB4	DB3	DB2	DB1	DB0	
1	0	0	1	0	0	0	0	0	0	0	1	清屏
2	0	0	1	0	0	0	0	0	0	1	×	光标归位
3	0	0	1	0	0	0	0	0	1	I/D	S	模式设置
4	0	0	1	0	0	0	0	1	D	C	B	显示器 ON/OFF 控制
5	0	0	1	0	0	0	1	S/C	R/L	×	×	设定显示器或光标移动方向
6	0	0	1	0	0	1	DL	N	F	×	×	功能设定
7	0	0	1	0	1	CGRAM 地址(6 位)						设定 CGRAM 地址
8	0	0	1	1	DDRAM 地址(7 位)							设定 DDRAM 地址
9	0	1	1	BF	AC 的内容 7 位(AC0～AC6)							读取忙碌信号或 AC 地址
10	1	0	1	写入到液晶显示模块的 8 位数据								数据写入 DDRAM 或 CGRAM 中
11	1	1	1	读出的 8 位数据								从 DDRAM 或 CGRAM 读出数据

注：表中的"×"可以为"0"或"1"。

下面对表 6.3 中的指令功能及格式定义做进一步说明。

1. 清屏指令

该指令的功能是清除液晶显示器(即将 DDRAM 的内容全部填入"空白"的 ASCII 代码 20H)，光标撤回到液晶显示屏的左上方，将地址计数器(AC)的值设为 0。指令执行时间为 1.64 μs。

2. 光标归位指令

该指令的功能是将光标撤回到液晶显示屏的左上方，地址计数器(AC)的值设为 0，保持 DDRAM 的内容不变。指令执行时间为 1.64 μs。

3. 模式设置指令

该指令的功能是设定每次写入 1 个数据后光标的移位方向，并且设定每次写入的一个字符是否移动。指令执行时间为 40 μs。根据指令表 6.3 中模式设置指令的 I/D、S 位的不同状态组合，可设定如表 6.4 所示的 4 种模式操作。

表 6.4　模式设置设定情况

I/D	S	设 定 情 况
0	0	光标左移一格，并且 AC 的值减 1
0	1	显示器的字符全部右移一格，但光标不动
1	0	光标右移一格，并且 AC 的值加 1
1	1	液晶显示器的字符全部左移一格，但光标不动

4. 显示器 ON/OFF 控制指令

该指令的功能是控制显示器开/关，光标开/关，决定光标是否闪烁。由指令表 6.3 中定义的 D、C、B 三位来设定。

D 位控制显示器开(ON)或关(OFF)。D = 1 时，显示；D = 0 时，不显示。

C 位控制光标开(ON)或关(OFF)。C = 1 时，显示光标；C = 0 时，不显示光标。

B 位控制光标是否闪烁。B = 1 时，光标闪烁；B = 0 时，光标不闪烁。

指令执行时间为 40 μs。

5. 设定显示器或光标移动方向指令

该指令的功能是控制光标移位或使整个显示字幕移位。指令执行时间为 40 μs。

根据表 6.3 定义的 S/C、R/L 两位编码，有表 6.5 所示的四种设定情况。

表 6.5　光标、显示器的字符移动设定

S/C	R/L	设 定 情 况
0	0	光标左移一格，并且 AC 的值减 1
0	1	光标右移一格，并且 AC 的值加 1
1	0	显示器的字符全部左移一格，但光标不动
1	1	显示器的字符全部右移一格，但光标不动

6. 功能设定指令

通过该指令可设定数据长度、显示行数和字型。由表 6.3 中定义的 DL、N、F 三位来设定。

DL 用于设定数据的长度。DL = 1 时，数据为 8 位；DL = 0 时，数据为四位。

N 用于设定显示行数。N = 1 时，显示 2 行；N = 0 时，显示一行。

F 用于设定字型。F = 1 时，选定 5×10 点阵字型；F = 0 时，选定 5×7 点阵字型。

功能的指令执行时间为 40 μs。

7. 设定 CGRAM 地址指令

设定下一个存入数据的 CGRAM 地址。从表 6.3 中的指令格式定义可知，指令的最高 2 位为 01，作该指令的标志，低 6 位用来设定地址。指令执行时间为 40 μs。

8. 设定 DDRAM 地址指令

设定下一个存入数据的 DDRAM 地址，即设定字符在显示器上的显示位置。从表 6.3 中的指令格式定义可知，指令的最高位为 1，作该指令的标志，低 7 位用来设定地址。指令执行时间为 40 μs。

不同显示方式，显示字符在 DDRAM 的地址与显示位置的影响关系如表 6.6 所示。

表 6.6　字符型液晶显示模块的地址分布

显示方式	地址分布	显示方式	地址分布
16 字×1 行	80H～8FH	20 字×1 行	80H～93H
16 字×2 行	第一行 80H～8FH	20 字×2 行	第一行 80H～93H
	第二行 C0H～CFH		第二行 C0H～D3H
16 字×4 行	第一行 80H～8FH	20 字×4 行	第一行 80H～93H
	第二行 C0H～CFH		第二行 C0H～D3H
	第三行 90H～9FH		第三行 94H～A7H
	第四行 D0H～DFH		第四行 D4H～E7H

9. 读取忙碌状态和 AC 地址指令

通过该指令可读取忙碌信号和 AC 地址，指令执行时间为 40 μs。

由表 6.3 中的指令格式定义可知，从 LCM 数据寄存器读取的 8 位数据的最高位 DB7 表示忙碌状态，低 7 位是地址计数器(AC)的地址。当最高位 BF = 1 时，表示在忙碌中，LCM 无法接收数据；当 BF = 0 时，表示空闲，LCM 可以接收数据。

10. 数据写入到 DDRAM 或 CGRAM 中的指令

通过该指令可将字符码写入 DDRAM 中，以使液晶显示屏显示出相应字符，或将使用者自己设计的图形码存入 CGRAM 中。从表 6.3 中的指令格式定义可知，只要使 LCM 的控制信号线有效(RS = 1、R/$\overline{W}$ = 0、E = 1)，就可将 8 位数据写入到 DDRAM 或 CGRAM 的指定地址单元中。指令执行时间为 40 μs。

11. 从 CGRAM 或 DDRAM 读取数据指令

从表 6.3 中的指令格式定义可知，只要使 LCM 的控制信号线有效(RS = 1、R/$\overline{W}$ = 1、E = 1)，就可读出 DDRAM 或 CGRAM 中指定地址单元的 8 位数据。指令执行时间为 40 μs。

6.3.4　字符型 LCM 的接口及应用举例

1. 内置 HD44780 的字符型 LCM 与 51 单片机的接口电路

在设计字符型 LCM 与单片机的接口电路时，一般是将 LCM 与单片机的并行 I/O 口连接，通过并行口产生 LCM 的控制信号、输出相应命令，控制 LCM 实现显示要求。在设计接口电路和应用程序时，应特别注意以下问题：

(1) 对字符型 LCM 进行读/写操作不是利用单片机的读/写信号，而是通过对 LCM 引脚信号线(RS、R/$\overline{\text{W}}$、E)的控制来完成的。

(2) 字符型 LCM 的数据总线不是三态总线，所以在调试阶段，R/$\overline{\text{W}}$ 引脚为低电平，以保证 LCM 处于写状态；如果 R/$\overline{\text{W}}$ 引脚为高电平，则 LCM 处于读状态，会造成数据总线混乱，形成死机现象。

(3) 由于 51 单片机复位后 4 个并行口都为 FFH，所以，与 R/$\overline{\text{W}}$ 的连接线要经过反相器反相连接，以保证上电复位时，LCM 处在正确的初始状态。

图 6.19 是 51 系列单片机驱动字符型液晶显示模块的接口示例。单片机通过并行接口 P0 和 P1 口的操作，间接地实现对字符型 LCM 的控制。在编制程序时，对 LCM 控制信号 (RS、R/$\overline{\text{W}}$、E)的要求是：写操作时，使能信号 E 的下降沿有效。读操作时，使能信号 E 在高电平有效；在控制顺序上，先设置 RS、R/$\overline{\text{W}}$ 状态，再设置 E 信号为高电平。

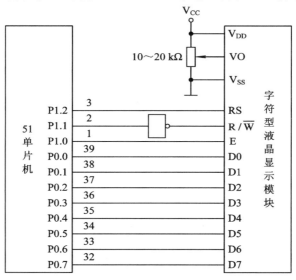

图 6.19　51 单片机与字符型 LCM 的接口

2. LCM 初始化

对 LCM 初始化，就是通过所连接的并行接口产生所要求的控制信号和指令，实现显示要求。LCM 驱动控制器的指令是通过接口电路设置相应命令码，主要通过相应程序模拟来实现。单片机对液晶显示模块的操作可分为四种情况：读 "忙" 状态、写指令、读数据、写数据。因此在 LCM 应用程序中通常包括查看忙碌信号、写指令到指令寄存器 IR、将数据写到数据寄存器 DR、清除液晶显示器、启动字符型液晶显示模块等 5 个初始化子程序。这样在 LCM 显示控制应用程序中，通过调用这 5 个初始化子程序，可很方便地设计各种显示功能的应用程序。下面针对图 6.19 所示接口电路，说明 5 个初始化子程序。

1) 查看忙碌信号的子程序

对单片机来说，LCM 是一个慢速的外部设备，单片机每发送一个指令到 LCM，至少要 40 μs 时间才能完成相应操作。当单片机要对 LCM 送指令以前，必须先检查 LCM 是否空闲，在确定 LCM 空闲时，才能发送指令。检查忙碌信号的子程序(CheckBusy)：

```
CheckBusy:    PUSH    ACC
CheckBusyLoop: CLR    P1.2              ；设定 RS = 0，选择指令寄存器
              CLR     P1.1              ；设定 R/W = 1，选择读模式
              CLR     P1.0              ；使 LCM 的使能信号 E 为低电平
              SETB    P1.0              ；使 LCM 进入读操作状态
              MOV     A, P0             ；读取 LCM 的状态信息
              CLR     P1.0              ；暂时禁止 LCM 工作
              JB      ACC.7，CheckBusyLoop  ；检测 BF 是否为"1"，若为"1"，则检测等待
              POP     ACC               ；若 BF 为"0"，保存状态信息
              LCALL   DELAY             ；调用延时子程序，保证数据操作有效稳定
              RET
DELAY：        MOV     R6，#05H          ；延时子程序，延时的时间约为 2.5 ms，设振荡
                                        ；频率为 6 MHz
D1:           MOV     R7，#248
              DJNZ    R7，$
              DJNZ    R6，D1
              RET                       ；返回主程序
```

2) 将指令码写到 IR 指令寄存器的子程序(Write Instruction)

```
Write Instruction：
              LCALL   CheckBusy         ；调用检查忙碌信号子程序
              CLR     P1.0
              CLR     P1.2              ；设定 RS = 0，选择指令寄存器
              SETB    P1.1              ；设定 R/W = 0，进入写操作状态
              SETB    P1.0              ；使 E = 1
              MOV     P0，A             ；将 ACC 中的指令码传送到 LCM
              CLR     P1.0              ；使 E 端产生下降沿，将指令写入 IR
              RET
```

3) 将数据写到 DR 数据寄存器的子程序(Write LCD Data)

```
Write        LCD Data:
              LCALL   CheckBusy         ；调用检测子程序，确定 LCM 不忙碌，可以执行指令
              CLR     P1.0
              SETB    P1.2              ；设定 RS = 1，选择数据寄存器
              SETB    P1.1              ；设定 R/W = 0，选择写模式
              SETB    P1.0              ；令字符型 LCM 可以使能
```

```
        MOV    P0，A        ；将存在 ACC 内的数据经过单片机的 P0 口输出到字符型 LCM
        CLR    P1.0            ；写入数据，使字符型 LCM 禁止使能
        RET
```

4) 清除显示器的子程序(CLS)

由于清除显示器指令是属于写数据到 IR 指令寄存器中的一个，所以在编写程序时，只需将消除指令 00000001B 即 01H 存入 ACC，再调用 Write Instruction 子程序。

```
    CLS：   MOV    A ，#01H            ；将消除显示器指令码 01H 放入 ACC
           LCALL  Write Instruction  ；调用 Write Instruction 子程序
           RET
```

5) 启动字符型 LCM 的子程序(Initial)

只要字符型 LCM 供电电源符合图 6.20 所示的要求，打开电源后会自动清除显示器。在一般情况下，电源打开的时序都是足以符合要求的。

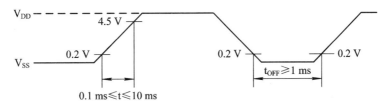

图 6.20　使字符型 LCM 产生自动启动的电源要求

加电启动后还需根据显示的功能要求，依次下达设定功能指令、显示器 ON/OFF 控制指令与设定进入模式指令，显示器才能正确工作。

在将指令码写到 IR 指令寄存器的子程序(Write Instruction)的基础上，只要根据表 6.3 中的命令字格式设定功能、显示器 ON/OFF 控制、模式设置指令，调用 Write Instruction 子程序，即可对字符型 LCM 进行设置。例如，要让字符型 LCM 设定数据长度为 8 位、显示两行、使用 5×7 点阵的字型字符、光标要显示但不闪烁、每显示一个字符，光标向右移动一格。下面是启动字符型液晶显示模块的子程序。

```
    Initial：MOV   A ，#38H        ；功能设定指令为 38H，即设定为数据长度为 8 位、
                                    ；显示两行、5×7 点阵的字型
            LCALL  Write Instruction ；调用 Write Instruction 子程序
            MOV    A ，#0EH    ；ON/OFF 控制指令为 0EH，即显示字符、显示光标但不闪烁
            LCALL  Write Instruction
            MOV    A ，#06H    ；模式设置指令为 06H，每次将数据输入 DDRAM 以后，
                                    ；光标向右移动一格
            LCALL  Write Instruction
            RET
```

3. 应用举例

下面用三个应用程序来说明内置 HD44780 的字符型 LCM 在使用中的编程问题。这三个程序分别是让字符型液晶显示模块显示字符 "C"、让字符型液晶显示模块显示 2 行字串 "WELLCOME" 与 "TESTLCD" 和显示 "WELLCOME TO USE THE LCM"。在编写程序时，

例 1 和例 2 是通过反复调用字符型 LCM 的 5 个初始化子程序来实现显示要求，而例 3 则是根据单片机对字符型 LCM 的显示控制流程来编写的，可加深对字符型 LCM 的理解和使用。

例 1 让字符型 LCM 显示 "C" 字符。

程序如下：

```
            ORG      0000H            ; 程序从地址 0000H 开始存放
            JMP      BEGIN            ; 跳到 BEGIN 处执行程序
            ORG      0030H
    BEGIN:  LCALL    Initial          ; 调用启动字符型 LCM 子程序
            LCALL    CLS              ; 调用清除显示器子程序
            MOV      A，#80H           ; 80H 是设定 DDRAM 的地址为 00H 的指令
                                      ; 码，即第一行第一列的位置
            LCALL    Write Instruction ; 调用将指令码写到 IR 指令寄存器的子程序
            MOV      A，#43H           ; 将 "C" 字符的 ASCII 码放入累加器内
    LOOP:   LCALL    Write LCD Data    ; 调用将数据写到 DR 数据寄存器的子程序
            JMP  BEGIN
            END
```

例 2 让字符型液晶显示模块显示 2 行字串 "WELLCOME" 和 "TESTLCD"。

2 行字串 "WELLCOME" 和 "TESTLCD" 的显示格式和要求如下：

显示位置	1	2	3	4	5	6	7	8	9	10	11	12	13	14	15	16
第 1 行	W	E	L	L	C	O	M	E								
第 2 行	T	E	S	T	L	C	D									

程序如下：

```
            ORG      0000H
            JMP      BEGIN
            ORG      0030H
    BEGIN：  LCALL   Initial           ; 调用启动字符型液晶显示模块的子程序
            LCALL   CLS               ; 调用清除显示器子程序
            MOV A，#80H                ; 设定 DDRAM 的地址指令为 80H，即 7 位地址
                                      ; 为 0，控制将光标移到第一行第一列的位置上
            LCALL Write Instruction   ; 调用将指令码写到 IR 指令寄存器的子程序
            MOV DPTR，#LINE1           ; DPTR 指向第 1 行字符串地址
            LCALL    STRING           ; 调用显示字符串子程序
            MOV A，#C0H                ; 设置 DDRAM 地址指令为 C0H，即将光标移
                                      ; 到第二行第一列的位置上
            LCALL   Write Instruction ; 调用将指令码写到 IR 指令寄存器的子程序
            MOV   DPTR，#LINE2         ; DPTR 指向第 2 行字符串地址
            LCALL   STRING
            JMP      BEGIN            ; 循环实现重复显示
```

```
STRING： PUSH  ACC              ; 显示一个字符串子程序
PLOOP：  CLR   A
        MOVC A ， @A+DPTR         ; 查表取得字符串中一个字符 ACC
        JZ  ENDPR                ; 判断是否为字符串结束符
        LCALL Write LCD Data     ; 调用将数据写到 DR 数据寄存器的子程序
        INC   DPTR               ; 使 DPTR 指向字符串的下一个字符
        JMP   PLOOP              ; 跳到标记 PLOOP 处继续执行程序
ENDPR： POP   ACC
        RET
LINE1： DB 'WELLCOME'，00H        ; 显示屏上显示出的第一行字符串
LINE2： DB 'TESTLCD'，00H         ; 显示屏上显示出的第二行字符串
        END
```

例3　让字符型液晶显示模块按要求显示"WELLCOME TO USE THE LCM"。
要求显示格式如下：

显示位置	1	2	3	4	5	6	7	8	9	10	11	12	13	14	15	16
第1行	W	E	L	L	C	O	M	E		T	O			U	S	E
第2行	T	H	E											L	C	M

例 1 和例 2 是通过反复调用字符型 LCM 的 5 个初始化子程序来实现显示要求的，其特点是程序比较简练且通用性较好，但必须了解字符型 LCM 初始化过程及其初始化子程序的编写。为加深初学者对字符型 LCM 的理解和使用，本例结合单片机对字符型 LCM 的具体显示控制流程来编写应用程序。对于图 6.19 所示的 LCM 接口，设单片机片内 RAM 的40H～5FH 共 32 个单元为显示缓冲区，其中 40H～4FH 这 16 个单元对应液晶显示模块的第一行，50H～5FH 这 16 个单元对应液晶显示模块的第二行。其显示控制程序清单如下：

```
        ORG  0000H
        JMP   BEGIN
        ORG  0030H
BEGIN： MOV  SP，#20H
        MOV  DPTR，#TAB           ; DPTR 指向显示字符串数据表首址
        MOV  R7，#32              ; 共 32 个字符
        MOV  R1，#40H             ; 设置单片机显示缓冲区的首地址
BUF：    CLR  A                   ; 将 32 个字符的 ASCII 码送到显示缓冲区
        MOVC  A，@A+DPTR
        MOV  @R1，A
        INC  DPTR
        INC  R1
        DJNZ R7，BUF
        CLR  P1.0
        SETB  P1.0               ; 产生一正脉冲，使 LCM 进入受控工作状态
```

```
                MOV  A，#38H          ; 功能设置为 8 位、双行显示、5×7 点阵
                ACALL  WRI            ; 调用写命令字子程序
                MOV  A，#01H          ; 01H 为清屏命令
                ACALL  WRI
                MOV  A，#0FH          ; 开显示，开光标、光标闪烁
                ACALL  WRI
                MOV  A，#06H          ; 进入模式设置，显示字符不移位，光标右移
                ACALL  WR1
                MOV  A，#80H          ; 写入 DDRAM 首地址(第一行)
                ACALL  WRI
                MOV  R0，#40H         ; R0 指向显示缓冲区的首地址
                MOV  R7，#16          ; 第一行共显示 16 个字符
DDRAM1:         ACALL  RDI
                INC  R0
                DJNZ  R7，DDRAM1
                MOV  A，#C0H          ; 写入 DDRAM 首地址(第二行)
                SETB  P1.0
                ACALL  WRI
                MOV  R0，#50H         ; 显示缓冲区的第二行首地址
                MOV  R7，#16          ; 第二行共显示 16 个字符
DDRAM2:         ACALL  RDI
                INC  R0
                DJNZ  R7，DDRAM2
WRI:            MOV  R3，A            ; 把控制字保存在 R3 中
                CLR  P1.2            ; RS = 0，选择指令寄存器
                CLR  P1.1            ; R/W = 1，检查"忙"状态
BUSY1:          MOV  A，P0            ; 读取忙碌信号
                RLC  A
                JC  BUSY1            ; "BF = 1"，等待
                SETB  P1.1           ; R/W = 0，进入写方式
                CLR  P1.0            ; 写入指令码
                SETB  P1.0
                MOV  A，R3
                ACALL  DL0           ; 延时，确保数据操作有效稳定
                RET
RDI:            CLR  P1.2            ; RS = 0，选择指令寄存器
                CLR  P1.1            ; R/W = 1，读"忙"标志
BUSYD:          MOV  A，P0            ; 读取忙碌信号字
                RLC  A
```

```
                JC    BUSYD                ；"BF = 1"，等待
                SETB  P1.2                 ；RS = 1，选择数据寄存器
                SETB  P1.1                 ；R/W̄ = 0，向 LCM 写数据
                CLR   P1.0
                SETB  P1.0
                MOV   A，@R0               ；从显示缓冲区取出数据
                MOV   P0，A                ；将数据写入到 LCM，进行显示
                CLR   P1.0
                ACALL DL0                  ；延时，确保数据操作有效稳定
                RET
    DL0：       MOV   R2，#7FH             ；延时约 128 ms，设振荡频率为 6 MHz
    DL1：       MOV   R4，#0FAH
    DL2：       DJNZ  R4，DL2              ；延时约 1 ms
                DJNZ  R2，DL1
                RET
    TAB：       DB 57H，45H，4CH，4CH，43H，4FH，4DH，45H ；字符串 ASCII 码数据表
                DB 20H，54H，4FH，20H，20H，55H，53H，45H
                DB 54H，48H，45H，20H，20H，20H，20H，20H
                DB 20H，20H，20H，20H，20H，4CH，43H，4DH
                END
```

6.4　A/D 转换器接口

6.4.1　A/D 转换器概述

在单片机测控应用系统中，被采集的实时信号有许多是连续变化的物理量。由于计算机只能处理数字量，所以就需要将连续变化的物理量转换成数字量，即 A/D 转换。这就涉及到 A/D 转换的接口问题。

在设计 A/D 转换器与单片机接口之前，往往要根据 A/D 转换器的技术指标选择 A/D 转换器。为此，先介绍一下 A/D 转换器的主要技术指标。

量化间隔和量化误差是 A/D 转换器的主要技术指标之一。量化间隔可用下式表示：

$$\Delta = \frac{满量程输入电压}{2^n - 1} \approx \frac{满量程输入电压}{2^n}$$

其中：n 为 A/D 转换器的位数。

量化误差有两种表示方法：一种是绝对误差；另一种是相对误差。

$$绝对误差 = \frac{量化间隔}{2} = \frac{\Delta}{2}$$

$$相对误差 = \frac{1}{2^{n+1}} \times 100\%$$

A/D 转换器芯片种类很多，按其转换原理可分为逐次逼近式、双重积分式、量化反馈式和并行式 A/D 转换器；按其分辨率可分为 8～16 位的 A/D 转换器芯片。目前最常用的是逐次逼近式和双重积分式。

逐次逼近式转换器的常用产品有 ADC0801～ADC0805、ADC0808/0809、ADC0816/0817型 8 位 MOS A/D 转换器、AD574 型快速 12 位 A/D 转换器。

双重积分式转换器的常用产品有 ICL7106/ICL7107/ICL7126、MC14433/5G14433、ICL7135 等。

A/D 转换器与单片机接口具有硬、软件相依性。一般来说，A/D 转换器与单片机的接口主要考虑的是数字量输出线的连接、ADC 启动、转换结束信号以及时钟的连接等。

A/D 转换器数字量输出线与单片机的连接方法与其内部结构有关。对于内部带有三态锁存数据输出缓冲器的 ADC(如 ADC0809、AD574 等)，可直接与单片机相连。对于内部不带锁存器的 ADC，一般通过锁存器与单片机相连。还有，随着位数的不同，ADC 与单片机的连接方法也不同。对于 8 位 ADC，其数字输出线可与 8 位单片机数据线对应相接。对于 8 位以上的 ADC，与 8 位单片机相接就不那么简单了，此时必须增加读取控制逻辑，把 8 位以上的数据分两次或多次读取。

一个 ADC 开始转换时，必须加一个启动转换信号，这一启动信号要由单片机提供。不同型号的 ADC，对于启动转换信号的要求也不同，一般分为脉冲启动和电平启动两种。对于脉冲启动型 ADC，只要给其启动控制端上加一个符合要求的脉冲信号即可，如 ADC0809、ADC574 等。通常用单片机的 $\overline{\text{WR}}$ 和地址译码器的输出经一定的逻辑电路进行控制。对于电平启动型 ADC，当把符合要求的电平加到启动控制端上时，立即开始转换，在转换过程中，必须保持这一电平，否则会终止转换的进行。因此，在这种启动方式下，单片机的控制信号必须经过锁存器保持一段时间，一般采用锁存器或并行 I/O 接口等来实现。AD570、AD571 等都属于电平启动型 ADC。

当 ADC 转换结束时，ADC 输出一个转换结束标志信号，通知单片机读取转换结果。单片机检查 A/D 转换结束的方法一般有中断和查询两种。对于中断方式，可将转换结束标志信号接到单片机的中断请求输入线上或允许中断的 I/O 接口的相应引脚，作为中断请求信号；对于查询方式，可把转换结束标志信号经三态门送到单片机的某一位 I/O 口线上，作为查询状态信号。

A/D 转换器的另一个重要连接信号是时钟，其频率是决定芯片转换速度的基准。整个A/D 转换过程都是在时钟的作用下完成的。A/D 转换时钟的提供方法有两种：一种是由芯片内部提供(如 AD574)，一般不需外加电路；另一种是由外部提供，有的用单独的振荡电路产生，更多的则把单片机输出时钟经分频后，送到 A/D 转换器的相应时钟端。

本节只选两种典型的 8 位和 12 位 A/D 转换芯片介绍与单片机的接口技术。

6.4.2   A/D 转换器 ADC0809 与单片机的接口

1. ADC0809 芯片简介

ADC0809 是 8 位逐次比较式 A/D 转换芯片，具有 8 路模拟量输入通道。其内部逻辑结构与芯片引脚如图 6.21 所示。

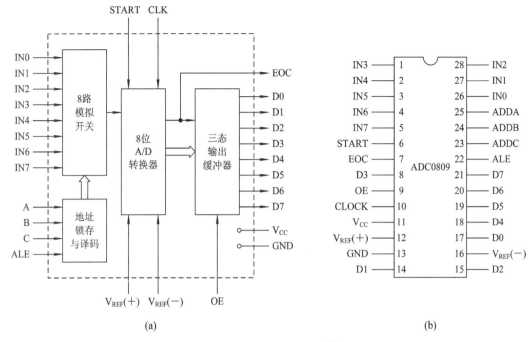

(a)　　　　　　　　　　　　　　　　　　　　　　(b)

图 6.21　ADC0809 芯片的内部结构与引脚图

(a) 结构图；(b) 引脚图

图 6.21 中 8 路模拟开关用于选通 8 个模拟通道，允许 8 路模拟量分时输入，并共用一个 A/D 转换器进行转换。IN0～IN7 为 8 路模拟量输入端，模拟量输入电压的范围是 0～5 V，对应的数字量为 00H～FFH，转换时间为 100 μs。ADDA、ADDB、ADDC 为通道寻址线，用于选择通道。其通道寻址如表 6.7 所示。

表 6.7　ADC0809 通道地址选择表

ADDC	ADDB	ADDA	选通的通道
0	0	0	IN0
0	0	1	IN1
0	1	0	IN2
0	1	1	IN3
1	0	0	IN4
1	0	1	IN5
1	1	0	IN6
1	1	1	IN7

ALE 是通道地址锁存信号，其上出现脉冲上升沿时，把 ADDA、ADDB、ADDC 地址状态送入地址锁存器中。$V_{REF}(+)$、$V_{REF}(-)$ 接基准电源，在精度要求不太高的情况下，供电电源就可用作基准电源。START 是启动引脚，其上脉冲的下降沿启动一次新的 A/D 转换。EOC 是转换结束信号，可用于向单片机申请中断或供单片机查询。CLK 是时钟端，典型的时钟频率为 640 kHz。DB0～DB7 是数字量输出。

ADC0809 工作时的定时关系如图 6.22 所示。从图可以看出，在进行 A/D 转换时，通道地址应先送到 ADDA～ADDC 输入端。然后在 ALE 上加一个正跳变脉冲，将通道地址锁存到 ADC0809 内部的地址锁存器中。这样对应的模拟电压输入就和内部变换电路接通。为了启动，必须在 START 端加一个负跳变信号，此后变换工作就开始进行，标志 ADC0809 工作的状态信号 EOC 由高电平(空闲状态)变为低电平(工作状态)。一旦变换结束，EOC 信号就又由低电平变成高电平，此时只要在 OE 端加一个高电平，即可打开数据线的三态缓冲器从 D0～D7 数据线读得一次变换后的数据。

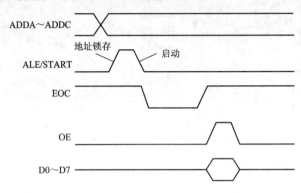

图 6.22　ADC0809 转换工作时序

2．ADC0809 与单片机接口

图 6.23 是 ADC0809 与 51 单片机的接口示例。

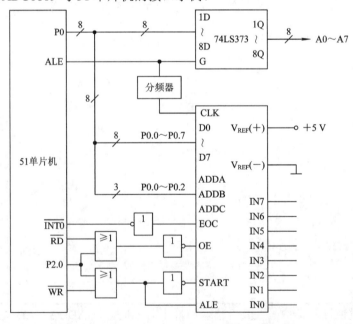

图 6.23　ADC0809 与 51 单片机的接口连接示例

ADC0809 的转换时钟由单片机的 ALE 提供。因 ADC0809 的典型转换频率为 640 kHz，ALE 信号频率与晶振频率有关，如果晶振频率取 12 MHz，则 ALE 的频率为 2 MHz，所以 ADC0809 的时钟端 CLK 与单片机的 ALE 相接时，要考虑分频。51 单片机通过地址线 P2.0

和读、写控制信号线 $\overline{RD}$ 、 $\overline{WR}$ 来控制转换器的模拟输入通道地址锁存、启动和输出允许。因 ADC0809 具有通道地址锁存功能，所以 P0.0～P0.2 不须经锁存器接入 ADDA～ADDC。根据 P2.0 和 P0.0～P0.2 的连接方法，通道 0 的地址应为：XXXXXXX0XXXXX000，取 FEF8H，则其余 7 个通道 IN1～IN7 的地址依次为 FEF9H～FEFFH。

3. A/D 转换应用程序举例

设图 6.23 所示接口电路用于一个 8 路模拟量输入的巡回检测系统，使用中断方式采样数据，把采样转换所得的数字量按次序存于片内 RAM 的 30H～37H 单元中。采样完一遍后停止采集。其数据采集的初始化程序和中断服务程序如下：

```
            MOV    R0，#30H              ; 设立数据存储区指针
            MOV    R2，#08H              ; 设置 8 路采样计数值
            SETB   IT0                  ; 设置外部中断 0 为边沿触发方式
            SETB   EA                   ; CPU 开放中断
            SETB   EX0                  ; 允许外部中断 0 中断
            MOV    DPTR，#0FEF8H         ; 使 DPTR 指向 IN0
LOOP：      MOVX   @DPTR，A              ; 启动 A/D 转换，A 的值无意义
HERE：      SJMP   HERE                 ; 等待中断
```

中断服务程序：

```
            ORG 0003H
            MOVX   A，@DPTR             ; 读取转换后的数字量
            MOV    @R0，A               ; 存入片内 RAM 单元
            INC    DPTR                ; 指向下一模拟通道
            INC    R0                  ; 指向下一个数据存储单元
            DJNZ   R2，INT0            ; 8 路未转换完，则继续
            CLR    EA                  ; 已转换完，则关中断
            CLR    EX0                 ; 禁止外部中断 0 中断
            RETI                       ; 中断返回
INT0：      MOVX   @DPTR，A；再次启动 A/D 转换
            RETI                       ; 中断返回
```

6.4.3　单片机与 A/D 转换器 AD574 的接口

1. AD574 芯片简介

AD574 是一种快速的 12 位逐次比较式 A/D 转换芯片。片内有三态输出锁存器，无需外接元器件就可独立完成 A/D 转换功能。一次转换时间为 25 μs。28 脚双插直列式芯片引脚如图 6.24 所示。

AD574 的引脚定义如下：

REOUT：内部参考电源输出(+10 V)；

REFIN：参考电压输入。

+5 V	1		28	STS
12/$\overline{8}$	2		27	DB11
$\overline{CS}$	3		26	DB10
A0	4		25	DB9
R/$\overline{C}$	5		24	DB8
CE	6		23	DB7
+15 V	7	AD574	22	DB6
REFOUT	8		21	DB5
AGND	9		20	DB4
REFIN	10		19	DB3
−15 V	11		18	DB2
BIP	12		17	DB1
10VIN	13		16	DB0
20VIN	14		15	DGND

图 6.24　AD574 引脚信号

BIP：偏置电压输入。

10VIN：±5 V 或 0～10 V 模拟输入。

20VIN：±10 V 或 0～20 V 模拟输入。

DB0～DB11 数字量输出，高字节为 DB8～DB11，低字节为 DB0～DB7。

STS：工作状态指示端。STS = 1 时，表示转换器正处于转换状态，STS 返回到低电平时，表示转换完毕。该信号可作为单片机的中断请求或状态查询信号。

$12/\overline{8}$：变换输出字长选择控制端，输入为高电平时，转换结果 12 位输出，输入低电平时，按 8 位输出。

$\overline{CS}$、CE：片选信号。当 $\overline{CS}$ = 0、CE = 1 同时满足时，AD574 才能处于工作状态。

$R/\overline{C}$ 数据读出或转换启动控制。当 $R/\overline{C}$ = 1 时，控制读取转换结果数据；当 $R/\overline{C}$ = 0 时，启动转换。

A0：字节地址控制。它有两个作用，在启动 AD574($R/\overline{C}$ = 0)时，用来控制转换长度，A = 0 时，按完整的 12 位转换方式工作；A = 1 时，按 8 位 A/D 转换方式工作。在 AD574 处于数据读出工作状态($R/\overline{C}$ = 1)时，A0 和 $12/\overline{8}$ 成为输出数据格式控制。$12/\overline{8}$ = 1 时，对应 12 位并行输出；$12/\overline{8}$ = 0 时，对应 8 位双字节输出，A0 = 0 时，输出高 8 位，A0 = 1 时，输出低 4 位，高 4 位填充 0。A0 在数据输出期间不能变化。

上述有关引脚的控制功能的状态组合关系如表 6.8 所示。

表 6.8　AD574 控制信号状态表

CE	$\overline{CS}$	$R/\overline{C}$	$12/\overline{8}$	A0	功能说明
1	0	0	×	0	12 位转换
1	0	0	×	1	8 位转换
1	0	1	+5 V	×	12 位输出
1	0	1	地	0	高 8 位输出
1	0	1	地	1	低 4 位输出

2. AD574 模拟输入电路的极性选择

AD574 有两个模拟电压输入引脚 10VIN 和 20VIN，具有 10 V 和 20 V 模拟量的动态范围。这两个引脚的输入电压可以是单极性的，也可以是双极性的，可由用户改变输入电路的连接形式来进行选择，如图 6.25 所示。

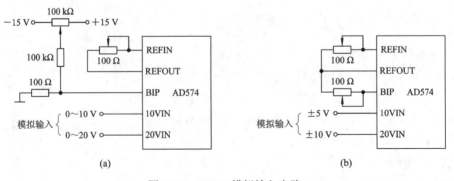

(a)　　　　　　　　　　　　　　　(b)

图 6.25　AD574 模拟输入电路

(a) 单极性输入；(b) 双极性输入

3．AD574 与 51 单片机的接口

图 6.26 是 AD574 与 51 单片机的接口示例。

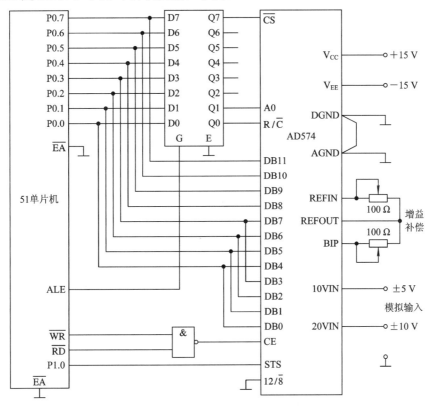

图 6.26　AD574 与 51 单片机接口示例

对于 51 单片机来说，如果 AD574 启动为 12 位转换方式，则对转换结果只能按双字节分时读入，所以 12/$\overline{8}$接地；AD574 的高 8 位数据线顺次连接到单片机的数据线上，低 4 位数据线接单片机的低 4 位数据线；AD574 的 CE 与 $\overline{WR}$ 和 $\overline{RD}$ 通过"与非"逻辑连接，不论单片机执行输出或是输入指令，都能使 CE 为高电平有效；STS 信号接单片机的一根 I/O线，通过查询方式读取转换结果。$\overline{CS}$、R/$\overline{C}$、A0 连接在 Q7、Q1、Q0 地址线上，在单片机访问 AD574 时，只要从 3 位地址线传送的地址符合表 6.8 中 3 个信号所要求的状态值时，即可控制相应的功能操作。

4．转换程序设计举例

设要求 AD574 进行 12 位转换，读取转换结果的高 8 位和低 4 位分别存于片内 RAM的 31H 和 30H 单元。其转换子程序如下：

```
DTRANS:   MOV   R0，#7CH    ；7CH 地址使 CS = 0、A0 = 0、R/C = 0，即按 12 位启动
          MOV   R1，#31H    ；R1 指向转换结果的送存单元地址
          MOV   @R0，A      ；产生有效的 WR 信号，启动 AD574
          MOV   A，P1       ；读 P1 口，检测 STS 的状态
WAIT:     ANL A，#01H
          JNZ WAIT          ；转换未结束，等待；转换结束，进行如下操作
```

INC R0	；使 $\overline{\text{CS}}$、A0 = 0，R/$\overline{\text{C}}$ = 1，为按双字节读取结果
MOVX A，@R0	；读取高 8 位转换结果
MOV @R1，A	；送存高 8 位转换结果
DEC R1	；R1 指向低 4 位转换结果存放地址
INC R0	
INC R0	；(R0) = 7FH，使 $\overline{\text{CS}}$ = 0、A0 = 1，R/$\overline{\text{C}}$ = 1
MOVX A，@R0	；读取低 4 位转换结果
ANL A，#0FH	；只取低 4 位结果
MOVX @R1，A	；送存低 4 位结果
RET	

6.4.4 串行 A/D 转换器与单片机的接口

串行 A/D 转换器与并行 A/D 转换器相比，具有使用引线少、电路简单、芯片体积小、低功耗等优点，同时可与远端的 CPU 进行串行数字通信，可大大减少数据传送过程中的干扰。因此，它在远程数据采集中获得了日益广泛的应用。串行 A/D 转换器件的类型较多，如德州仪器公司生产的 8 位串行转换器 TLC0831/TLC0832、4 通道 8 位串行 A/D 转换器 TLC0834/TLC0838、带自动关断功能的 10 位高速串行 A/D 转换器 TLV1572 等系列。本节以 TLC0831/TLC0832 为例来介绍串行 A/D 转换器的接口技术。

TLC0831C/I、TLC0832C/I 是 8 位逐次逼近式模数转换器，单 +5 V 供电，模拟量输入范围为 0～5 V，其中 TLC0831 有一个输入通道，TLC0832 有两个输入通道。后者的前级可用软件配置为单端或者差分输入。两种器件的输出均为串行方式，易于和微处理器接口或独立使用。输入和输出与 TTL 和 CMOS 兼容，在串行时钟为 250 kHz 时，转换时间为 32 μs，总的调整误差为 ±1 LSB，使用非常方便。

TLC0831C/TLC0832C 的内部工作温度范围为 0℃～70℃，TLC0831I/TLC0832I 的工作温度范围为 –40℃～85℃。它们的封装采用标准的 8 脚表贴和 DIP 结构，可与美国国家半导体公司的 ADC0831 和 ADC0832 互换。

1. 功能与使用说明

TLC0831/TLC0832 内部为采样—数据—比较结构，以逐次逼近流程转换差分模拟输入信号。TLC0831 只有一个差分(IN+，IN–)输入端，当不需要差分输入时，IN– 可接地，模拟信号连到 IN+，作为单端输入。TLC0832 的输入(CH0，CH1)可通过 DI 地址选择脚配置为差分(IN+，IN–)输入。当连到 IN+ 端的输入电压低于 IN– 端的输入电压时，转换结果为 0。TLC0831 的 REF 端为基准电压端，一般可接 Vcc(TLC0832 的基准由内部设定)。

TLC0831/TLC0832 引脚如图 6.27 所示。

各引脚含义如下：

$\overline{\text{CS}}$：片选端。当 $\overline{\text{CS}}$ 为低电平时，启动 A/D 转换，在整个转换过程中 $\overline{\text{CS}}$ 必须始终为低电平。连续输入 10 个脉冲完成一次转换，数据从第 2 个脉冲开始输出。转换结束后应将 $\overline{\text{CS}}$ 置为高电平，当 $\overline{\text{CS}}$ 重新拉低时将开始新的一次转换。

IN+：为正输入端。

IN–：为负输入端，ADC0831(TLC0831)可以接入差分信号，如果输入单端信号，IN–应接地。

　　GND：电源地端。

　　V_{CC}：电源正端。

　　CLK：时钟信号端。

　　DO：数据输出端。

　　REF：参考电压输入端，使用中应接参考电压或直接接 V_{CC} 端。

　　CH0、CH1：TLC0832 的模拟量输入引脚。

　　DI：TLC0832 的多路地址选择输入端。

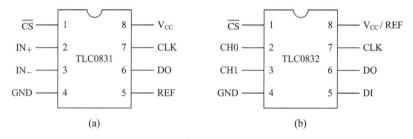

图 6.27　TLC0831/0832 引脚信号

(a) TLC0831 封装；(b) TLC0832 封装

　　TLC0831/TLC0832 通过串行接口与单片机相连来传送控制命令或数据。可用软件对通道和输入端进行选择和配置。转换开始后，器件从单片机接收时钟，在一个时钟的时间间隔前导下，以保证输入多路器稳定。在转换过程中，转换数据同时从 DO 端输出，以最高位(MSB)开头，经过 8 个时钟后，转换完成。当 $\overline{CS}$ 变高时，内部所有寄存器清 0。此时，输出电路变为高阻状态。 如果希望开始另一个转换，$\overline{CS}$ 端必须有一个从高到低的跳变，后面紧接地址、数据等操作。

　　TLC0832 在输出以最高位(MSB)开头的数据流后，又以最低位(LSB)开头重新输出一遍(前面的)数据流。DI 和 DO 端可以连在一起，通过一根线连到单片机的一个双向 I/O 口进行控制。TLC0832 的地址是通过 DI 端移入，来选择模拟输入通道，同时也决定输入是单端还是差分输入。当输入为差分时，要分配输入通道的极性。另外，在选择差分输入模式时，极性也可以选择。输入通道的两个输入端的任何一个都可以作为正极或负极。

　　TLC0831 的工作时序如图 6.28 所示，TLC0832 的工作时序如图 6.29 所示。

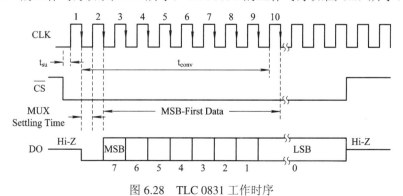

图 6.28　TLC 0831 工作时序

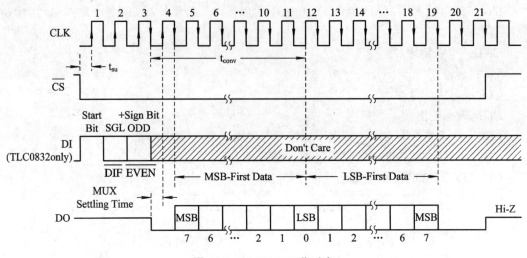

图 6.29　TLC0832 工作时序

2. TLC0831/TLC0832 与单片机的接口

TLC0831/TLC0832 模数转换器与 51 单片机接口时，一般将其 $\overline{CS}$、CLK、DO、DI 引脚线与单片机的 I/O 口线连接，通过 I/O 线产生工作时序信号来控制转换并得到转换结果。图 6.30 所示是一种连接示例。

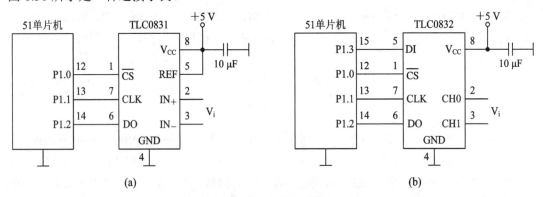

图 6.30　TLC0831/0832 与单片机的接口

(a) TLC0831 的连接；(b) TLC0832 的连接

3. TLC0831/TLC0832 A/D 转换应用程序举例

TLC0831/TLC0832 A/D 转换程序就是在连接的 I/O 口线上产生图 6.28 或图 6.29 的工作时序。针对图 6.30(a) 启动 TLC0831 的转换程序如下：

```
        CLR   A
        CLR   P1.0          ;拉低 CS 端
        NOP
        NOP
        SETB  P1.1          ;拉高 CLK 端
        NOP
```

```
            NOP
            CLR    P1.1              ；拉低 CLK 端，形成下降沿
            NOP
            NOP
            SETB   P1.1              ；拉高 CLK 端
            NOP
            NOP
            CLR    P1.1              ；拉低 CLK 端，形成第 2 个脉冲的下降沿
            NOP
            NOP
            MOV    R7，#8            ；准备送后 8 个时钟脉冲
    AD1:    MOV    C，P1.2           ；接收数据
            RLC    A
            SETB   P1.1
            NOP
            NOP
            CLR    P1.1              ；形成一次时钟脉冲
            NOP
            NOP
            DJNZ   R7，AD1           ；循环 8 次
            SETB   P1.0              ；拉高 CS 端
            CLR    P1.1              ；拉低 CLK 端
            SETB   P1.2              ；拉高数据端，回到初始状态
```

资源占用：R7，ACC。出口：累加器 A 中的内容为 A/D 转换结果。

6.5　D/A 转换器接口

6.5.1　D/A 转换器概述

D/A 转换器是单片机应用系统与外部模拟对象之间的一种重要的输出控制接口。单片机输出的数字信号必须经 D/A 转换器变换成模拟信号后，才能对控制对象进行控制。这就涉及到 D/A 转换的接口问题。

1. D/A 转换器的性能指标及类型

在设计 D/A 转换器与单片机接口之前，一般要根据 D/A 转换器的技术指标选择 D/A 转换器芯片。因此，先介绍一下 D/A 转换器的主要技术指标。

1) 分辨率

分辨率是 D/A 转换器对输入量变化敏感程度的描述。D/A 转换器的分辨率定义为：当输入数字量发生单位数码变化时，即 LSB 位产生一次变化时，所对应输出模拟量的变化量。对于线性 D/A 转换器来说，其分辨率 Δ 与输入数字量输出的位数 n 呈现下列关系：

$$\Delta = \frac{模拟拟量输出的满量程}{2^n}$$

在实际使用中，表示分辨率高低的更常用的方法是采用输入数字量的位数或最大输入码的个数。例如，8 位二进制 D/A 转换器，其分辨率为 8 位，$\Delta = 1/256 = 0.39\%$。BCD 码输入的，用其最大输入码个数表示，例如 4 字位 9999 D/A 转换器，其分辨率为 $\Delta = 1/9999 = 0.01\%$。显然，位数越多，分辨率越高。

2) 建立时间

建立时间是描述 D/A 转换速率快慢的一个重要参数，一般所指的建立时间是输入数字量变化后，模拟输出量达到终值误差 ±1/2LSB(最低有效位)时所经历的时间。根据建立时间的长短，把 D/A 转换器分成以下几档：

超高速	< 100 ns
较高速	1 μs～100 ns
高　速	10 μs～1 μs
中　速	100 μs～10 μs
低　速	≥100 μs

D/A 转换器的品种繁多、性能各异，按输入数字量的位数来分，有 8 位、10 位、12 位和 16 位等；按输入的数码形式分，有二进制码和 BCD 码等；按转送数字量的方式分，有并行式的和串形式的 D/A 转换器两类；按输出形式分，有电流输出和电压输出两种形式，而电压输出又有单极性电压输出和双极型电压输出之别；从与单片机接口的角度看，又有带输入锁存器和不带输入锁存器两类。下面列出常用的几种 D/A 转换芯片。

(1) DAC0830 系列。DAC0830 系列是美国 National Semiconductor 公司生产的具有两个数据寄存器的 8 位 D/A 转换芯片，该系列产品包括 DAC0830、DAC0831、DAC0832，管脚完全相容，为 20 脚双列直插式封装。

(2) DAC82。DAC82 是 B-B 公司生产的 8 位能完全与微处理器兼容的 D/A 转换器芯片，片内带有基准电压和调节电阻，无需外接器件及微调即可与单片机 8 位数据线相连。芯片工作电压为 ±15 V，可以直接输出单极性或双极性的电压(0～+10 V，±10 V)和电流(0～1.6 mA，±0.8 mA)。

(3) DAC1020/AD7520 和 DAC1220/AD7521 系列。DAC1020/AD7520 为 10 位分辨率的 D/A 转换集成系列芯片，DAC1020 系列是美国 National Semiconductor 公司产品，包括 DAC1020、DAC1021、DAC1022，与美国 Analog Devices 公司的 AD7520 及其后继产品 AD7530、AD7533 完全兼容，单电源工作，电源电压为 +5 V～+15 V，电流建立时间为 500 ns，16 线双列直插式封装。

(4) DAC1220/AD7521 系列。DAC1220/AD7521 系列为 12 位分辨率的 D/A 转换集成芯片，DAC1220 系列包括 DAC1220、DAC1221、DAC1222 产品，与 AD7521 及其后继产品 AD7531 管脚完全兼容，18 线双列直插封装。

(5) DAC1208 和 DAC1230 系列。DAC1208 和 DAC1230 系列均为美国 National Semiconductor 公司产品，12 位分辨率，两者不同之处是 DAC1230 数据输入引脚线只有 8 根，而 DAC1208 有 12 根引脚线。DAC1208 系列为 24 线双列直插式封装，而 DAC1230 系列为 20 线双列直插式封装。DAC1208 系列包括 DAC1208 、DAC1209、DAC1210；

DAC1230 系列包括 DAC1230、DAC1231、DAC1232。

(6) DAC708/709。DAC708/709 是 B-B 公司生产的与 16 位微机完全兼容的 D/A 转换器芯片，具有双缓冲输入寄存器，片内有基准电源及电压输出放大器。数字量可并行或串行输入，模拟量可电压或电流输出。

2．D/A 转换器与单片机接口的一般方法

D/A 转换器与单片机接口也具有硬、软件相依性。各种 D/A 转换器与单片机接口的方法有些差异，但就其基本连接方法来看，还是有共同之处：都要考虑到数据线、地址线和控制线的连接。

就数据线来说，D/A 转换器与单片机的接口要考虑到两个问题：一是位数，当高于 8 位的 D/A 转换器与 8 位数据总线的 51 单片机接口时，51 单片机的数据必须分时输出，这时必须考虑数据分时传送的格式和输出电压的"毛刺"问题；二是 D/A 转换器的内部结构，当 D/A 转换器内部没有输入锁存器时，必须在单片机与 D/A 转换器之间增设锁存器或 I/O 接口。最常用也是最简单的连接是 8 位带锁存器的 D/A 转换器和 8 位单片机的接口，这时只要将单片机的数据总线直接和 D/A 转换器的 8 位数据输入端一一对应连接即可。

就地址线来说，一般的 D/A 转换器只有片选信号，而没有地址线。这时单片机的地址线采用全译码或部分译码，经译码器输出控制片选信号，也可用由某一位 I/O 线来控制片选信号。也有少数 D/A 转换器有少量的地址线，用于选中片内独立的寄存器或选择输出通道(对于多通道 D/A 转换器)，这时单片机的地址线与 D/A 转换器的地址线对应连接。

就控制线来说，D/A 转换器主要有片选信号、写信号及启动转换信号等，一般由单片机的有关引脚或译码器提供。一般来说，写信号多由单片机的 $\overline{WR}$ 信号控制；启动信号常由片选信号与写信号的组合形成，当单片机执行一条输出指令时，传送的地址使转换器的片选信号有效，由 $\overline{WR}$ 实现启动。

本节只选两种典型的 8 位和 12 位 D/A 转换芯片介绍与单片机的接口方法。

6.5.2　8 位 D/A 转换器与单片机的接口

下面以 8 位 D/A 转换器 DAC0830/DAC0831/ DAC0832 为例，来说明 8 位 D/A 转换器与 51 单片机的接口方法。

1．DAC0830/DAC0831/DAC0832 的结构与引脚信号

DAC0830/DAC0831/DAC0832 内部主要由 8 位输入锁存器、8 位 DAC 锁存器、8 位 D/A 转换器和控制逻辑四部分组成，其结构框图如图 6.31 所示。

DAC0830/DAC0831/DAC0832 是 20 脚双列直插式封装芯片。其引脚功能定义如下：

DI0～DI7：8 位数据输入线。

ILE：数据锁存允许控制输入线，高电平有效。

$\overline{CS}$：片选信号输入线，低电平有效。

$\overline{WR1}$：输入锁存器写选通输入线，负脉冲有效。输入锁存器的锁存信号 $\overline{LE1}$ 由 ILE、$\overline{CS}$、$\overline{WR1}$ 的逻辑组合产生，$\overline{LE1}$ 上的负跳变将使数据线上的数据锁进输入锁存器。

$\overline{XFER}$：数据传送控制信号输入线，低电平有效。

$\overline{WR2}$：DAC 寄存器写选通信号输入线，负脉冲有效。DAC 寄存器的锁存信号 $\overline{LE2}$ 由

$\overline{\text{XFER}}$ 和 $\overline{\text{WR2}}$ 的逻辑组合产生，$\overline{\text{LE2}}$ 上的负跳变将使输入锁存器中锁存的数据被锁存到 DAC 锁存器中，同时进入 D/A 转换器并开始转换。

I_{OUT1}：模拟电流输出线。

I_{OUT2}：模拟电流输出线。采用单极性输出时，I_{OUT2} 常常接地。

R_{FB}：反馈信号输入线。反馈电阻被制作在芯片内，用作外接的运算放大器的反馈电阻，为 D/A 转换器提供电压输出。

V_{REF}：参考电压输入线。要求外接一精密电压源，电压范围在 $-10\ V$～$+10\ V$ 之间选定。通过改变 V_{REF} 的符号来改变输出极性。

V_{CC}：电源线，可为 $-5\ V$～$+15\ V$。

AGND：模拟地，芯片模拟电路接地点。

DGND：数字地，芯片数字电路接地点。

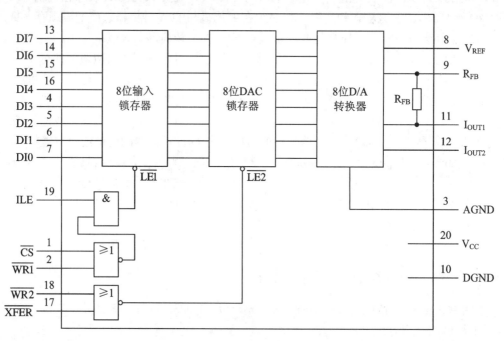

图 6.31　DAC0832 系列内部结构及引脚信号

2. DAC0830 系列 D/A 转换器与单片机接口

由于 DAC0830/DAC0831/DAC0832 内部有 2 级锁存，因此可有以下三种启动控制方式：

(1) 直通方式：将 $\overline{\text{CS}}$、$\overline{\text{WR1}}$、$\overline{\text{WR2}}$ 和 $\overline{\text{XFER}}$ 信号引脚都接地，ILE 信号引脚接高电平，只要将数据传送到数据线上，两级锁存器同时锁存数据，并启动转换，即转换器处于非受控状态。在这种工作方式下，转换器的数据线不能直接和 51 单片机的数据线(P0.0～P0.7)相连接。因为 P0 口分时复用数据/地址线，对输出无锁存能力，会使转换器的输出不确定。但可考虑将转换器的数据线接在单片机一个 I/O 上(例如 P1 口)，执行端口输出指令(MOV P1，A)即可启动一次 D/A 转换。这种方式很少采用。

(2) 单缓冲方式：两级锁存器同时接受一种控制，例如将 $\overline{\text{WR2}}$ 和 $\overline{\text{XFER}}$ 直接接地，8

位 DAC 锁存器处于非受控状态,只有 8 位输入锁存器处于受控状态,只要数据写入转换器,就立即进行转换。这种方式在不要求多个模拟通道同步输出时可采用。

(3) 双缓冲方式:两个锁存器都处于受控状态,单片机要对转换器进行两步写操作:第一次输出指令使 $\overline{LE1}$ 有效,将数据写入 8 位输入锁存器(第一级缓冲器),再执行一次输出指令,使 $\overline{LE2}$ 有效,将数据打入 8 位 DAC 锁存器(第二级缓冲),才能启动转换。这种方式的优点是数据接收和启动转换可异步进行,可在 D/A 转换的同时,接受下一个转换数据,以提高转换速度,还可以实现多个转换器同时启动转换,同步输出。

下面以单缓冲和双缓冲工作方式为例,介绍 DAC0830/DAC0831/DAC0832 与 51 单片机的接口电路及转换程序。

DAC0830/DAC0831/DAC0832 采用单缓冲工作方式的接口电路如图 6.32 所示。

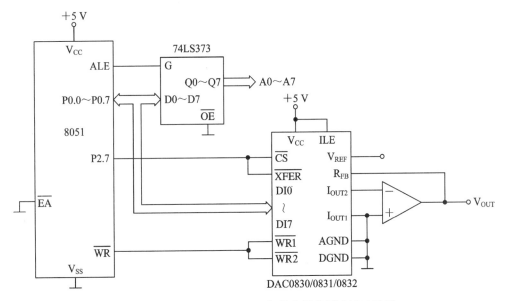

图 6.32　DAC0830/0831/0832 与单片机单缓冲接口示例

从连接图可知,只要单片机执行数据输出指令时,传送端口地址 0×××××××××××××××(取 7FFFFH),就可启动转换。这种连接方法是把 DAC0830/DAC0831/ DAC0832 的两个数据锁存器接成具有一个数据锁存功能的端口。

启动转换的控制信号时序如图 6.33 所示。

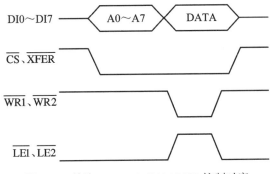

图 6.33　单路 DAC0830/0831/0832 控制时序

只要执行下面三条指令，就可启动：

```
    MOV   DPTR，#7FFFH          ；使 DPTR 指向转换器端口
    MOV   A，#DATA             ；取待转换的数字量
    MOVX  @DPTR，A             ；执行指令时，P2.7 = 0，WR 有效，启动转换
```

下面的程序可使 DAC0830/DAC0831/DAC0832 输出呈渐升骤降的电压锯齿波：

```
    START:   MOV   DPTR，#7FFFH     ；使 DPTR 指向转换端口
             MOV   A，#00          ；数字量初始值
    LOOP:    MOVX  @DPTR，A        ；启动转换一个数字量
             INC   A               ；1 为增量，产生下一个数字量
             MOV   R0，#data       ；data 为延时常数
             DJNZ  R0，$           ；延时，改变 data 可改变锯齿波周期 T 值
             SJMP  LOOP
```

上述程序执行时，可用示波器观察到模拟输出端的输出波形，如图 6.34 所示。

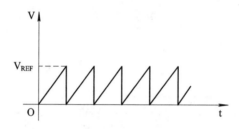

图 6.34　由软件产生的锯齿波

D/A 转换芯片除用于输出模拟量控制电压外，也常用于产生一定的波形。若需要的是渐降骤升的三角波、倒三角波，以至梯形波、不同占空比的矩形波，甚至组合波形，都可仿照上例稍加变化，通过程序来生成。

在应用系统中，如果需要同时输出几路模拟信号，这时 D/A 转换器就必须采用双缓冲工作方式。

图 6.35 是一个两路模拟信号同步输出的 D/A 转换接口示例。

从图可知，两片 D/A 转换器以双缓冲方式连接。第 1 片的第一级缓冲器的地址为××0××××××××××××，取 DFFFH；第 2 片的第一级缓冲器的地址为×0×××××××××××××××，取 BFFFH；这两片的第二级缓冲器是一个端口地址 0××××××××××××××××，取 7FFFH。按一级缓冲器地址执行两次输出指令，分别将两个待转换数据写入两片转换器的一级缓冲器中，再按二级缓冲器地址执行一次输出指令(不需要特定数据)，将两片转换器第一级缓冲器中的数据同时打入第二级缓冲器，同时启动转换。这样，就实现了转换模拟量的同步输出。用同样的方式，可实现更多路转换器的连接及同步输出。

如果图 6.35 中的模拟量输出分别用于示波器的 X、Y 偏转，则 51 单片机执行下面的程序后，可使示波器上的光点根据参数 X、Y 的值同步移动。

```
    MOV   DPTR，#0DFFFH     ；使 DPTR 指向 DAC(1)的第一级缓冲器
    MOV   A，#X            ；取第一个转换数
```

MOVX @DPTR，A	；将数据写入 DAC(1)的第一级缓冲器	
MOV DPTR，#0BFFFH	；使 DPTR 指向 DAC(2)的第一级缓冲器	
MOV A，#Y	；取第二个转换数	
MOVX @DPTR，A	；将数据写入 DAC(2)的第一级缓冲器	
MOV DPTR，#7FFFH	；使 DPTR 指向第二级缓冲器	
MOVX @DPTR，A	；两片 DAC 同时启动，同步输出	
SJMP $		

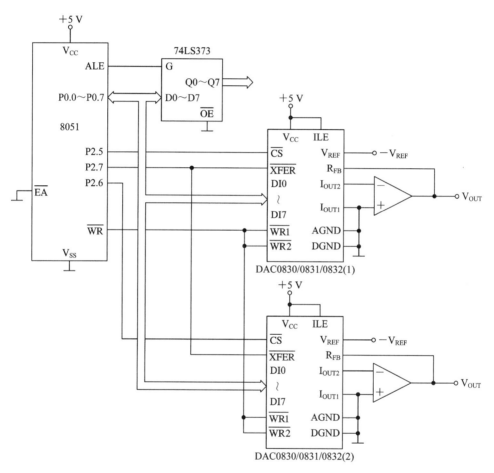

图 6.35　两路 DAC0830/0831/0832 与单片机接口示例

3．DAC0830/0831/0832 的模拟输出方式

DAC0830/0831/0832 属于电流输出型的 D/A 转换器，其转换结果是与输入数字量成正比的电流。这种形式的输出不能直接带动负载，需经运算放大器放大并转换成电压输出。电压输出又根据不同的场合，需要单极性电压输出或双极性电压输出。

图 6.32、图 6.35 所示的接口电路是单极性电压输出，运放的输出电压为

$$U_{OUT} = -\frac{D}{2^8} \cdot U_{REF}$$

其中，D 为用十进制表示的数字输入量。

例如，设 $V_{REF} = -5\text{ V}$，当 $D = FFH = 255$ 时，输出电压为

$$U_{OUT} = -\frac{255}{256} \cdot (-5\text{ V}) = 4.98\text{ V}$$

$D = 01H = 1$ 时，是最低位 LSB 对应的输出电压。运放的输出电压与参考电压 V_{REF} 是反极性，即

$$U_{OUT} = -\frac{1}{256} \cdot (-5\text{ V}) = 0.02\text{ V}$$

图 6.36 所示的是双极性电压输出电路。

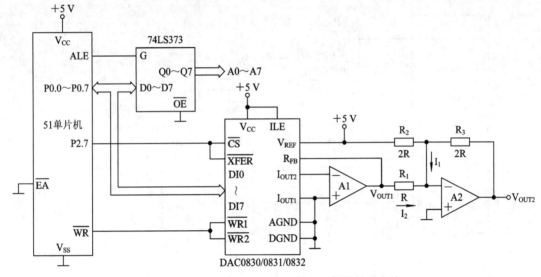

图 6.36　DAC0830/0831/0832 接口双极性输出电路

根据运放的理想情况，运放 A2 的反向输入端"虚地"，且 $I_1 + I_2 = 0$，而

$$I_1 = \frac{U_{REF}}{R_2} + \frac{U_{OUT2}}{R_3}$$

$$I_2 = \frac{U_{OUT1}}{R_1}$$

如果选择 $R_2 = R_3 = 2R_1$，则可以得到：

$$U_{OUT2} = -(2U_{OUT1} + U_{REF})$$

设 $U_{REF} = +5\text{ V}$，当 $U_{OUT1} = 0\text{ V}$ 时，$U_{OUT2} = -5\text{ V}$；当 $U_{OUT1} = -2.5\text{ V}$ 时，$U_{OUT2} = 0\text{ V}$；当 $U_{OUT1} = -5\text{V}$ 时，$U_{OUT2} = 5\text{ V}$。可见，U_{OUT2} 将 U_{OUT1} 输出电压范围 $0 \sim 5\text{ V}$ 转换成双极性范围 $-5\text{ V} \sim +5\text{ V}$。

因

$$U_{OUT} = -\frac{D}{2^8} \cdot U_{REF}$$

所以

$$U = -\left(-\frac{D}{256} \cdot U_{REF} \cdot 2 + U_{REF}\right) = \frac{D-128}{128} \cdot U_{REF}$$

6.5.3　高于 8 位 D/A 转换器与单片机的接口

在微机控制系统中为了提高精度，需要采用 10 位、12 位、14 位甚至更高位数的 D/A 转换器芯片。高于 8 位的 D/A 转换器芯片与 8 位单片机接口，被转换的数据至少要分两次输出。这需要解决两个问题：一是分时传送的数据格式；二是数据不同时传送而可能引起的输出模拟量出现"毛刺"。后一问题可通过在 D/A 转换芯片内部或外部增加锁存器，达到两级缓冲，从而使被转换数据完整进入二级缓冲器，开始转换。

数据分时传送时常采用的格式有两种：一种是左对齐数据；另一种是右对齐数据。前一种方法是将高 8 位数据划为一个字节，其余位划作另一个字节，且左对齐，占字节的高位部分。后一种方法是将低 8 位划为一个字节，其余位划作另一个字节，且右对齐，占字节的低位部分。具体格式如图 6.37 所示。

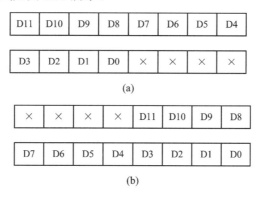

图 6.37　8 位系统的 12 位数据格式

(a) 左对齐格式；(b) 右对齐格式

下面以 12 位 DAC1208 系列为例来说明高于 8 位的 D/A 转换器与 51 单片机的接口技术。

1．DAC1208 系列的结构与引脚信号

DAC1208 系列包括 DAC1208、DAC1209、DAC1210 三种产品，它们的内部结构、工作原理、引脚功能排列和用法完全相同，区别仅在于精度不同，如表 6.9 所示。

表 6.9　DAC1208 系列精度

精　度	型　号
0.012%	DAC1208
0.024%	DAC1209
0.05%	DAC1210

DAC1208 系列的内部结构及引脚功能排列如图 6.38 所示。

DAC1208 系列的内部结构及引脚信号与 DAC0830 系列相似，采用双缓冲结构。$\overline{CS}$ 和 $\overline{WR1}$ 用来控制输入锁存器，$\overline{WR2}$ 和 $\overline{XFER}$ 用来控制 DAC 锁存器，BYTE1/$\overline{BYTE2}$ 用来控制 8 位输入锁存器和 4 位输入锁存器，当 BYTE1/$\overline{BYTE2}$＝1 时，可开启 8 位输入锁存器和

4 位输入锁存器,当 BYTE1/$\overline{\text{BYTE2}}$ = 0 时,只开启 4 位输入锁存器。

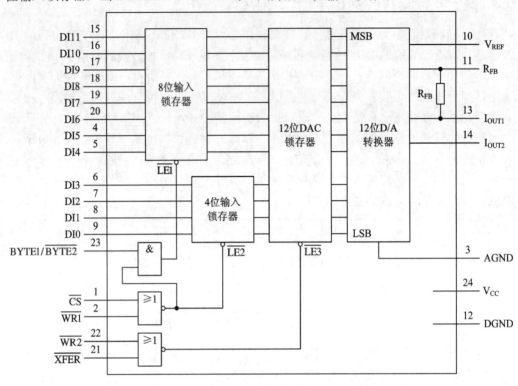

图 6.38 DAC1208 系列内部结构及引脚信号

2. DAC1208 系列 D/A 转换器与 51 单片机的接口

图 6.39 给出了 DAC1208 系列 D/A 转换器与 51 单片机的一种接口连接示例。图中用一条地址线 A0 来控制 BYTE1/$\overline{\text{BYTE2}}$,三条高位地址线作 74LS138 译码器的输入,输出线 $\overline{\text{Y1}}$、$\overline{\text{Y2}}$ 控制 $\overline{\text{CS}}$ 和 $\overline{\text{XFER}}$。这样连接,确定了高位输入锁存器地址为 010×××××××××××1(取 4000H),低 4 位输入锁存器地址为 010×××××××××××0(取 4001H),12 位 DAC 锁存器的地址为 011×××××××××××××(取 6000H)。DAC1208 的低 4 位数据线(DI0~DI3)与单片机的低 4 位数据线(P0.0~P0.3)对应相连。该连接电路的转换控制过程是:当向端口 4001H 写入高 8 位数据时,BYTE1/$\overline{\text{BYTE2}}$ 为高电平,当 $\overline{\text{WR}}$ 信号到来时,$\overline{\text{LE1}}$ 和 $\overline{\text{LE2}}$ 同时有效,高 8 位数据被同时写入 DAC1208 的高 8 位输入锁存器和低 4 位输入锁存器。随后向端口 4000H 写入低 4 位数据时,BYTE1/$\overline{\text{BYTE2}}$ 为低电平,当 $\overline{\text{WR}}$ 信号到来时,$\overline{\text{LE1}}$ 无效,$\overline{\text{LE2}}$ 有效,高 8 位输入锁存器被封锁,低 4 位数据写入 4 位输入锁存器,原先写入的内容被冲掉。当向端口 6000H 写入任意数据时,$\overline{\text{XFER}}$ 信号有效,当 $\overline{\text{WR}}$ 信号到来时,$\overline{\text{LE3}}$ 有效,高 8 位输入锁存器和低 4 位输入锁存器的数据同时被锁存到 12 位 DAC 锁存器,启动转换器。当 $\overline{\text{XFER}}$ 或 $\overline{\text{WR}}$ 信号结束时,12 位 DAC 锁存器将锁存这一数据,直到下一次又送入新的数据为止。由以上分析可见,在传送数据时,要先送 12 位数据中的高 8 位数据,然后再送入低 4 位数据,不能将传送次序颠倒,否则结果就不会正确。此外,单缓冲方式在这里是不合适的,在 12 位数据不是依次写入的情况下,边传送边转换,输出电压会产生瞬间"毛刺"。

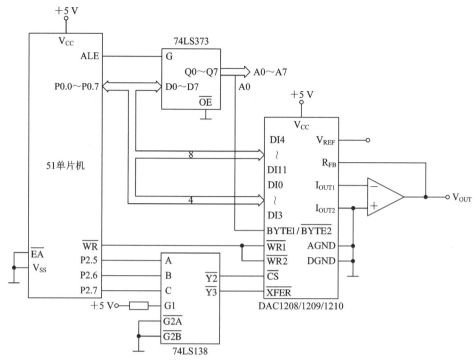

图 6.39　DAC1208 系列与 51 单片机接口示例

针对图 6.39 所示接口电路,将存放在单片机片内 RAM 的两个单元 DIGT 和 DIGET + 1 中的 12 位数字量进行 D/A 转换,12 位数的高 8 位存放在 DIGIT 单元,低 4 位存放在 DIGIT + 1 单元的高半字节。D/A 转换子程序如下:

```
DAC1208DTOA:   MOV   DPTR,#4001H      ;使 DPTR 指向 8 位输入锁存器
               MOV   R1,#DIGIT        ;使 R1 指向 12 位数的高 8 位单元
               MOV   A,@R1            ;取高 8 位转换数据
               MOVX  @DPTR,A          ;向 DAC1208 送高 8 位数据
               DEC   DPTR             ;使 DPTR 指向 4 位输入锁存器
               INC   R1               ;使 R1 指向 12 位数据的低 4 位单元
               MOV   A,@R1            ;取低 4 位转换数据
               SWAP  A                ;将低 4 位数据交换到低半字节
               MOVX  @DPTR,A          ;向 DAC1208 送低 4 位数据
               MOV   DPTR,#6000H      ;使 DPTR 指向 DAC 锁存器
               MOVX  @DPTR,A          ;启动 12 位 D/A 转换
               RET
```

6.5.4　串行 D/A 转换器与单片机的接口

串行 D/A 转换器以串行方式接收数字量,并将其转换成模拟量。串行转换器的转换过程不是将数字量同时转换成相应的模拟量,而是将数字量转换成脉冲序列的数目,一个脉冲相当于数字量的一个单位,然后将每个脉冲变成单位模拟量,并将这些单位模拟量相加

就可得与数字量成正比的模拟量输出。与并行 D/A 转换器比较,串行转换器具有引脚线少、芯片体积小、价格低,与单片机的接口简单等优点,但转换建立时间比并行 D/A 转换器要稍长一些(通常也不超过 100 μs)。对于转换建立时间要求不很苛刻的应用系统,完全可以满足要求。因串行 D/A 转换器有其独特的优点,在单片机应用系统中得到广泛应用。下面以美国 MAXIM 公司生产的 8 位串行 D/A 芯片 MAX517 为例,介绍其接口技术与应用。

1. MAX517 芯片简介

MAX517 是 8 位电压输出型数模转换器,采用 I^2C 串行总线接口,允许多个设备之间进行通信。内部有精密的输出缓冲电源,支持双极性工作方式,工作电源电压为 +5 V。其基本特点如下:

(1) 单独的 5 V 电源供电。

(2) 简单的双线接口。

(3) 与 I^2C 总线兼容。

(4) 支持双极性工作方式。

(5) 上电复位将所有闭锁清零。

(6) 支持 4 μA 掉电工作方式。

(7) 总线上可挂 4 个器件。

MAX517 的引脚如图 6.40 所示。其中 OUT 是输出端,GND 是接地端,SCL 是时钟线,SDA 是数据线,AD0、AD1 用于选择器件,REF 是参考电源接入线,V_{CC} 是工作电源接入线。

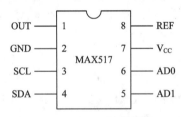

图 6.40　MAX517 引脚信号

2. MAX517 与 51 单片机的接口

对于 51 单片机来说,与 MAX517 有两种接口方式,一种是串行口方式,另外一种是 I/O 口方式。

1) 串行口方式

MAX517 的 2 条 I^2C 串行接口线与单片机的串行口连接如图 6.41(a)所示。把 51 单片机的串行口设置成工作方式 0。此时,51 单片机的串行口为同步移位寄存器方式,其波特率是固定的,为晶振频率 f_{osc} 的 1/12,数据由 RxD 传输,TxD 发送同步移位脉冲,发送或接收 8 位数据,低位在先,高位在后。当一个 8 位的数据写入单片机串行口发送缓冲器 SBUF 时,串行口即将 8 位数据以 $f_{osc}/12$ 的波特率从 RxD 引脚输出(从低位到高位),发送完成时,置中断标志 TI = 1。采用上述传送方式时,正好与 MAX517 的串行口特性相吻合。但值得注意的是,MAX517 的 SCL 接收时钟的最高频率 $f_{max} = 400\ kHz$,而单片机的串口工作在方式 0 时,从 TxD 输出的脉冲频率 $f_{TxD} = f_{osc}/12$。这样就要求 $f_{TxD} = f_{osc}/12 \leqslant 400\ kHz$。也就是说,单片机的晶振频率不能超出 4.8 MHz。若单片机振荡频率 $f_{osc} \leqslant 4.8\ MHz$,虽然照顾了 MAX517 的数据传送，但会导致系统的处理速度大大降低。因此，采用单片机串行口方式时要视具体场合，高速场合通常不可取，只能用在低速场合。另外，采用单片机串行口接 MAX517 时，就不能再与其他系统进行串行通信了。

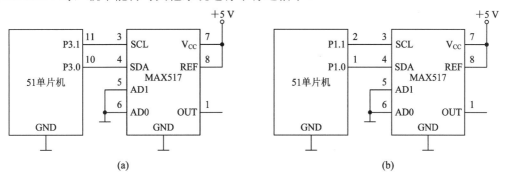

图 6.41 MAX517 与 51 单片机接口示例

(a) 串行工作方式；(b) I/O 口方式

2) I/O 口方式

MAX517 的 2 条 I^2C 串行接口线连接于单片机的 2 条 I/O 口线上。图 6.41(b)是 I/O 口方式接口的一个示例。采用 I/O 口方式接口，必须遵照 MAX517 所要求的 I^2C 串行总线工作时序，从连接的 2 条 I/O 口线上模拟产生时序信号来控制 MAX517 的转换控制。即从 P1.1 输出时钟信号，从 P1.0 逐个地输出地址字节、命令字节和输出字节。MAX517 的转换控制时序及其控制程序，可参阅第 5 章中"I^2C 总线"的内容。

3. 控制 MAX517 转换的应用程序举例

设 MAX517 的地址为 01011000B。MAX517 在收到信号后，使 SDA 变低作为应答信号。

结合图 6.41(a)，控制 MAX517D/A 转换子程序如下：

```
CLR   ES                    ; 关串行口中断
MOV   SCON, #00H            ; 初始化串行口为工作模式 0
MOV   A, #01011000B         ; 发送 MAX517 器件地址
MOV   SBUF, A
JNB   TI, $                 ; 等待地址发送完毕
CLR   TI                    ; 地址发送完，则清 TI 标志
SETB  P3.0
JB    P3.0, $               ; 查应答信号
NOP
MOV   A, #00000000B         ; 发送 MAX517 的命令字节
MOV   SBUF, A
JNB   TI, $                 ; 等待命令字发送完毕
CLR   TI                    ; 命令字发送完，则清 TI 标志
SETB  P3.0
JB    P3.0, $               ; 查应答信号
```

```
NOP
MOV   A，#XXH              ; 发送转换数据
MOV   SBUF，A
JNB   TI，$                ; 等待数据发送完毕
CLR   TI                  ; 数据发送完，则清 TI 标志
SETB  P3.0
JB    P3.0，$             ; 查应答信号
NOP
RET
```

6.6　行程开关、晶闸管、继电器与单片机的接口

行程开关、晶闸管、继电器是单片机工控系统中使用较多的器件，行程开关和继电器的触点常用于单片机的输入端，继电器线圈和晶闸管元件常用于单片机的输出端。这些器件一般都连接在高电压、大电流的大功率工控系统中。为了屏除干扰，它们常通过光电耦合器件与单片机连接。采用光电耦合器件后，单片机用的是一组电源，外围器件用的是另一组电源，二者之间完全隔断了电气联系，而通过光的联系来传递信息。

6.6.1　光电耦合器件

光电耦合器件是由发光二极管(发光源)与受光源(如光敏三极管、光敏晶闸管或光敏集成电路等)封装在一起，构成的电—光—电转换器件。根据受光源结构的不同，可以将光电耦合器件分为晶体管输出的光电耦合器件和晶闸管输出的光电耦合器件两大类。

晶体管输出的光电耦合器件的内部结构如图 6.42 所示。

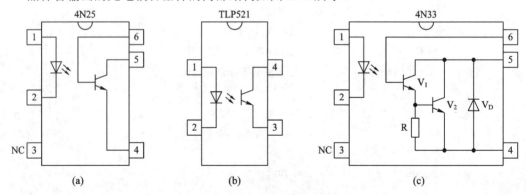

图 6.42　晶体管光电耦合器件结构

在晶体管输出的光电耦合器件中，受光源为光敏三极管。光敏三极管可能有基极(如图 6.42(a)所示的 4N25，此外还有 4N26～4N28)，也可能没有基极(如图 6.42(b)所示的 TLP521，此外还有 TLP124、TLP126 等)。部分光耦输出回路的晶体管采用达林顿结构，以提高电流传输比(如图 6.42(c)所示的 4N33，此外还有 H11G1、H11G2、H11G3 等)。泄放电阻 R 的作用是给 V_1 管的漏电流提供分流通路，防止热电流引起 V_2 管误导通；二极管 V_D 的作用是防止输出管 CE 结反偏，保护输出管。

晶闸管输出的光电耦合器件的内部结构如图 6.43 所示。

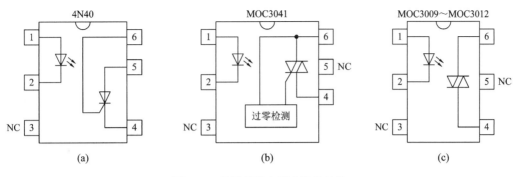

图 6.43 晶闸管光电耦合器件结构

晶闸管(也称可控硅)输出的光电耦合器件受光源为光敏晶闸管或光敏双向晶闸管。输入回路驱动电流是发光二极管的工作电流，一般在 10 mA～30 mA 之间。输出回路中的光敏晶闸管或光敏双向晶闸管耐高压，4N40 和 MOC3041 的输出额定电压高达 400 V，MOC3009～3012 的输出额定电压为 250 V，工作电流为几十到几百毫安，可以直接控制小功率负载或作为大功率可控硅的触发源。

6.6.2 行程开关、继电器触点与单片机的接口

行程开关和继电器常开触点与单片机的接口如图 6.44 所示。当触点闭合时，光耦器件的发光二极管有电流而发光，使右端光敏三极管导通，从而向单片机的一根 I/O 口线送高电平(即数字"1")。而在触点未闭合的状态下，光耦器件不导通，送向单片机 I/O 引脚的是低电平。图中是以按钮开关来代替行程开关、继电器触点的，它们的原理是相同的。所以可用此接口电路的原理来采集输入按钮开关、行程开关、继电器触点的状态信息。

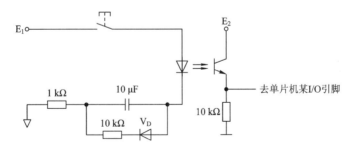

图 6.44 开关、触电状态输入的接口示例

6.6.3 晶闸管元件与单片机接口

光耦晶闸管元件与单片机接口如图 6.45 所示。

图中 7407 作为光耦的输入驱动，R 作为限流电阻，使光耦的输入触发电流控制在 10 mA～30 mA 之间。对于具有控制端的光耦晶闸管，如 4N40 中的 6 脚，不用时通过 10 kΩ 电阻接阴极，而对于 MOC3009～3012 以及 MOC3041 系列来说，5 脚是衬底输出端，不用

时悬空。图中 R_S 和 C_S 构成了无功负载的补偿，以维持负载电压并吸收感性电流，保护可控硅及晶闸管输出光耦不至于损坏。

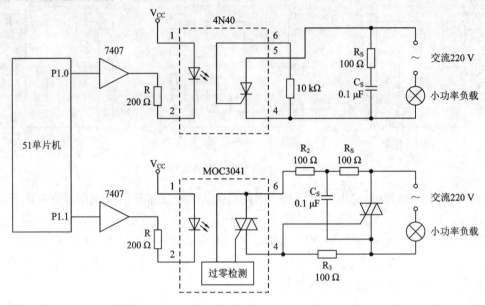

图 6.45　光耦晶闸管与 51 单片机接口示例

为了避免误触发，在 MOC3041 第 4 引脚和外部大功率双向可控硅阴极之间增加了泄放电阻 R_3。R_2 是 MOC3041 导通的限流电阻，可避免因电流过大引起 MOC3041 过流而损坏。

当单片机 P1.1 引脚输出低电平时，MOC3041 内部的发光二极管导通，由于 MOC3041 内部带有过零触发电路，交流电压过零后将触发内部的双向可控硅而导通，使外部大功率双向晶闸管导通，从而接通交流负载。

6.6.4　继电器与单片机接口

小型继电器与单片机的接口电路如图 6.46 所示。当 P1.0 输出低电平时，V_1 导通，继电器吸合；当 P1.0 输出高电平时，V_1 截止，继电器不吸合。在继电器吸合到断开的瞬间，由于线圈中的电流不能突变，将在线圈产生下正上负的感应电压，使晶体管集电极承受很高电压，有可能损坏驱动管 V_1，为此在继电器线圈两端并接一个续流二极管 V_{D2}，使线圈两端的感应电压被箝位在 0.7 V 左右。正常工作时，线圈上的电压上正下负，二极管 V_{D2} 截止，对电路没有影响。当继电器驱动电压 V_{CC} 大于 5 V 时，V_{CC} 电压可能通过三极管 V_1 串入低压回路，为此在 7406 和 V_1 之间加二极管 V_{D2}。

由于继电器由吸合到断开的瞬间会产生一定的干扰，图 6.46(a)仅用于吸合电流很小的微型继电器。当吸合电流比较大时，在单片机与继电器之间需要增加隔离电路，如光耦等，如图 6.46(b)所示。图中 R_1 是光耦输出管集电极限流电阻，R_2 是驱动管 V_1 基极泄放电阻(防止电路过热造成驱动管误导通)，R_2 一般取 4.7 kΩ～10 kΩ 间，太大会失去泄放作用，太小会降低继电器吸合的灵敏度。

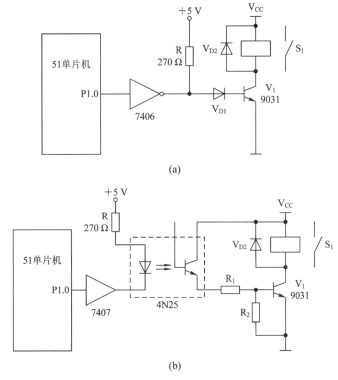

图 6.46　继电器与 51 单片机接口示例

(a) 驱动微型继电器；(b) 驱动较大功率继电器

习 题 六

6-1　简述单片机如何进行键盘的键输入以及怎样实现键功能处理。

6-2　何谓键抖动？键抖动对单片机系统有何影响？如何消除抖动？

6-3　什么是键值？它和键编码有何关系？单片机对键盘上有无按键的识别方法哪有几种？它们对接口电路的要求有什么不同？

6-4　简述单片机对行列式键盘的扫描过程并画出流程图。

6-5　单片机怎样处理多键同时按下的情况？怎样做到键按一次仅处理一次？

6-6　试编制 4×4 键盘的扫描程序。

6-7　共阳极与共阴极 LED 数码管显示器的接法有何不同？二者的显示段码有何关系？

6-8　试根据 LED 数码管显示段码的编码规律写出"S"的显示段码。

6-9　何谓静态显示？何谓动态显示？两种显示方式各有何优缺点？

6-10　单片机系统对 LED 数码管显示段码的译码方式有哪几种？它们对接口电路的要求及显示程序有什么不同？

6-11　编制静态显示程序，要求开始时在数码显示器的最右边一位显示一个"8"字，以后每隔 0.2 秒从右到左依次增加一个"8"字，直到出现 6 个"8"字为止。

6-12　编制动态显示程序实现以下功能：已知，累加器 A 与寄存器 B 中的内容均为十进制数，要求 A 与 B 相加并将结果在 4 位数码管显示器的最右边 2 位上显示出来(不考虑进位)。

6-13　试说明内置 HD44780 驱动控制器的字符型液晶显示模块的工作原理。

6-14　设计一个内置 HD44780 驱动控制器的字符型 LCM 与 51 单片机的接口电路，并编写在字符型液晶显示模块显示"hello"字符的程序。

6-15　ADC0809 的 8 路输入通道是如何选择的？

6-16　设有一个 8 路模拟量输入的巡回检测系统，使用中断方式采样数据，并依次存放在片内 RAM 区从 30H 开始的 8 个单元中。试编写采集一遍数据的主程序和中断服务程序。

6-17　请自行设计一个 AD574 与 51 单片机的接口电路，并编写完成 12 位转换的程序，启动转换采集一次数据并存放在片内 RAM 的 30H 和 31H 单元。

6-18　DAC0832 有几种工作方式？各用于什么场合？如何应用？

6-19　用 DAC0832 芯片，采用单缓冲方式，口地址为 F8FFH，编制产生梯形波的程序。设梯形波的上下沿为满值与 0，宽度自定。

6-20　请自行设计一个 DAC1208 芯片与 51 单片机的接口电路，并编写将存放在片内 RAM 的 30H 和 31H 单元的 12 位数(低 8 位在 30H 单元中，高 4 位在 31H 单元的低半字节)进行转换输出的程序。

6-21　51 单片机与串行 D/A 转换器接口有哪些方式？不同方式下的软件编程有何不同？

6-22　单片机控制大功率对象时，为什么要采用隔离器件进行接口？

6-23　单片机与继电器线圈接口时，应注意什么问题？采取什么措施解决？

第7章 单片机应用系统设计与开发

前面我们介绍了单片机的基本组成结构、功能及其扩展和基本外围设备的接口技术。从单片机应用系统设计的角度看，这些内容仅使我们掌握了单片机的供应状态，或者说，使我们掌握了单片机所提供的软、硬件资源，以及怎样合理地使用这些资源。这为单片机应用系统设计奠定了基础。除此之外，一个实际的单片机应用系统还需多种配置及其接口连接。单片机应用系统设计会涉及更为复杂的内容和问题，如将会涉及多种类型的电路结构：模拟电路、伺服驱动电路、抗干扰隔离电路等。因此，单片机应用系统设计应遵循一些基本原则和方法。从应用角度了解单片机应用系统的结构、设计的内容与一般方法，对于单片机应用系统的工程设计与开发有十分重要的指导意义。

7.1 单片机应用系统结构与应用系统的设计内容

从系统的角度看，单片机应用系统是由硬件系统和软件系统两部分组成的。硬件系统是指单片机及扩展的存储器、外围设备及其接口电路等。软件系统包括监控程序和各种应用程序。

7.1.1 单片机应用系统的一般硬件组成

由于单片机主要用于工业测控，其典型应用系统应包括单片机系统、用于测控目的的前向传感器输入通道、后向伺服控制输出通道以及基本的人机对话通道。大型复杂的测控系统是一个多机系统，还包括机与机之间进行通信的相互通道。

图7.1是一个典型单片机应用系统的结构框图。

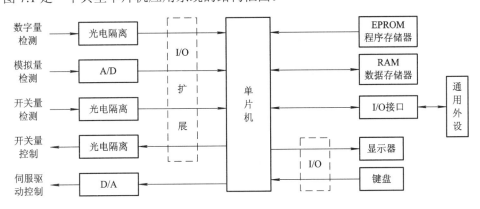

图7.1 典型单片机结构框图

1. 前向通道的组成及其特点

前向通道是单片机与测控对象相连的部分，是应用系统的数据采集输入通道。

来自被控对象的现场信息是各种各样的，按物理量的特征可分为模拟量和数字量及开关量，开关量只有开和关两种状态，可看成数字量。

对于数字量(频率、周期、相位、计数)的采集，输入比较简单。它们可直接作为计数输入、测试输入、I/O 口输入或作为中断源输入进行事件计数、定时计数，实现脉冲的频率、周期、相位及计数测量。对于开关量的采集，一般通过 I/O 口线或扩展 I/O 口线直接输入。一般被控对象都是交变电流、交变电压、大电流系统。而单片机属于数字弱电系统，因此在数字量和开关量采集通道中，要用隔离器件进行隔离(如光电耦元器件)。

模拟量输入通道结构比较复杂，一般包括变换器、隔离放大器、滤波器、采样保持器、多路电子开关、A/D 转器及其接口电路，如图 7.2 所示。

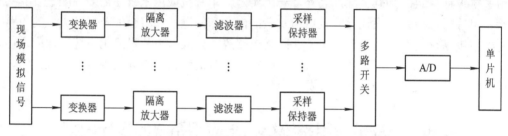

图 7.2　模拟信号采集通道结构图

● 变换器：各种传感器的总称，它采集现场的各种信号，并变换成电信号(电压信号或电流信号)，以满足单片机的输入要求。现场信号各种各样，有电信号(如电压、电流、电磁量等)，也有非电量信号(如温度、湿度、压力、流量、位移量等)，对于不同物理量应选择相应的传感器。

● 隔离放大与滤波：传感器的输出信号一般是比较微弱的，不能满足单片机系统的输入要求，要经过放大处理后才能作为单片机系统的采集输入信号。还有，现场信息来自各种工业现场，夹带大量的噪音干扰信号。为提高单片机应用系统的可靠性，必须隔离或削减干扰信号，这是整个系统抗干扰设计的重点部位。

● 采样保持器：前向通道中的采样保持器有两个作用。一是实现多路模拟信号的同时采集；二是消除 A/D 转换器的"孔径误差"。

一般的单片机应用系统都是用一个 A/D 转换器分时对多路模拟信号进行转换并输入给单片机，而控制系统又要求单片机对同一时刻的现场采样值进行处理，否则将产生很大误差。用一个 A/D 转换器同时对多路模拟信号进行采样是由采样保持器来实现的。采样保持器在单片机的控制下，在某一个时刻采样一路模拟信号瞬时值，并能保持该瞬时值，直到下一次重新采样。

A/D 转换器把一个模拟量转换成数字量总要经过一个时间过程，A/D 转换器从接通模拟信号开始，到转换结束，输出稳定的数字量，这一段时间称为孔径时间。对于一个动态模拟信号，在 A/D 转换器接通的孔径时间里，输入模拟信号值是不确定的，从而会引起输出的不确定性误差。在 A/D 转换器前加设采样保持器，在孔径时间里，使模拟信号保持某一个瞬时值不变，从而可消除孔径误差。

● 多路开关：用多路开关实现一个 A/D 转换器分时对多路模拟信号进行转换。多路开关是受单片机控制的多路模拟电子开关，某一时刻需要对某路模拟信号进行转换，由单片机向多路开关发出路地址信息，使多路开关把该路模拟信号与 A/D 转换器接通，其他路模拟信号与 A/D 转换器不接通，实现有选择的转换。

● A/D 转换器：是前向通道中模拟系统与数字系统连接的核心部件。

综上所述，前向通道具有以下特点：

(1) 与现场采集对象相连，是现场干扰进入的主要通道，是整个系统抗干扰设计的重点部位。

(2) 由于所采集的对象不同，有开关量、模拟量、数字量，而这些都是由安放在测量现场的传感、变换装置产生的，许多参量信号不能满足单片机输入的要求，故有大量的、形式多样的信号变换调节电路，如测量放大器、I/F 变换、A/D 转换、放大、整形电路等。

(3) 前向通道是一个模拟、数字混合电路系统，其电路功耗小，一般没有功率驱动要求。

2. 后向通道的组成与特点

后向通道是应用系统的伺服驱动通道。作用于控制对象的控制信号通常有两种：一种是开关量控制信号，另一种是模拟量控制信号。开关量控制信号的后向通道比较简单，只需采用隔离器件进行隔离及电平转换。模拟控制信号的后向通道，需要进行 D/A 转换、隔离放大、功率驱动等处理。

后向通道具有以下特点：

(1) 后向通道是应用系统的输出通道，大多数需要功率驱动。

(2) 靠近伺服驱动现场，伺服控制系统的大功率负荷易从后向通道进入单片机系统，故后向通道的隔离对系统的可靠性影响很大。

(3) 根据输出控制的不同要求，后向通道电路多种多样，如模拟电路、数字电路、开关电路等，输出信号形式有电流输出、电压输出、开关量输出及数字量输出等形式。

3. 人机通道的结构及其特点

单片机应用系统中的人机通道是用户为了对应用系统进行干预(如启动、参数设置等)以及了解应用系统运行状态所设置的对话通道，主要有键盘、显示器、打印机等通道接口。

人机通道具有以下特点：

(1) 由于通常的单片机应用系统大多数是小规模系统，因此，应用系统中的人机对话通道以及人机对话设备的配置都是小规模的，如微型打印机、功能键、拨码盘、LED/LCD 显示器等。若需高水平的人机对话配置，如通用打印机、CRT、硬盘、标准键盘等，则往往将单片机应用系统通过外总线与通用计算机相连，享用通用计算机的外围人机对话设备。

(2) 单片机应用系统中，人机对话通道及接口大多采用内总线形式，与计算机系统扩展密切相关。

(3) 人机通道接口一般都是数字电路，电路结构简单，可靠性好。

4. 相互通道及其特点

单片机应用系统中的相互通道是解决计算机系统间相互通信的接口。在较大规模的多机测控系统中，就需要设计相互通道接口。

相互通道设计中须考虑如下问题：

(1) 中、高档单片机大多设有串行口，为构成应用系统的相互通道提供了方便。

(2) 单片机本身的串行口只为相互通道提供了硬件结构及基本的通信方式，并没有提供标准的通信规程。故利用单片机串行口构成相互通道时，要配置通信软件。

(3) 在很多情况下，采用扩展标准通信控制芯片来组成相互通道。例如，用扩展 8250、8251、SIO、8273、MC6850 等通用通信控制芯片来构成相互通信接口。

(4) 相互通信接口都是数字电路系统，抗干扰能力强，但大多数都须远距离传输，故需要解决长线传输的驱动、匹配、隔离等问题。

7.1.2　单片机应用系统的设计内容

单片机应用系统设计包含硬件设计与软件设计两部分。硬件设计又包括单片机系统扩展和配置。具体的设计内容包括：

1) 单片机系统设计

单片机本身具备比较强大的功能，但往往不能满足一个实际应用系统的要求。有些单片机本身就缺少一些功能部分，如 MSC-51 系列中的 8031、8032 片内无程序存储器，所以要通过系统扩展，构成一个功能相对完善的计算机系统。它是单片机应用系统中的核心部分。系统的扩展方法、内容、规模与所用的单片机系列及供应状态有关。单片机具有较强的外部扩展通信能力，能方便地扩展至应用系统所要求的规模。单片机应用系统中，单片机系统扩展的设计内容如下：

(1) 最小系统设计：给单片机配以必要的器件构成单片机最小系统。如 MSC-51 系列片内有程序存储器的机型，只需在片外配上电源、复位电路、振荡电路，这样便于对单片机系统进行测试与调试。

(2) 系统扩展设计：在单片机最小系统的基础上，再配置能满足应用系统要求的一些外围功能器件。

2) 通道与接口设计

由于通道大都是通过 I/O 口进行配置的，与单片机本身的联系不甚紧密，故大多数接口电路都能方便地移植到其他类型的单片机应用系统中去。

3) 系统抗干扰设计

抗干扰设计要贯穿到应用系统设计的全过程。从具体方案、器件选择到电路系统设计；从硬件系统设计到软件系统设计，都要把抗干扰设计列为一项重要工作。

4) 应用软件设计

应用软件设计是根据系统功能要求，采用汇编语言或高级语言进行设计。

7.2　单片机应用系统开发过程

单片机应用系统开发各阶段的详细工作内容如图 7.3 所示。

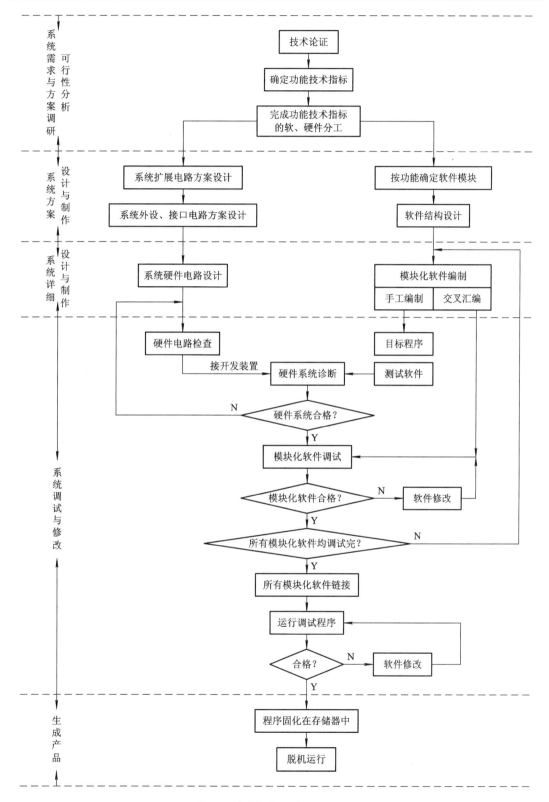

图 7.3 单片机应用系统开发流程

7.2.1 系统需求与方案调研

在确定开发课题后，首先需进行系统需求与方案调研。本部分工作的目的是通过市场或用户，了解用户对拟开发应用系统的设计目标和技术指标要求。方案调研包括查找资料、分析研究，并解决以下问题：

(1) 了解国内外同类系统的开发水平、器材、设备水平和供应状态；对接收委托研制项目，还应充分了解对方的技术要求、环境状况、技术水平，以确定课题的技术难度。

(2) 了解可移植的硬、软件技术。能移植的尽量移植，以防止大量低水平重复劳动。

(3) 摸清硬、软件技术难度，明确技术主攻方向。

(4) 综合考虑硬、软件分工与配合方案。单片机应用系统设计中，硬、软件工作具有密切的相关性。

经过需求与方案调研，整理出需求和方案报告，作为系统可行性的主要依据。

7.2.2 可行性分析

可行性分析的目的是对系统开发研制的必要性及可行性作出明确的判定结论。根据这一结论决定系统的开发研制工作是否进行下去。

可行性分析通常从以下几个方面进行论证：

(1) 市场或用户的需求情况。

(2) 经济效益和社会效益。

(3) 技术支持与开发环境。

(4) 现在的竞争力与未来的生命力。

市场或用户需求加上良好的经济与社会效益是单片机应用系统开发研制应具备的必要条件；而根据调查结果确定的实现目标是整个开发工作的核心。然而所设计的单片机应用系统能否达到预期的目标，与设计人员的技术水平和开发环境(包括资金)密切相关。如果没有足够的技术储备与良好的开发环境支持，就难以设计出高水平的单片机应用系统。为使设计的系统具有较强的竞争力与生命力，应对系统的功能、技术先进性、操作简便性、安全可靠性及价格等方面进行仔细研究，精心设计。由于单片机技术发展非常快，因此，在设计单片机应用系统时，要有一定的超前意识，及时掌握单片机新技术，在条件允许的情况下，尽可能利用最新的单片机技术来研制其应用系统，以保证所设计的系统在未来一段时间内仍有生命力。

通过上述论证形成可行性报告。在系统具有可行性的情况下，制定开发计划，同时进入系统方案设计阶段。

7.2.3 系统方案设计

系统方案设计主要依据市场或用户的需求、应用系统环境状况、关键技术支持等，设计系统功能、结构及其实现方法。

系统功能设计包括系统总体目标功能的确定及系统硬、软件模块功能的划分及其协调关系。

系统结构设计是根据系统硬、软件功能的划分及其协调关系，确定系统硬件结构和软件结构。系统硬件结构设计的主要内容包括单片机系统扩展方案和外围设备的配置及其接口电路方案，最后要以逻辑框图形式描述出来。系统软件结构设计主要完成的任务是确定出系统软件功能模块的划分及各功能模块的程序实现的技术方法，最后以结构框图或流程图描述出来。

本阶段的工作是为整个应用系统的实现建立一个框架，即建立系统的逻辑模型，是系统实现的基础。因此，这项工作必须放眼全局，仔细、周密地考虑。

7.2.4 系统详细设计与制作

系统详细设计与制作就是将前面的系统方案付诸实施，将硬件框图转化成具体电路，并制作成电路板，将软件框图或流程图转换成程序代码。

7.2.5 系统调试与修改

系统调试是指检测所设计系统的正确性与可靠性。单片机应用系统设计是一个相当复杂的劳动过程，在设计、制作中，难免存在一些局部性问题或错误。系统调试中可发现存在的问题和错误，并及时地进行修改。调试与修改的过程可能要反复多次，最终使系统试运行成功，并达到设计要求。

7.2.6 生成正式系统(或产品)

系统硬、软件调试通过后，把链接调试完毕的系统软件固化在 ROM 或存储在 Flash 存储器中，然后脱机(脱离开发系统)运行，在真实环境或模拟真实环境下运行，经反复运行正常，开发过程即告结束。这时的系统只能作为样机系统，给样机系统加上外壳、面板，再配上完整的文档资料，就可生成正式的系统(或产品)。

7.3 单片机应用系统的一般设计方法

在单片机应用系统开发过程中，我们只介绍了每一个开发阶段的主要任务，但每个阶段还有许多更详细的设计内容。本节主要介绍有关详细设计的一般性指导方法。

7.3.1 确定系统的功能与性能

由需求调查可以确定出单片机应用系统的设计目标，这一目标包括系统功能和性能。

系统功能主要有数据采集、数据处理、输出控制等。每一个功能又可细分为若干个子功能。比如数据采集可分为模拟信号采集与数字信号采集。模拟信号采集与数字信号采集在硬件支持与软件控制上是有明显差异的。数据处理可分为预处理、功能性处理、抗干扰等子功能。而功能性处理还可以继续划分为各种信号处理等。输出控制按控制对象的不同，可分为各种控制功能，如继电器控制、D/A 转换控制、数码管显示控制等。

在确定了系统的全部功能之后，就应确定各种功能的实现途径，即哪些功能由硬件完成，哪些功能由软件完成。这就是系统软、硬件功能的划分。

系统性能主要由精度、速度、功耗、体积、重量、价格、可靠性等技术指标来衡量。系统研制前，要根据需求调查结果给出上述各指标的定额。一旦这些指标被确定下来，整个系统将在这些指标的限定下进行设计。系统的速度、体积、重量、价格、可靠性等指标会影响系统软、硬件功能的划分。系统功能尽可能用硬件完成，这样可提高系统的工作速度，但系统的体积、重量、功耗、硬件成本都相应地增大，而且还增加了硬件所带来的不可靠因素。用软件功能尽可能地代替硬件功能，可使系统体积、重量、功耗、硬件成本降低，并可提高硬件系统的可靠性，但是可能会降低系统的工作速度。因此，在进行系统功能的软、硬件划分时，一定要依据系统性能指标综合考虑。

7.3.2　确定系统基本结构

单片机应用系统结构一般是以单片机为核心的。在单片机外部总线上要扩展连接相应的功能部件，配置相应的外部设备和通道接口。因此，系统中单片机的选型、存储器分配、通道划分、输入/输出方式及系统中硬、软件功能划分都对单片机应用系统结构有直接影响。

1. 单片机选型

不同系列、不同型号的单片机内部结构、外部总线特征均不同，从而，应用系统中的单片机系列或型号直接决定其总体结构。因此，在确定系统基本结构时，首先要选择单片机的系列或型号。

选择单片机应考虑以下几个主要因素：

(1) 单片机性价比。应根据应用系统的要求和各种单片机的性能，选择最容易实现产品技术指标的机型，而且能达到较高的性能价格比。性能选择得过低，将给组成系统带来麻烦，甚至不能满足要求；性能选得过高，就可能大材小用，造成浪费，有时还会带来问题，使系统复杂化。

(2) 开发周期。选择单片机时，既要考虑具有新技术的新机型，更重要的应考虑应用技术成熟、有较多软件支持、能得到相应单片机开发工具的比较成熟的机型。这样可借鉴许多现成的技术，移植一些现成软件，可以节省人力、物力、缩短开发周期，降低开发成本，使所开发系统具有竞争力。

在此需要特别指出的是：在选择单片机芯片时，一般选择内部不含 ROM 的芯片比较合适，通过外部扩展 EPROM 和 RAM 即可构成系统，这样不需专门的设备即可固化应用程序。可以选择内部有 Flash 存储器的机型。Flash 存储器在不加电情况下能长期保存信息，又能在线进行擦除和重写，且擦写和编程使用标准电压。当设计的应用系统批量比较大时，可选择带 ROM、EPROM、OTPROM 或 EEPROM 等的单片机，这样可使系统更加简单。通常的做法是在软件开发过程中采用 EPROM 型或 Flash 存储器芯片，而最终产品采用 OTPROM 型芯片(一次性可编程 EPROM 芯片)，这样可以提高产品的性能价格比。

总之，对单片机芯片的选择绝不是传统意义上的器件选择，它关系到单片机应用系统的整体方案、技术指标、功耗、可靠性、外设接口、通信方式、产品价格等。所以，设计人员必须反复推敲、慎重选择。

2. 存储空间分配

存储空间分配既影响单片机应用系统硬件结构，也影响软件的设计及系统调试。

不同的单片机具有不同的存储空间分布。51 单片机的程序存储器与数据存储器空间相互独立，工作寄存器、特殊功能寄存器与内部数据存储器共享一个存储空间，I/O 端口则与外部数据存储器共享一个空间。总的来说，大多数单片机都存在不同类型的器件共享同一个存储空间的问题。因此，在系统设计时就要合理地为系统中的各种部件分配有效的地址空间，以便简化译码电路，并使 CPU 能准确地访问到指定部件。

3．I/O 通道划分

单片机应用系统中通道的数目及类型直接决定系统结构。设计中应根据被控对象所要求的输入/输出信号的数目及类型，确定整个应用系统的通道数目及类型。

4．I/O 方式的确定

采用不同的输入/输出方式，对单片机应用系统的硬、软件要求是不同的。在单片机应用系统中，常用的 I/O 方式主要有无条件传送方式、查询方式和中断方式。这三种方式的硬件要求和软件结构各不相同，而且存在着明显的优缺点。在一个实际应用系统中，选择哪一种 I/O 方式，要根据具体的外设工作情况和应用系统的性能技术指标综合地考虑。一般来说，无条件传送方式只适用数据变化非常缓慢的外设，这种外设的数据可视为常态数据；中断方式处理器效率较高，但硬件结构稍复杂一些；而询问方式硬件结构相对简单，但处理器效率比较低，速度比较慢。在一般小型的应用系统中，由于速度要求不高，控制的对象也较少，大多采用询问方式。

5．软、硬件功能划分

同一般的计算机系统一样，单片机应用系统的软件和硬件在逻辑上是等效的。具有相同功能的单片机应用系统，其软、硬件功能可以在很宽的范围内变化。一些硬件电路的功能可以由软件来实现，反之亦然。在应用系统设计中，系统的软、硬件功能划分要根据系统的要求而定，多用硬件来实现一些功能，可以提高速度，减少存储容量和软件研制的工作量，但会增加硬件成本，降低硬件的利用率和系统的灵活性与适应性。相反，若用软件来实现某些硬件功能可以节省硬件开支，提高灵活性和适应性，但速度要相应下降，软件设计费用和所需存储容量要增加。因此，在总体设计时，必须权衡利弊，仔细划分应用系统中的硬件和软件功能。

7.3.3 单片机应用系统硬、软件的设计原则

1．硬件系统设计原则

一个单片机应用系统的硬件电路设计包括两部分内容：一是单片机系统扩展，即单片机内部的功能单元(如程序存储器、数据存储器、I/O、定时计数器、中断系统等)的容量不能满足应用系统的要求时，必须在片外进行扩展，选择适当的芯片，设计相应的扩展连接电路；二是系统配置，即按照系统功能要求配置外围设备，如键盘、显示器、打印机、A/D 转换器、D/A 转换器等，要设计合适的接口电路。

系统扩展和配置设计应遵循下列原则：

(1) 尽可能选择典型通用电路，并符合单片机的常规用法。为硬件系统的标准化、模块化奠定良好的基础。

(2) 系统的扩展与外围设备配置的水平应充分满足应用系统当前的功能要求，并留有适当余地，便于以后进行功能扩充。

(3) 硬件结构应结合应用软件方案一并考虑。硬件结构与软件方案会产生相互影响，

考虑的原则是：软件能实现的功能尽可能由软件实现，即尽可能地以软件代硬件，以简化硬件结构，降低成本，提高可靠性。但必须注意，由软件实现的硬件功能，其响应时间要比直接用硬件来得长。因此，某些功能选择以软件代硬件实现时，应综合考虑系统响应速度、实时要求等相关的技术指标。

(4) 整个系统中相关的器件要尽可能做到性能匹配。例如，选用晶振频率较高时，存储器的存取时间就短，应选择允许存取速度较快的芯片；选择 CMOS 芯片单片机构成低功耗系统时，系统中的所有芯片都应该选择低功耗产品。如果系统中相关的器件性能差异很大，系统综合性能将降低，甚至不能正常工作。

(5) 可靠性及抗干扰设计是硬件设计中不可忽视的一部分，它包括芯片、器件选择、去耦滤波、印刷电路板布线、通道隔离等。如果设计中只注重功能实现，而忽视可靠性及抗干扰设计，到头来只能是事倍功半，甚至会造成系统崩溃。

(6) 单片机外接电路较多时，必须考虑其驱动能力(驱动能力不足时，系统工作不可靠)。解决的办法是增强驱动能力，增加总线驱动器或者减少芯片功耗，降低总线负载。

2. 应用软件设计的特点

应用软件是根据系统功能设计的，应可靠地实现系统的各种功能。应用系统种类繁多，应用软件各不相同，但是一个优秀的应用系统的软件应具有以下特点：

(1) 软件结构清晰、简洁、流程合理。

(2) 各功能程序实现模块化、系统化。这样，既便于调试、连接，又便于移植、修改和维护。

(3) 程序存储区，数据存储区规划合理，既能节约存储容量，又能给程序设计与操作带来方便。

(4) 运行状态实现标志化管理。各个功能程序运行状态、运行结果以及运行需求都设置状态标志以便查询，程序的转移、运行、控制都可通过状态标志条件来控制。

(5) 经过调试修改后的程序应进行规范化，除去修改"痕迹"，规范化的程序便于交流、借鉴，也为今后的软件模块化、标准化打下基础。

(6) 实现全面软件抗干扰设计。软件抗干扰是计算机应用系统提高可靠性的有力措施。

(7) 为了提高运行的可靠性，在应用软件中设置自诊断程序，在系统运行前先运行自诊断程序，用以检查系统各特征参数是否正常。

7.3.4　硬件设计

单片机应用系统硬件设计是围绕单片机功能扩展和外围设备配置及其接口而展开的。硬件设计主要包括下面几部分。

1) 程序存储器

若单片机内无片内程序存储器或存储容量不够，需外部扩展程序存储器。外部扩展的存储器通常选用 EPROM 或 EEPROM。EPROM 集成度高、价格便宜，EEPROM 编程容易，当程序量较小时，使用 EEPROM 较方便；当程序量较大时，采用 EPROM 更经济。

2) 数据存储器

大多数单片机都提供了小容量的片内数据存储区，只有当片内数据存储区不够用时才扩展外部数据存储器。

　　数据存储器的设计原则是：在存储容量满足的前提下，尽可能减少存储芯片的数量。建议使用大容量的存储芯片以减少存储器芯片数目，但应避免盲目地扩大存储器容量。

　　3) I/O 接口

　　由于外设多种多样，使得单片机与外设之间的接口电路也各不相同。因此，I/O 接口常常是单片机应用系统中设计最复杂也是最困难的部分之一。

　　I/O 接口大致可归类为并行接口、串行接口、模拟采集通道(接口)、模拟输出通道(接口)等。目前有些单片机已将上述一些接口集成在单片机内部，使 I/O 接口设计大大简化。系统设计时，可以选择含有所需接口的单片机。

　　4) 译码电路

　　当需要外部扩展电路时，就需要设计译码电路。译码电路要尽可能简单，这就要求存储空间分配合理，译码方式选择得当。

　　考虑到修改方便与保密性，译码电路除了可以使用常规的门电路、译码器实现外，还可以利用只读存储器与可编程门阵列来实现。

　　5) 总线驱动器

　　51 单片机的 P0 和 P2 口作外部系统数据/地址总线。如果单片机外部扩展的器件较多，负载过重，就要考虑设计总线驱动器。51 单片机的 P0 口负载能力为 8 个 TTL 芯片，P2 口负载能力为 4 个 TTL 芯片，如果 P0、P2 实际连接的芯片数目超出上述定额，就必须在 P0、P2 口增加总线驱动器来提高它们的驱动能力。P0 口应使用双向数据总线驱动器(如 74LS245)，P2 口可使用单向总线驱动器(如 74LS244)。

　　6) 抗干扰电路

　　针对可能出现的各种干扰，应设计抗干扰电路。在单片机应用系统中，一个不可缺少的抗干扰电路就是抗电源干扰电路。最简单的实现方法是在系统弱电部分(以单片机为核心)的电源入口对地跨接 1 个大电容(100 μF 左右)与一个小电容(0.1 μF 左右)，在系统内部芯片的电源端对地跨接 1 个小电容(0.01 μF～0.1 μF)。

　　另外，可以采用隔离放大器、光电隔离器件抗共地干扰；采用差分放大器抗共模干扰；采用平滑滤波器抗白噪声干扰；采用屏蔽手段抗辐射干扰等。

　　要注意的是，在系统硬件设计时，要尽可能充分地利用单片机的片内资源，使设计的电路向标准化、模块化方向靠拢。

　　硬件设计后，应画出硬件电路原理图并编写硬件设计说明书。

7.3.5　软件设计

　　整个单片机应用系统是一个整体，在进行应用系统总体设计时，软件设计和硬件设计应统一考虑，相互结合进行。当系统的硬件电路设计定型后，软件的任务也就明确了。

　　一个应用系统中的软件一般由系统的监控程序和应用程序两部分构成。其中，应用程序是用来完成诸如测量、计算、显示、打印、输出控制等各种实质性功能的软件；系统监控程序是控制单片机系统按预定操作方式运行的程序，它负责组织调度各应用程序模块，完成系统自检、初始化、处理键盘命令、处理接口命令、处理条件触发和显示等功能。此外，监控程序还监视系统的正常运行与否。单片机应用系统中的软件一般是用高级语言与汇编语言混合编写，编写程序时常常与输入、输出接口设计和存储器扩展交织在一起。因此，软件设计是系统开发过程中最重要也是最困难的任务，它直接关系到实现系统的功能和性能。

系统软件设计时，应根据系统软件功能要求，将系统软件分成若干个相对独立的部分，并根据它们之间的联系和时间上的关系，设计出合理的软件总体结构。通常在编制程序前，先根据系统输入和输出变量建立起正确的数学模型，然后画出程序流程框图，要求流程框图结构清晰、简洁、合理。画流程框图时，还要对系统资源作具体的分配和说明。编制程序一般采用自顶向下的程序设计技术，先设计监控程序再设计各应用程序模块。各功能程序应模块化、子程序化，这样不仅便于调试、连接，还便于修改和移植。

7.3.6　资源分配

合理的资源分配涉及能否充分发挥单片机的性能，有效正确地编制程序的重要工作内容。

一个单片机应用系统所拥有的硬件资源分片内和片外两部分。片内资源是指单片机本身包括的中央处理器、程序存储器、数据存储器、定时器/计数器、中断器、I/O 接口以及串行通信接口等。这部分硬件资源的种类和数量，不同类型的单片机之间差别很大，当设计人员选定某种型号的单片机进行系统设计时，应充分利用片内的各种硬件资源。但是在应用中，若片内的硬件资源不够使用，就需要在片外加以扩展。通过系统扩展，单片机应用系统具有了更多的硬件资源，因而有了更强的功能。

由于定时器/计数器、中断源等资源的分配比较容易，因此下面只介绍程序存储器和数据存储器资源的分配。

1．程序存储器资源的分配

程序存储器用于存放程序和数据表格。按照 51 单片机的复位及中断入口的规定，002FH 以前的地址单元作为中断、复位入口地址区。在这些单元中一般都设置了转移指令，用于转移到相应的中断服务程序或复位启动程序。当程序存储器中存放的功能程序及子程序数量较多时，应尽可能为它们设置入口地址表。一般将常数、表格集中设置在表格区。二次开发扩展区尽可能放在高位地址区。

2．数据存储器的资源分配

数据存储器可分为片内和片外两部分。片外容量比较大，通常用来存放批量大的数据，如采样结果数据；片内容量较小，应尽量交替重叠使用，比如数据暂存区与显示、打印缓冲区重叠。

对于 51 单片机来说，片内 RAM 是指 00H～7FH 单元。这 128 个单元又划分为工作寄存器区、位寻址区和用户数据区。分配时应注意发挥各自的特点，做到物尽其用。片内 RAM 资源分配是一项慎重而细致的工作，分配时既要按功能分区使用，又可按系统需求灵活调配。如果某一功能区仅使用其中一部分，则剩余部分存放用户数据。灵活调配的原则是：各功能数据不发生冲突，即避免不同数据挤占一个存储区或一个存储单元，造成数据丢失。

需要特别强调，00H～1FH 这 32 个字节为工作寄存器组区，在工作寄存器的 8 个单元中，R0 和 R1 具有指针功能，是编程的重要角色，应充分发挥其作用。51 单片机在片内

RAM 中设置 4 组工作寄存器，为中断处理或子程序调用中保护现场信息提供方便。系统上电复位时，置(PSW) = 00H，(SP) = 07H，即设置当前工作寄存器为 0 组，堆栈从第 1 组工作寄存器开始，并向工作寄存器组 2、3 延伸。若在应用系统需要使用多组寄存器，也使用堆栈，则应在主程序中将堆栈空间设置在其他位置。

7.4　单片机应用系统的调试

　　单片机应用系统调试是系统开发的重要环节。当完成了单片机应用系统的硬件、软件设计和硬件组装后，便可进入单片机应用系统调试阶段。系统调试的目的是要查出用户系统中硬件设计与软件设计中存在的错误及可能出现的不协调的问题，以便及时修改，最终使用户系统能正确的工作。

　　最好能在方案设计阶段考虑系统调试问题，如采取什么调试方法、使用何种调试仪器等，以便在系统方案设计时将必要的调试方法综合进软、硬件设计中，或提早做好调试准备工作。

　　系统调试包括软件调试、硬件调试及软、硬件联调。根据调试环境不同，系统调试又分为模拟调试与现场调试。各种调试所起的作用是不同的，它们所处的时间段也不一样，但它们的目标是一致的，都是为了查出用户系统中潜在的错误。

7.4.1　硬件调试

　　硬件调试是利用开发系统、基本测试仪器(万用表、示波器等)，通过执行开发系统有关命令或运行适当的测试程序(也可以是与硬件有关的部分用户程序段)，检查用户系统硬件中存在的故障。

　　硬件调试可分静态调试与动态调试两步进行。

1. 静态调试

静态调试是在用户系统未工作时的一种硬件检查。

　　静态调试的第一步为目测。单片机应用系统中大部分电路安装在印制电路板上，因此对每一块加工好的印制电路板要进行仔细的检查。检查印制线是否有断线，是否有毛刺，是否与其他线或焊盘粘连，焊盘是否脱落，过孔是否有未金属化现象等。如印制板无质量问题，则将集成芯片的插座焊接在印制板上，并检查其焊点是否有毛刺，是否与其他印制线或焊盘连接，焊点是否光亮饱满无虚焊。对单片机应用系统中所用的器件与设备，要仔细核对型号，检查它们对外连线(包括集成芯片引脚)是否完整无损。通过目测查出一些明显的器件、设备故障并及时排除。

　　第二步为万用表测试。目测检查后，可用万用表进行测试。先用万用表复核目测中认为可疑的连接或接点，检查它们的通断状态是否与设计规定相符。再检查各种电源线与地线之间是否有短路现象，如有再仔细查出并排除。短路现象一定要在器件安装及加电前查出。如果电源与地之间短路，系统中所有器件或设备都可能被毁坏，后果十分严重。所以，对电源与地的处理，在整个系统调试及今后的运行中都要特别小心。

　　如有现成的集成芯片性能测试仪器，此时应尽可能地将要使用的芯片进行测试筛选，其他的器件、设备在购买或使用前也应当尽可能做必要的测试，以便将性能可靠的器件、设备用于系统安装。

第三步为加电检查。当给印制板加电时，首先检查所有插座或器件的电源端是否有符合要求的电压值(注意，单片机插座上不应有大于 5 V 的电压，否则联机时将损坏仿真器)，接地端电压值是否接近于零，接固定电平的引脚端是否电平正确。然后在断电状态下将芯片逐个插入印制板上的相应插座中，每插入 1 块做一遍上述的检查，特别要检查电源到地是否短路，这样就可以确定电源错误或与地短路发生在哪块芯片上。全部芯片插入印制板后，如均未发现电源或接地错误，将全部芯片取下，把印制板上除芯片外的其他器件逐个焊接上去，并反复做前面的各电源、电压检查，避免因某器件的损坏或失效造成电源对地短路或其他电源加载错误。

在对各芯片、器件加电过程中，还要注意观察芯片或器件是否出现打火、过热、变色、冒烟、异味等现象，如出现这些现象，应立即断电，仔细检查电源加载等情况，找出产生异常的原因并加以解决。

此外，也可以在加电期间，利用给逻辑功能简单的芯片加载固定的输入电平，用万用表测其输出电平来判定该芯片的好坏。如将反相器的输入端接地，其输出端应为高电平，否则，该反相器有问题。

第四步是联机检查。因为只有用单片机开发系统才能完成对用户系统的调试，而动态测试也需要在联机仿真的情况下进行。因此，在静态检查印制板、连接、器件等部分无物理性故障后，即可将用户系统与单片机开发系统用仿真电缆连接起来。联机检查上述连接是否正确，是否连接畅通、可靠。

静态调试完成后，接着进行动态调试。

2．动态调试

动态调试是在用户系统工作的情况下发现和排除硬件中存在的器件内部故障、器件间连接逻辑错误等情况的一种硬件检查。由于单片机应用系统的硬件动态调试是在开发系统的支持下完成的，故又称为联机仿真或联机调试。

动态调试的一般方法是由近及远、由分到合。

由分到合指的是，首先按逻辑功能将用户系统硬件电路分为若干块，如程序存储器电路，A/D 转换电路、继电器控制电路等，再分块调试。当调试某块电路时，与该电路无关的器件全部从用户系统中去掉，这样，可将故障范围限定在某个局部的电路上。当各块电路调试无故障后，再将各电路逐块加入系统中，再对各块电路功能及各电路间可能存在的相互联系进行试验。此时若出现故障，则最大可能是在各电路协调关系上出现了问题，如交互信息的联络是否正确，时序是否达到要求等。直到所有电路加入系统后各部分电路仍能正确工作为止，由分到合的调试即告完成。在经历了这样一个调试过程后，大部分硬件故障基本上可以排除。

在有些情形下，由于功能要求较高或设备较复杂使某些逻辑功能块电路较为复杂庞大，为故障的准确定位带来一定的难度。这时对每块电路以处理信号的流向为线索，将信号流经的各器件按照与单片机的逻辑距离进行由近及远地分层，进行调试。调试时，仍采用去掉无关器件的方法，这样逐层依次调试下去，就可能将故障定位在具体器件上。例如，调试外部数据存储器时，可按层先调试总线电路(如数据收发器)，然后调试译码电路，最后加上存储芯片，利用开发系统对其进行读写操作，就能有效地调试数据存储器。显然，每部分出现的问题只局限在一个小范围内，因此有利于故障的发现和排除。

动态调试借用开发系统资源(单片机、存储器等)来调试用户系统中单片机的外围电路，利用开发系统友好的人机界面，可以有效地对用户系统的各部分电路进行访问、控制，使系统在运行中暴露问题，从而发现故障。典型有效地访问、控制各部分电路的方法是对电路进行循环读或写操作(时钟等特殊电路除外，这些电路通常在系统加电后会自动运行)，使得电路中主要测试点的状态能够用常规测试仪器(示波器、万用表等)测试出，依次检测被调试电路是否按预期的状态进行工作。

7.4.2　软件调试

软件调试是通过对用户程序的汇编/编译、连接、执行来发现程序中存在的语法错误与逻辑错误并加以排除纠正的过程。

软件调试的一般方法是先独立后联机、先分块后组合、先单步后连续。

1．先独立后联机

从宏观来说，单片机应用系统中的软件与硬件是密切相关、相辅相成的。软件是硬件的灵魂，没有软件，系统将无法工作；同时，大多数软件运行又依赖于硬件，没有相应的硬件支持，软件的功能便荡然无存。因此，将两者完全孤立开来是不可能的。然而，并不是用户程序的全部都依赖于硬件，当软件对被测试参数进行加工处理或做某项事务处理时，往往是与硬件无关的。这样，就可以通过对用户程序的仔细分析，把与硬件无关的、功能相对独立的程序段抽取出来，形成与硬件无关和依赖于硬件的两大类用户程序块。这一划分工作在软件设计时就应充分考虑。

在具有交叉汇编软件的主机或与主机联机的仿真机上，此时与硬件无关的程序块调试就可以与硬件调试同步地进行，以提高软件调试的速度。

当与硬件无关程序块全部调试完成且用户系统的调试也已完成后，可将仿真机与主机和用户系统连接起来，进行系统联调。在系统联调中，先对依赖于硬件的程序块进行调试，调试成功后，再进行两大程序块的有机组合及总调试。

2．先分块后组合

如果用户系统规模较大、任务较多，即使先行将用户程序分为与硬件无关和依赖于硬件两大部分，但这两部分程序仍较为庞大的话，那么采用笼统的方法从头至尾调试既费时间又不容易进行错误定位。所以，常规的调试方法是分别对两类程序块进一步采用分模块调试，以提高软件调试的有效性。

在调试时所划分的程序模块应基本保持与软件设计时的程序功能模块或任务一致。除非某些程序功能块或任务较大才将其再细分为若干个子模块。但要注意的是，子模块的划分与一般模块的划分应一致。

每个程序模块调试完后，将相互有关联的程序模块逐块组合起来加以调试，以解决在程序模块连接中可能出现的逻辑错误。对所有程序模块的整体组合是在系统联调中进行的。由于各个程序模块通过调试已排除了内部错误，所以软件总体调试的错误就大大减少了，而调试成功的可能性也就大大提高了。

3. 先单步后连续

调试好程序模块的关键是实现对错误的正确定位。准确发现程序(或硬件电路)中错误的最有效方法是采用单步加断点运行方式调试程序。单步运行可以了解被调试程序中每条指令的执行情况，分析指令的运行结果可以知道该指令执行的正确性，并进一步确定是由于硬件电路错误、数据错误还是程序设计错误等引起了该指令的执行错误，从而发现、排除错误。

但是，所有程序模块都以单步方式查找错误的话，实在是一件既费时又费力的工作，而且对于一个优秀的软件设计人员来说，设计错误率是较低的。所以，为了提高调试效率，一般采用先使用断点运行方式将故障定位在程序的一个小范围内，然后针对故障程序段再使用单步运行方式来精确定位错误所在，这样就可以做到调试快捷和准确。一般情况下，单步调试完成后，还要做连续运行调试，以防止某些错误在单步执行的情况下被掩盖。

有些实时性操作(如中断等)利用单步运行方式无法调试，必须采用连续运行方法进行调试。为了准确地对错误进行定位，可使用连续加断点运行方式调试这类程序，即利用断点定位的改变，一步步缩小故障范围，直至最终确定出错误位置并加以排除。

7.4.3 系统联调

系统联调是指让用户系统的软件在其硬件上实际运行，进行软、硬件联合调试，从中发现硬件故障或软、硬件设计错误。这是对用户系统检验的重要的一关。

系统联调主要解决以下问题：

(1) 软、硬件能否按预定要求配合工作，如果不能，那么问题出在哪里？如何解决？

(2) 系统运行中是否有潜在的设计时难以预料的错误？如硬件延时过长造成工作时序不符合要求，布线不合理造成有信号串扰等。

(3) 系统的动态性能指标(包括精度、速度参数)是否满足设计要求？

系统联调时，首先采用单步、断点、连续运行方式调试与硬件相关的各程序段，既可以检验这些用户程序段的正确性，又可以在各功能独立的情况下，检验软、硬件的配合情况。然后，将软、硬件按系统工作要求进行综合运行，采用全速断点、连续运行方式进行总调试，以解决在系统总体运行情况下软、硬件的协调与提高系统动态性能。在具体操作中，用户系统在开发系统环境下，先借用仿真器的单片机、存储器等资源进行工作。若发现问题，按上述软、硬件调试方法准确定位错误，分析错误原因，找出解决办法。用户系统调试完后，将用户程序固化到用户系统的程序存储器中，再借用仿真器单片机，使用户系统运行。若无问题，则用户系统插上单片机即可正确工作(注意，不要忘记用户系统时钟、复位电路的调试)。

7.4.4 现场调试

一般情况下，通过系统联调后，用户系统就可以按照设计目标正常工作了。但在某些情况下，由于用户系统运行的环境较为复杂(如环境干扰较为严重、工作现场有腐蚀性气体等)，在实际现场工作之前，环境对系统的影响无法预料，只能通过现场运行调试来发现问题，找出相应的解决方法；或者虽然已经在系统设计时考虑到抗干扰的对策，但是否行之有效，还必须通过用户系统在实际现场的运行来加以验证。另外，有些用户系统的调试是在用模拟设备代替实际监测、控制对象的情况下进行的，这就更有必要进行现场调试，以检验用户系统在实际工作环境中工作的正确性。

总之，现场调试对用户系统的调试来说是最后必需的一个过程，只有经过现场调试的用户系统才能保证其可靠地工作。现场调试仍需利用开发系统来完成，其调试方法与前述类似。

7.5 51单片机应用系统设计与调试实例

本节以电话留言机作为实例，说明51单片机应用系统设计与调试的基本过程。

电话留言机的设计与开发主要经历了可行性分析、系统设计与系统调试三个阶段。

1. 可行性分析

从当时国内电话机的发展状况来看，电话留言机在市场上品种很少，进口的电话留言机价格较贵，不能被一般电话用户接受，而国内对电话留言机已有较大的需求，因此，研制电话留言机势在必行。

从技术角度来看，技术人员已掌握电话留言机的关键技术，其核心器件——单片机与语音芯片，市场上已有性能好、功能强、价格低的产品可供选择。因此，研制国产电话留言机是可行的。

2. 系统设计

为了提出正确的设计方案，首先要对电话机内部电路作详细的分析，找出单片机系统与电话机的连接接口，为整个方案制定下良好的基础。

在选择单片机时，首选8031，其理由是：

(1) 价格便宜、有开发环境。

(2) 采用语音芯片 T6668 后，语音处理功能全部由 T6668 完成，系统控制功能简单。

(3) 不需要单片机提供大量的程序、数据存储区，也不需要单片机提供特殊的功能服务。

语音芯片采用 T6668，其理由是：

(1) 价格便宜、操作简单。

(2) 有很强的语音采集、压缩、存储、回放功能，且所有功能由硬件自动完成，简化了语音的繁琐处理。

(3) 能保证良好的语音质量。

如果在方案论证过程中能掌握电话留言机的三大核心：电话、单片机、语音处理芯片，该系统设计也就不成问题。系统的硬件框图见图 7.4 所示。电话留言机应具有良好的音质，除语音芯片 T6668 已提供了基本的音质保证外，系统还应加入对话信号及电源的滤波电路。

系统设计完成后，进入印制板制作、器件焊接及软件编程阶段。

在印制板设计时，要仔细考虑印制板的面积、布局及连线长度，以减少对信号的延时和串扰。对加工好的印制板还要进行仔细的检查，最后将器件、插座及元件逐一地焊接在印制板上。

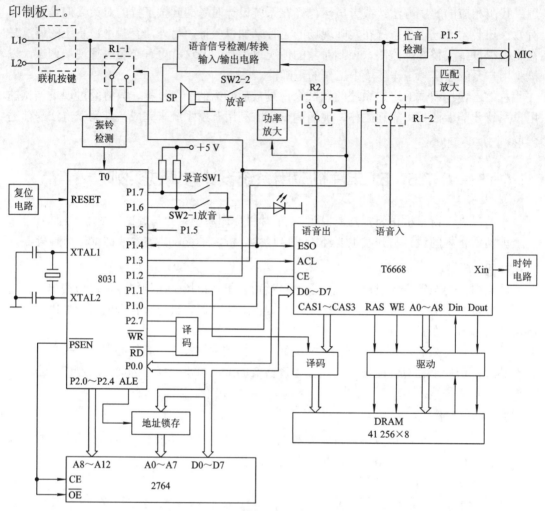

图 7.4　电话留言机硬件框图

软件采用模块化结构编程，其流程图如图 7.5 所示，其中 DRAM 清除时刻采用定时中断或人工设置。

3. 系统调试

因为电话留言机采用 8031 作为控制中心，所以调试工作可以在 SICE 开发系统上进行。

首先进行硬件调试。硬件调试一般包括对扩展数据存储器(RAM)、程序存储器(ROM)、I/O 口与 I/O 设备、译码电路、晶振与复位电路等测试。RAM 测试常采用写入读出加比较的方法检测；ROM 测试常采用累加和的方法检测；I/O 测试通过观测输入与输出数据来完成；译码器通过运行循环检测程序来检测；观察晶振、复位电路能否产生所需信号以确定其工作是否正常。

由于电话留言机采用了智能语音芯片，因此需调试的 8031 外围扩展电路主要有两部分：程序存储器、I/O 接口与设备。

程序存储器的硬件调试采用常规的累加和检验法，而存于其内部的系统程序调试是通过借用 SICE 仿真 RAM 资源来完成的。

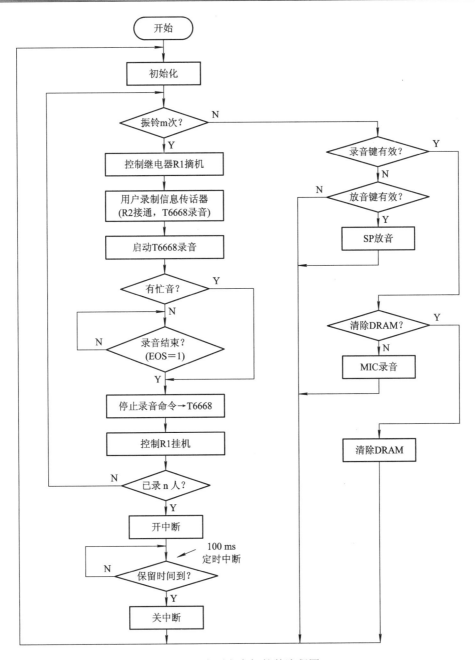

图 7.5　电话留言机软件流程图

I/O 设备主要包括语音芯片与继电器。继电器调试较为简单，采用常规的数据测试法。只需向继电器提供控制信号，利用万用表检测其常开与常闭触点的通断情况，即可判定继电器工作是否正常。

语音芯片可以利用录入功能接收来自电话线上的话音，并在内部完成滤波、A/D 转换、数据压缩处理，存储于它的数据缓冲器 DRAM 中；它也可以利用播放功能将 DRAM 中存储的语音信号由喇叭回放出来。因此，调试语音芯片之前先要调试好语音芯片的模拟输入电路(电话线与语音芯片的接口电路)与模拟输出电路(功放电路)。调试时，用示波器对输入与输出电路中的测试点进行逐个测量，观察测试结果是否与分析结果一致，以此判断电路工作是否正常。一旦模拟输入与输出工作正常，便可进行语音芯片及 DRAM 调试工作。利用 8031 在振铃检测后控制 T6668 从话路录入话音并进行回放，根据回放话音的准确程度来确定语音芯片及 DRAM 工作的正确性。

本系统软件与硬件联系密切，由于独立调试软件存在一定困难，所以在硬件调试完成后直接进入软、硬件联调，既调试软件又检查软、硬件的协调情况。

一般计算或事务性处理程序可通过单步或断点运行方式进行调试，而通信或 I/O 实时处理程序必须采用全速断点或全速连续运行方式进行调试。因为通信或实时事件的发生可能是随机的、连续不断的，若用单步调试可能会丢失数据或不能及时响应实时事件。由于本系统软件中含有中断处理程序，所以采用全速断点和全速连续运行方式来调试软件。

利用 SICE 将本系统调试成功后，电话留言机即可正常工作了。为了使其成为产品，还需要生产出正规的机芯，并设计美观实用的机壳，将其组装、检验和装箱。至此，电话留言机研制完成。

习 题 七

7-1 一般单片机应用系统由哪几部分组成？

7-2 模拟量采集的前向通道包括哪些组成部分？有什么特点？

7-3 后向通道有什么特点？

7-4 人机对话通道有什么特点？单片机应用系统的人机对话通道与通用微机系统的人机对话通道有何不同？

7-5 单片机应用系统设计包括哪些主要内容？

7-6 简述单片机应用系统开发的一般过程。

7-7 单片机应用系统开发的可行性分析包括哪些内容？

7-8 单片机应用系统的一般设计方法是什么？

7-9 选择单片机的基本原则是什么？

7-10 单片机应用系统的硬件设计包括哪些内容？

7-11 在单片机应用系统设计中，软、硬件分工的原则是什么？对系统结构有何影响？

7-12 决定单片机应用系统结构的关键因素有哪些？

7-13 单片机应用系统调试的目的是什么？一般要经历哪几个过程？

7-14 硬件调试的基本步骤是什么？

7-15 软件调试中可用哪些程序运行方式？它们分别在何种场合下运用？

7-16 什么是系统联调？主要解决哪些问题？

7-17 为什么要进行现场调试？

第8章 单片机 C 语言应用程序设计

在单片机应用系统开发中，应用程序设计是整个系统设计的主要工作，直接决定应用系统开发周期的长短。在过去，单片机应用程序设计都采用汇编语言。采用汇编语言编写应用程序，可直接操纵系统的硬件资源，编写出高质量的程序代码。但是，采用汇编语言编写比较复杂的数值计算程序非常困难，又因汇编语言源程序的可读性远不如高级语言源程序，若要修改一下程序的功能，得花费心思重头阅读程序。

随着计算机应用技术的发展，软件开发工具日益丰富，出现了众多支持高级语言编程的单片机开发工具。利用 C 语言设计单片机应用程序已经成为单片机应用系统开发设计的一种趋势。使用 C 语言编程更符合人的思维方式和思考习惯，编写代码效率高、维护方便。采用 C 语言，易于开发复杂的单片机应用程序，有利于进行单片机产品的重新选型和应用程序的移植，大大提高了单片机应用程序的开发速度。现在，单片机仿真器普遍支持 C 语言程序调试，为使用 C 语言进行单片机程序开发提供了便利的条件。世界上许多软件公司都致力于 51 系列单片机高级语言编译器的开发研究，给用户采用高级语言编程提供了强有力的支持。

本章从单片机应用特点的角度出发，结合 Keil 公司的 C51 编译器，介绍 51 单片机 C 语言应用程序开发设计的技术方法。

8.1 C 语言与 51 单片机

8.1.1 51 单片机 C 语言编程简介

C 语言是高级程序设计语言。用高级语言编程时，不必过分考虑计算机的硬件特性和接口结构。事实上，任何高级语言程序最终必须要转换成计算机可识别、并能执行的机器指令代码，并存储于存储器中。程序中的数据也必须以一定的存储结构存储于存储器中。这种转换、定位是由高级语言编译器来实现的。高级语言程序中，对不同类型数据的存储及引用是通过不同类型的变量来实现的。即可以说，高级语言的变量就代表存储单元，变量的类型结构就表示了数据的存储、引用结构。

用汇编语言设计 51 单片机应用程序时，必须考虑存储器结构，尤其必须考虑其片内数据存储器与特殊功能寄存器的正确、合理使用以及按实际地址处理端口数据。尽管采用 C 语言编写 51 单片机应用程序时，不像用汇编语言那样要具体地组织、分配存储器资源和处理端口数据，甚至可以在对单片机内部结构和存储器结构不太熟悉、对处理器的指令集不深入了解的情况下编写应用程序，但要使编译器产生充分利用单片机资源、执行效率高、适合51单片机目标硬件的程序代码,对数据类型和变量的定义就必须与单片机的存储结构相关联,否则编译器就不能正确地映射定位。同时,C语言编程中,必须注意到单片机内部资源紧缺性和控制实时性的应用特点,考虑产生的可执行代码运行时所占用的系统资源。因此,使用C语言编写单片机应用程序和编写标准的C语言程序的主要不同之处就在于根据单片机存储结构及内部资源定义相应的C语言数据和变量,其他的语法规定、程序结构及程序设计方法都与编写标准的C语言程序相似。从这个角度说,没有对单片机硬件资源、体系结构和指令系统的充分了解,就不可能设计出非常实用、高质量的单片机应用程序。所以,在以后几节主要介绍使用C语言设计单片机应用程序时如何定义与单片机相对应的数据类型和变量,与标准C语言相同的部分就不再赘述。

用C语言编写的应用程序必须经过单片机C语言编译器(简称C51)转换成51单片机可执行的代码程序。所以,C语言编译器是C语言应用程序开发设计中必不可少的开发工具。C编译器的好坏直接影响到生成代码的效率、大小和可靠性。

8.1.2　Keil C51 开发工具

针对51单片机,从1985年开始就有C语言编译器,形成了不同种类的开发系统。在众多的开发系统中,Keil C51是最为流行的51单片机开发系统。它具有代码紧凑高效、工作稳定、使用方便等特点,得到51单片机应用系统研究、开发设计人员的广泛认同,已成为事实上的行业标准。

Keil C51是美国Keil Software公司出品的51系列兼容单片机C语言软件开发系统。Keil提供了包括C编译器、宏汇编、连接器、库管理和一个功能强大的仿真调试器等在内的完整开发方案,通过一个集成开发环境(uVision)将这些部分组合在一起,用户可以在一个友好的界面上,轻松地完成51单片机应用系统的开发。

Keil C51自1988投入市场以来,不断完善功能,优化开发环境,其集成开发环境从μVision1升级到μVision4。μVision4引入灵活的窗口管理系统,使开发人员能够使用多台监视器,并提供了对窗口位置的完全控制。新的用户界面可以更好地利用屏幕空间和更有效地组织多个窗口,提供一个整洁、高效的环境来开发应用程序。

Keil C51包含了丰富的单片机开发工具。下面对一些主要工具作简要说明。

- μVision项目管理器和编辑器:一个集成开发环境,它将项目管理、源代码编辑、连接和程序调试等组合在一个功能强大的环境中。
- C51国际标准优化C交叉编译器:从C源代码产生可重定位的目标模块。
- A51宏汇编器:从8051汇编源代码产生目标模块。
- BL51连接器/定位器:组合由C51和A51产生的可重定位的目标模块,生成绝对目标模块。
- LIB51库管理器:从目标模块生成连接器可以使用的库文件。
- OH51 Object-HEX转换器:从绝对目标模块生成Intel HEX文件。
- RTX51实时操作系统:简化了复杂的实时应用软件项目的设计。

上述工具是为专业软件开发者设计的,但任何水平的编程者都可使用。Keil软件公司将这些工具都集合在一个套件内。

为满足不同用户需求,将软件开发工具进行绑定,形成了不同的开发套件或工具包。

● PK51 专业开发套件：该套件提供了所有工具，适合为专业开发人员建立和调试 51 系列单片机的复杂嵌入式应用。专业开发套件可针对具体的 51 系列单片机产品进行配置使用。

● DK51 开发套件：该套件是 PK51 的精简版，不包括 RTX51 Tiny 实时操作系统。开发套件可针对 8051 及其所有派生产品进行配置使用。

● CA51 编译器套件：该套件是只需要 C 编译器而不需要调试系统的开发者的最佳选择，只包含 μVision IDE 集成开发环境，不提供 μVision 调试器的功能。这个套件包括了要建立嵌入式应用的所有工具软件，可针对 8051 及其所有派生产品进行配置使用。

● A51 汇编器套件：该套件包括一个汇编器和所有创建嵌入式应用的工具。它可针对 8051 及其所有派生产品进行配置使用。

● RTX51 实时操作系统(RF51)：该系统是一个用于 51 系列单片机的实时内核程序。RTX51 Full 实时内核提供 RTX51 Tiny 的所有功能和一些扩展功能，并且包括 CAN 通信协议接口子程序。

要进一步了解 Keil C51 的使用方法，请参考附录 C。

8.1.3 Keil C51 对标准 C 语言的扩展

51 单片机的 C 语言软件开发既要充分利用 C 语言的功能，又要考虑 51 系列单片机内部资源的利用。所以，C51 编程和标准 C 语言编程有一定的区别，即 C51 是对 C 语言的扩展。

C51 的特色主要体现在以下几个方面：

(1) C51 虽然继承了标准 C 语言的绝大部分特征，而且基本用法相同，但它针对 51 系列单片机特定的硬件结构有所扩展，如数据类型、存储模式、端口操作等。

(2) C51 的使用必须注重对 51 系列单片机系统资源的理解和掌握，因为相对于通用微型计算机，单片机的系统资源非常有限，开发人员对单片机的程序存储器、数据存储器等要充分、合理利用。

(3) 要考虑应用程序的代码质量，不要对系统造成过重的负担，如代码优化等问题。

Keil C51 编译器是符合 ANSI 标准的 C 编译器。Keil C51 语言扩展支持 51 单片机的应用包括：数据类型，存储器类型，存储器模型，指针，载入函数，中断函数，实时操作系统，PL/M 和 A51 源文件接口。本章将介绍其中的主要扩展功能。

8.2 C51 数据类型及其在 51 单片机中的存储方式

8.2.1 Keil C51 中的基本数据类型

Keil C51 支持的基本数据类型有位型(bit)、无符号字符型(unsigned char)、有符号字符型(signed char)、无符号整型(unsigned int)、有符号整型(signed int)、无符号长整型(unsigned long)、有符号长整型(signed long)和浮点型(float)等。

Keil C51 具体支持的基本数据类型及其长度、数域如表 8.1 所示。除了这些类型外，还可以将基本类型组合成复杂数据结构。

表 8.1 C51 的基本数据类型及其长度

数据类型	位/bit	字节数/byte	值 的 范 围
bit	1		0, 1
signed char	8	1	−128～+127
unsigned char	8	1	0～255
signed short	16	2	−32 768～+32 767
unsigned short	16	2	0～65 535
signed int	16	2	−32 768～+32 767
unsigned int	16	2	0～65 535
signed long	32	4	−2 147 483 648～+2 147 483 647
unsigned long	32	4	0～4 294 967 295
float	32	4	+1.175 494E−38～+3.402 823E+38
sbit	1		0 或 1
sfr	8	1	0～255
sfr16	16	2	0～65 535

通过表 8.1 可以看出：

(1) C51 具有标准 C 语言的标准数据类型。另外，为了充分利用 51 单片机的硬件结构，还扩充了位变量(bit)、可寻址位(sbit)、特殊功能寄存器(sfr)和 16 位特殊功能寄存器(sfr16)数据类型。

(2) 由于 51 单片机是 8 位机，因而不存在字节校准问题，这意味着数据结构成员是顺序放置的。

扩充的数据类型位变量(bit)、可寻址位(sbit)、特殊功能寄存器(sfr)和 16 位特殊功能寄存器(sfr16)专门用于 51 系列单片机硬件和 C51 编译器，并不是 ANSI C 的一部分，不能通过指针进行访问。bit、sbit、sfr 和 sfr16 数据类型可用于访问 51 单片机的特殊功能寄存器。

当在一个处理中遇到不同数据类型时，C51 编译器自动转换数据类型。例如，将一个位变量赋给一个整型变量时，位型值自动转换为整型值。有符号变量的符号也能自动进行处理。这些转换也可以用 C 语言的标准指令进行人工转换。

8.2.2　C51 数据在 51 单片机中的存储方式

虽然 Keil C51 支持表 8.1 列出的所有数据类型，但在 51 单片机中，只有 bit 和 unsigned char 两种直接支持机器指令。在 C 语言程序中使用其他数据类型，C51 编译器要调用一系列库函数对其进行复杂的数据类型处理。特别是当使用浮点变量时，将明显地增加运算时间和程序的长度。如果在编写单片机 C 程序时，不考虑单片机数据处理的特点，无约束地使用大量的、不必要的变量类型，则将导致 C51 编译器相应地增加所调用库函数的数量，以处理大量增加的变量类型，最终会使程序变得过于庞大，造成存储器资源浪费，运行速度减慢，甚至会在连接(link)时出现因程序过大而装不进代码区的情况。所以，必须特别慎重地进行变量和数据类型的选择。

C 程序中不同的类型数据，最终在单片机中以不同的方式进行存储。下面说明表 8.1

所列数据类型在 51 系列单片机中的存储方式。

位变量(bit)：与 51 单片机硬件特性操作有关的位可以定义为位变量。位变量必须定位在 51 单片机的片内 RAM 的位寻址空间中。

字符变量(char)：字符变量的长度为 1 字节，正好存储在 51 单片机的一个数据单元中。对于无符号字符变量类型(unsigned char)的数据，其字节中的所有位均用来表示数据的数值，它的值域范围是 0～255。对于有符号字符变量(signed char)，最具有重要意义的是最高位上的符号标志位(msb)，此位为 0 代表“正”，为 1 代表“负”。负数一般用补码表示，例如 11111111 表示 −1。当进行乘除法运算时，符号问题就变得十分复杂，C51 编译器会自动地将相应的库函数调入程序中来解决这个问题。

整型变量(int)：整型变量长度为 16 位，在 51 系列单片机占用 2 个字节存储，数据的高位字节存放在低地址字节中，低位字节数放在高地址字节中。这与通用微机系统中的存储结构是不同的。有符号整型变量(signed int)也使用最高位作符号位，并使用二进制补码表示数值。例如：整型变量值 0x1234 以图 8.1 所示的方式存储。

长整型变量(long int)：长整型变量长度为 32 位，在 51 系列单片机中按照由高位到低位的顺序连续占用 4 个字节存储。例如：长整型变量值 0x12345678 以图 8.2 所示的方式存储。

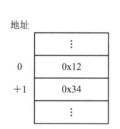

图 8.1　整型变量的存储结构

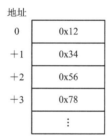

图 8.2　长整型变量的存储结构

浮点型变量(float)：浮点型变量为 32 位二进制数，占 4 个字节。它用符号位表示数的符号，用阶码和尾数表示数的大小。

用它们进行任何数学运算都需要使用由编译器决定的各种不同效率等级的库函数。Keil C51 的浮点型数据是 IEEE-754 标准的单精度浮点型数据，在十进制中具有 7 位有效数字。

浮点型变量的存储格式如下：

字节地址	+0	+1	+2	+3
内容	SEEEEEEE	EMMMMMMM	MMMMMMMM	MMMMMMMM

其中，S 为符号位，“0”表示正，“1”表示负。E 为阶码，占用 8 位二进制数，存放在两个字节中。阶码 E 是以 2 为底的指数再加上 127，这样避免了出现负的阶码值，而指数是可正可负的。阶码 E 的正常取值范围是 1～254，从而实际指数的取值范围是 −126～127。M 为尾数的小数部分，用 23 位二进制数表示，存放在 3 个字节中。尾数的整数部分总为 1，因此不用保存，它是隐含存在的。小数点位于隐含的整数位“1”的后面。一个浮点数的数值范围是 $(-1)^S \times 2^{E-127} \times (1.M)$。

例如，浮点数 −12.5 的存储码为 0xC1480000，

$$(-12.5)_{10} = (-1100.1)_2 = (-1.1001 \times 2^3)$$

即 S = 1，EEEEEEEE = $(127 + 3)_{10}$ = $(1111111 + 11)_2$ = 10000010

在存储器中的存储格式如下：

字节地址	+0	+1	+2	+3
内容	11000001	01001000	00000000	00000000

值得注意的是，浮点型数据除了有正常数值之外，还可能出现非正常数值。根据 IEEE-754 标准，当浮点型数据取以下数值(16 进制数)时，即为非正常值：

　　　0xFFFFFFFF　　　NaN(非正常数)

　　　0x7F80000　　　+INF(正无穷大)

　　　0xFF80000　　　−INF(负无穷大)

由于 51 单片机不包括捕获浮点运算错误的中断向量，所以用户必须根据可能出现的错误条件，用软件来进行适当的处理。

下面就有符号/无符号(signed/unsigned)问题做几点说明。在编写程序时，如果使用 signed 和 unsigned 两种数据类型，那么就得使用两种格式类型的库函数。这将使占用的存储空间成倍增长。因此，如果只强调程序的运算速度而不进行负数运算，则最好采用无符号(unsigned)格式，即应尽可能地使用无符号变量，因为它能直接被 51 单片机所接受。基于同样的原因，也应尽可能使用位变量。有符号字符变量虽然也只占用 1 个字节，但需要进行额外的操作来测试代码的符号位，这无疑会降低代码的效率。

在编程时，为了书写方便，经常使用简化的缩写形式来定义变量的数据类型。其方法是在源程序开头使用 #define 语句。

例如：

　　　#define uchar unsigned char

　　　#define uint unsigned int

这样，在程序中，就可以用 uchar 代替 unsigned char，用 uint 代替 unsigned int 来定义变量。

8.3　C51 数据的存储类型与 51 单片机存储结构

在定义 Keil C51 的数据类型时，必须同时考虑数据的存储类型及其与 51 单片机存储器结构的关系。

8.3.1　存储类型

51 单片机中，程序存储器与数据存储器严格分开，数据存储器又分为片内、片外两个独立的寻址空间，特殊功能寄存器包含在片内 RAM 空间，但不能用于存储用户数据，这是 51 单片机与一般微机存储器结构有所不同的显著特点。

Keil C51 完全支持 51 单片机的硬件结构，提供了对所有存储区的访问机制。在 C 程序中定义数据对象(变量、常量等)时，通过声明存储类型，将它们准确定位在不同的存储

区中。

C51 中定义变量的一般格式如下：

　　　　数据类型　存储类型 变量名

C51 存储类型与 51 单片机存储区的对应关系如表 8.2 所示。

表 8.2　C51 存储类型与 51 单片机存储空间的对应关系

存储类型	与存储空间的对应关系
code	程序存储器区，64 KB，通过 MOVC @A+DPTR 访问
data	直接寻址的片内数据存储区，128 B，可在一个周期内直接寻址
bdata	可位寻址的片内数据存储区，允许位和字节混合寻址，16 B
idata	间接寻址的片内数据存储区，256 B，可以访问整个内部地址空间 256 B
pdata	分页寻址片外数据存储区，256 B，通过 MOVX @Ri 访问(i = 0, 1)
xdata	片外数据存储区，64 KB，通过 MOVX @DPTR 访问

C51 存储类型既确定数据对象的存储区，同时也限定了数据长度。存储类型与存储长度的限定关系如表 8.3 所示。

表 8.3　C51 存储类型及其数据长度和值域

存储类型	长度/bit	长度/byte	值域范围
data	8	1	0～255
idata	8	1	0～255
pdata	8	1	0～255
xdata	16	2	0～65 535
code	16	2	0～65 535

定义数据对象的存储类型，必须慎重考虑其存取特性。

(1) code：当使用 code 存储类型定义数据时，C51 编译器会将其定位在程序存储器空间。对 code 区的访问和对 xdata 区的访问的时间是一样的。程序存储器空间的数据对象在编译的时候初始化。下面是 code 存储类型声明的例子：

```
unsigned char code tab[10]={0x00, 0x01, 0x02, 0x03, 0x04, 0x05, 0x06, 0x07,0x08, 0x09};
char code text[]= "enter password";
```

(2) data：使用 data 存储类型定义数据时，C51 编译器会将其定位在片内直接寻址的存储器空间。定义 data 存储类型时需注意以下两点：

● 片内 RAM 存储区能快速存取数据，但容量非常有限，所以临时性数据和频繁使用的数据应选择 data 存储类型。

● 片内 RAM 存储区中除了包含程序变量外,还包含了堆栈和寄存器组。在定义 data 存储类型变量的数量时，应同时考虑寄存器组和堆栈的使用情况。C51 使用默认的寄存器来传递参数。另外，还需定义足够大的堆栈空间，当内部堆栈溢出的时候，程序可能会出现看似莫名其妙的复位，其原因是 51 系列单片机中没有硬件报错机制，堆栈溢出以这种方式表示出来。

下面是几个 data 存储类型声明的例子：

```
unsigned char data system_status=0;
```

```
unsigned int data unit_id[8];

char data inp_str[16];
```

(3) bdata：使用 bdata 存储类型定义数据时，C51 编译器将其定位在片内存储器空间的位寻址区。编译器不允许在 bdata 段中定义 float 和 double 类型的变量。定义为 bdata 的变量就可进行位寻址。有关位变量的定义和引用的例子详见 8.6 节。

(4) idata：idata 存储类型对应间接寻址的片内数据存储器空间(256 B)，可存放使用比较频繁的变量和临时性数据。与外部存储器寻址相比，它生成的指令执行周期和代码长度都比较短。

下面是几个 idata 存储类型声明的例子：

```
unsigned char idata system_status=0;

unsigned int idata unit_id[8];

char idata inp_str[16];
```

(5) pdata 和 xdata：当使用 xdata 存储类型定义常量和变量时，C51 编译器会将其定位在片外数据存储器空间。片外数据存储器主要用于存放不常使用的变量值、待处理的数据。

pdata 存储类型属于 xdata 类型，但它可用工作寄存器 R0 或 R1 间接分页访问，即由 R0 或 R1 提供 8 位的页内地址，其高 8 位地址(页面地址)被妥善保存在 P2 口中，多用于 I/O 端口操作。因为对 pdata 寻址只需要装入 8 位地址，而对 xdata 寻址需装入 16 位地址，所以对 pdata 寻址比对 xdata 寻址要快，应尽量把外部数据存储在 pdata 区中。

下面是一个定义 pdata 和 xdata 存储类型变量的例子：

```
include <reg51.h>

unisgned char pdata inp_reg1;

unsigned char xdata inp_reg2;


void main(void)
{
    inp_reg1=P1;

    inp_reg2=P3;
}
```

8.3.2　存储模式

定义变量时，如果缺省存储器类型，则按编译时使用存储器模式来规定默认的存储类型。存储模式决定无明确存储类型说明的变量的存储类型和函数参数传递区。存储模式在 C51 编译器中选择。

C51 中有三种存储模式。

(1) SMALL 模式。在此模式下，默认的存储类型为 data，参数及局部变量定位于直接寻址的片内数据存储区(最大 128 B)，对变量访问的速度快，但空间很有限，只适用于小程序。

(2) COMPACT 模式。在此模式下，默认的存储类型为 pdata，参数及局部变量定位于分页片外部数据存储区，通过 @R0 或 @R1 间接寻址。对变量访问的速度要比 SMALL 模式慢一些。

(3) LARGE 模式。在此模式下，默认的存储类型为 xdata，参数及局部变量定位于片外部数据存储区，使用数据指针寄存器 DPTR 间接寻址，存储空间大，可存储变量多，但访问速度慢。

8.4 51 单片机特殊功能寄存器的 C51 定义

为了访问 51 单片机中特殊功能寄存器，C51 提供了 sfr、 sfr16 和 sbit 关键字，用来定义 8 位、16 位特殊功能寄存器和可独立寻址的位。这几个关键字与标准 C 语言不兼容，只适用于 51 系列单片机的 C 语言编程。

8 位特殊功能寄存器的一般方法如下：

    sfr   sfr_name = int_constant;

其中："sfr_name"是一个真实存在的特殊功能寄存器名；"int_constant"是被定义的特殊功能寄存器的字节地址，只能用整型常数表示。如此定义后，就建立起寄存器名称符号与地址的关联，在程序中就可使用被定义的名称符号来访问真实地址的特殊功能寄存器了。例如：

sfr P0=0x80;	/*定义 P0 口*/
sfr PSW=0xD0;	/*定义标志寄存器*/
sfr TMOD=0x89;	/*定义定时器/计数器方式控制寄存器*/
sfr TH0 = 0x8C;	/*定义定时器/计数器 0 高字节*/
sfr TL0 = 0x8A;	/*定义定时器/计数器 0 低字节*/

在新的 51 系列产品中，增加了一些可按 16 位访问的特殊功能寄存器，其高字节地址直接位于其低字节之后时，例如 AT89C52 单片机的定时器/计数器 T2 就是这种情况。对于这类特殊功能寄存器，可使用关键字"sfr16"来定义，其定义语句的语法格式与 8 位 SFR 相同，只是"="后面必须用低字节地址，即以低字节地址作为"sfr16"的定义地址。例如：

    sfr16 T2 = 0xCC;   /*定时器/计数器 T2L 地址为 CCH, T2H 地址为 CDH*/

这种定义适用于所有新的 16 位 SFR，但不能用于定时器/计数器 C/T0 和 C/T1。

对于特殊功能寄存器中可独立寻址的位，可使用关键字"sbit"来定义。其定义的一般格式为：

    sbit bit_name = bit_adress

"bit_name"是被定义的位单元的名称符号，"bit_adress"是位单元地址。在 51 单片机中位单元地址可用"可位寻址的特殊寄存器名称·位序号"、"可位寻址的字节地址·位序号"和"直接位地址"三种方式来表示。在 C51 中也有三种位单元的定义格式。

第一种格式：sbit bit_name = sfr_name^int_constant

其中，位地址用已经定义过可位寻址的特殊功能寄存器的名称符号和位序号来表示。例如：

sfr PSW=0xD0;	/*定义标志寄存器*/
sbit OV=PSW^2;	/*定义 OV 表示 PSW 的第 2 位*/
sbit CY=PSW^7;	/*定义 CY 表示 PSW 的第 7 位*/

第二种格式：sbit bit_name=int_constant ^ int_constant

其中，位地址用可位寻址字节地址和位序号来表示。例如：

　　　　sbit OV=0xD0^2；　　/*定义 OV 表示 PSW 的第 2 位*/

　　　　sbit CY=0xD0^7；　　/*定义 CY 表示 PSW 的第 7 位*/

　　第三种格式：sbit bit_name=int_constant

其中，"int_constant"为绝对位地址位。例如：

　　　　sbit OV=0xD2；　　　　/*定义 OV 表示绝对地址为 D2H 的位*/

　　　　sbit CY=0xD7；　　　　/*定义 OV 表示绝对地址为 0D7H 的位*/

　　由于在 51 系列单片机产品中特殊功能寄存器的数量与类型不尽相同，因此建议将所有特殊功能寄存器的"sfr"定义放入一个头文件中。该文件应包括 51 单片机机型中的特殊功能寄存器的定义。C51 编译器的"reg51.h"就是定义 51 单片机中的特殊功能寄存器的头文件。在程序开头，只要有"#inlclued reg51.h"，就可用单片机中的特殊功能寄存器名称、位符号名称来访问其数据。

8.5　51 单片机并行接口的 C51 定义

　　51 系列单片机并行 I/O 口除了芯片上的 4 个并行 I/O 口(P0～P3)外，还可以在片外扩展并行 I/O 口。扩展的 I/O 口与数据存储器统一编址，即把一个 I/O 口当作数据存储器中的一个单元来看待。

　　对于片内的 I/O 口(P0～P3)，可按特殊功能寄存器的方法定义。

　　对于片外扩展 I/O 口，与数据存储器统一编址，将其视做片外数据存储器的一个单元。在程序中，可使用"＃include　<absacc.h>"中定义的宏来访问绝对地址端口。例如：

　　　　#include　　<absacc.h>

　　　　#define　　PORT　　XBYTE[0xFFC0]

　　absacc.h 是 C51 中绝对地址访问的头文件，XBYTE 是绝对地址访问片外数据存储器字节单元的宏。经上述定义后，就可以用"PORT"来表示地址为 FFC0H 的端口。

　　另一种定义外部 I/O 口的方法是使用 C51 的扩展关键字"_at_"。用"_at_"给 I/O 器件指定变量名非常简单。例如，在 XDATA 区的地址 0xFFC0 处有一个 8 位的扩展输入口，可以这样为它指定变量名：

　　　　unsigned char xdata inPRT　　_at_　　0x FFC0；

　　在头文件或程序中定义了 I/O 口后，在程序中就可以利用被定义的端口变量名与其实际地址之间的联系，用软件模拟 51 单片机的硬件操作。

8.6　位变量的 C51 定义

　　C51 编译器支持"bit"数据类型，这对于记录系统状态是十分有用的，因为它往往需要使用某一位，而不是整个数据字节。

8.6.1　位变量的 C51 定义

使用 C51 编程时，定义了位变量后，就可以用定义的变量来表示 51 单片机的位寻址单元。定义位变量的一般语法形式如下：

　　　　bit　位变量名；

例如：

　　　　bit　my_bit；　　　　　　　　　　　　/*把 my_bit 定义为位变量*/

　　　　bit　direction_bit；　　　　　　　　　/*把 direction_bit 定义为位变量*/

函数参数列表中可以包含类型为"bit"的参数，也使用 bit 类型的返回值。例如：

　　　　bit done_flag = 0；　　　　　　　　　/*定义 done_flag 为位变量*/

　　　　bit testfunc (bit flag1, bit flag2)

　　　　{　　　　　　　　　　　　　　　　　/*flag1 和 flag2 为 bit 类型的参数*/

　　　　　⋮

　　　　return (flag)；　　　　　　　　　　　/*flag 是 bit 类型的返回值*/

　　　　}

8.6.2　对位变量定义的限制

(1) 位变量不能定义成一个指针，原因是不能通过指针访问"bit"类型的数据。如定义"bit *ptr；"是非法的。

(2) 不存在位数组，如不能定义 bit　SHOW_BUF[6]。

(3) 使用中断禁止(#pragma disable)或包含明确的寄存器组切换(using n)的函数不能返回位值，否则编译器将会给出一个错误信息。

(4) 在位定义中，允许定义存储类型，位变量都被放入一个位段，此位段总位于 51 单片机片内的 RAM 中，因此存储器类型限制为 data 和 idata。如果把位变量的存储类型定义为其他存储类型，将导致编译出错。

可以先定义变量的数据类型和存储类型，然后再使用"sbit"定义可寻址访问的位对象。例如：

　　　　int bdata ibase；　　　　　　　　/*定义 ibase 为 bdata 整型变量*/

　　　　char bdata bary[4]；　　　　　　/*定义 bary[4]为 bdata 字符型数组*/

　　　　sbit mybit0 = ibase^0；　　　　　/*定义 mybit0 为 ibase 的第 0 位*/

　　　　sbit mybit15 = ibase^15；　　　　/*定义 mybit15 为 ibase 的第 15 位*/

　　　　sbit Ary07 = bary[0]^7；　　　　　/*定义 Ary07 为 bary[0]的第 7 位*/

　　　　sbit Ary37 = bary [3]^7；　　　　　/*定义 Ary37t 为 bary[3] 的第 7 位*/

用 sbit 定义时，要求寻址位所在字节的存储类型为"bdata"，否则只有绝对的特殊位定义(sbit)是合法的。操作符"^"后的最大值依赖于指定的基类型，对于 char 和 unsigned char 而言是 0~7，对于 int、unsigned int、short 和 unsigned short 而言是 0~15，对于 long 和 unsigned long 而言是 0~31。

8.7　C51 的指针

前面讲述的字符型(char)、整型(int)、浮点型(float)、位型(bit)等数据，都属于 C51 的基本数据类型。C51 还支持由基本数据类型按一定的规则组合成的数据类型，称之为构造数据类型。构造数据类型有数组、结构、指针、共用体、枚举等。

对构造类型的定义、引用及其运算的规则也与标准 C 语言基本一样。但要注意，在标准 C 语言中，定义构造数据类型时不太考虑存储空间问题，而使用 C51 编写单片机应用程序时，就需要比较慎重的考虑存储空间问题，因为经典的 51 单片机的最大数据存储空间只有 64 KB。如果随意定义太大规模的构造类型数据，就会浪费大量的存储空间，使构造类型的数据元素不能被有效地利用。因此在进行 C51 编程开发时，要仔细地根据需要选择构造类型数据的大小。

指针是 C 语言中访问存储器的一种机制。因为 51 系列单片机的存储器具有独特结构，所以 C51 中使用的指针与标准 C 语言有一些差异。

8.7.1　通用指针与指定存储器的指针

C51 中指针区分为通用指针和指定存储器的指针，两种指针的定义和使用是有区别的。

1. 指针定义

C51 中定义指针的一般形式为

　　　　数据类型 [存储器类型 1]　*　[存储器类型 2]　指针变量名；

数据类型：表示指针变量所指向数据的类型。

存储器类型 1：表示指针变量所指向数据的存储空间。如果不定义该选项，就定义为通用指针。如果定义了该选项，就定义为指定存储器的指针。

存储类型 2：表示指针变量本身的存储空间。如果不定义该选项，指针变量的值(指针)被默认存放在 data 区(片内 RAM 区)。如果定义了该选项，指针变量的值被存放在指定的存储区。

* 和指针变量名的意义与标准 C 语言完全一样。

2. 通用指针与指定存储器指针的区别

通用指针和指定存储器的指针不仅在定义形式上有区别，而且在使用上也有区别。主要区别有以下三点。

(1) 对指针的存储不同。通用指针存储占用三个字节，第一个字节存放该指针存储器类型的编码(编译时由编译模式的默认值确定)，第二和第三字节分别存放该指针的高 8 位和低 8 位地址。存储器类型的编码值如表 8.4 所示。

表 8.4　存储类型的编码值

存储器类型	data/idata/bdata	xdata	pdata	code
编码	0x00	0x01	0xFE	0xFF

指定存储器的指针在定义中指定了指针所指数据的存储区，编译时不用识别存储器类

型(不需存储存储器类型码)，只占用一个或二个字节存放指针，idata、data、pdata 存储器指针占一个字节，code、xdata 占二个字节。

(2) 通用指针可以访问存储器空间任何位置的数据，指定存储器的指针只能访问指定存储区的数据。使用通用指针，可以不考虑数据在存储器中的位置，因此许多库程序使用这种类型的指针。

(3) 通用指针产生的代码比指定存储器指针产生代码的执行速度要慢。因为存储区在编译前是未知的，编译器不能优化存储区访问，而必须产生可以访问存储区的通用代码。

3. 定义指针举例

(1)　char　　* c_ptr;

　　　int　　* i_ptr;

　　　long　　* l_ptr;

定义了三个通用指针，c_ptr 指向的是一个字符型变量，i_ptr 指向的是一个整型变量，l_ptr 指向的是一个长整变量，三个指针变量本身存放于片内数据存储区。指针所指向的数据位于哪里，与编译时编译模式的设置有关：

如果模式为 Large，则数据位于 xdata 区；

如果模式为 Compact，则数据位于 pdata 区；

如果模式为 Small，则数据位于 data 区。

(2)　char　　* data c_ptr;

　　　int　　* idata i_ptr;

　　　long　　* xdata l_ptr;

定义了三个通用指针，指定 c_ptr、i_ptr、l_ptr 变量本身分别存于 data、idata、xdata 区。

(3)　char data * data c_ptr;

　　　int xdata * idata i_ptr;

　　　long code * xdata l_ptr;

定义了三个指定存储器的指针，且指定了 c_ptr、i_ptr、l_ptr 变量本身分别存于 data、idata、xdata 区。c_ptr 指向的是 data 区中的字符型变量，i_ptr 指向的是 xdata 区中的整型变量，l_ptr 指向的是 code 区中的长整型变量。

8.7.2　指针转换

C51 编译器可以在指定存储器指针和通用指针之间转换，指针转换可以用类型转换的程序代码来强迫转换，或在编译器内部强制转换。

有些函数调用中，进行参数传递时需要采用一般指针，像 C51 的库函数、printf、sprintf、gets 等函数要求使用一般指针作为参数。当把指定存储区的指针作为参数传递给要求使用通用指针的函数时，C51 编译器就把指定存储区指针转换为一般指针。

指定存储区的指针作为参数时，如果没有函数原型，就经常被转换为一般指针。如果被调用函数的参数为某种较短长度指针，则会产生程序错误。为避免此类错误，应该采用预处理命令将函数的说明文件包含到 C 语言源程序中。

通用指针到指定存储器指针的转换规则如表 8.5 所示。指定存储器指针到通用指针的转换规则如表 8.6 所示。

表 8.5　通用指针到指定存储区指针的转换规则

转换类型	转 换 规 则
generic * → code * generic * → xdata *	使用通用指针的偏移部分(2 字节)
generic * → data * generic * → idata * generic * → pdata *	使用通用指针的偏移部分的低字节(1 字节)，高字节弃去不用

表 8.6　指定存储区指针到通用指针的转换规则

转换类型	转 换 规 则
code * → generic *	对应 code，通用指针的存储类型编码被设为 0FF，使用原 code * 的 2 字节偏移量
xdata * → generic *	对应 xdata，通用指针的存储类型编码被设为 01，使用原 xdata * 的 2 字节偏移量
data * → generic *	idata * / data * 的 1 个字节偏移量被转换为 unsigned int 的偏移量
idata * → generic *	对应 idata / data，通用指针的存储类型编码被设为 0x00
pdata * → generic *	对应 pdata，通用指针的存储类型编码被设为 0xFE，pdata * 的 1 个字节偏移量被转换为 unsigned int 的偏移量

8.8　与使用 51 单片机内部资源有关的头文件

Keil C51 提供了丰富的库函数，为使用户能方便地使用，将库函数分类，按类提供一个扩展名为"h"的头文件。在头文件中定义一类函数的公用变量、函数原型，或是定义一种功能的宏。用户在使用 C51 提供的某一类函数或某一种功能时，只要用"#include"命令将对应的头文件包含到自己的程序文件中，即可直接使用。Keil C51 提供的头文件在"\\Keil\C51\INC"目录下，其中大多数头文件的功能、作用及其使用基本与标准 C 相同。下面主要介绍几个与使用 51 单片机内部资源有关的头文件。

1．reg51.h/reg52.h

reg51.h 是定义 51 子系列单片机全部特殊功能寄存器及其可独立寻址位的头文件。例如：

```
sfr P0 = 0x80;
sfr PSW = 0xD0;
sfr TMOD = 0x89;
sbit RS0 = 0xD3;
sbit RS1 = 0xD4;
sbit EA = 0xAF;
```

经 reg51.h 中的定义，就建立了特殊功能寄存器/可独立寻址位与其地址的对应关系，且使用了单片机中真实的名称符号。只要在程序文件中使用"include　<reg51.h>"，在 C 程序中就可直接使用 51 单片机中的真实特殊功能寄存器或位的名称符号，对其进行操作。

reg52.h 是定义 52 子系列单片机全部特殊功能寄存器/可独立寻址位的头文件。

2．absacc.h

absacc.h 是直接访问 51 单片机各存储空间数据及函数的宏定义头文件。例如：

　　#define DBYTE ((unsigned char volatile data *) 0)

这个宏定义了 DBYTE 是指向片内直接寻址数据存储器空间(128B)无符号字符型数据的指针，与数据段初始偏移量为 0，即为一个空指针。

在 absacc.h 中，按照同样的宏结构还定义了 CBYTE、PBYTE、XBYTE、CWORD、DWORD、PWORD、XWORD，指向不同存储空间及不同数据类型的指针。

CBYTE 是指向程序存储器空间中无符号字符型数据的空指针。

PBYTE 是指向片外数据存储器分页访问空间(256 B)中无符号字符型数据的空指针。

XBYTE 是指向片外数据存储器空间(64 KB)中无符号字符型数据的空指针。

CWORD 是指向程序存储器空间(64 KB)中无符号整型数据(2 B)的空指针。

DWORD 是指向片内直接寻址数据存储器空间(128 B)中无符号整型数据(2 B)的空指针。

PWORD 是指向片外数据存储器分页访问空间(256 B)中无符号整型数据(2 B)的空指针。

XWORD 是指向片外数据存储器空间(64 KB)中无符号整型数据(2 B)的空指针。

只要在程序文件中使用"include <absacc.h>"，在 C 程序中就可以用空指针来定义绝对地址变量，访问绝对地址单元的数据。

例如，利用 absacc.h 中宏定义指针来定义一个扩展 8255 端口，设控制口、A 口、B 口、C 口地址分别为 007Fh、007Ch、007Dh、007Eh。

　　#define COM8255 XBYTE[0X007F]

　　#define PA8255 XBYTE[0X007C]

　　#define PB8255 XBYTE[0X007D]

　　#define PC8255 XBYTE[0X007E]

经上述定义后，就可以用 COM8255、PA8255、PB8255、PC8255 分别表示端口地址，直接进行端口操作。如：

　　COM8255=0X0F;

是将命令字 0FH 输出到 8255 控制口。

还可以直接访问存储器地址单元。例如：

　　cval=DBYTE[0x0002]　　　　;把程序存储器 0002H 地址单元的无符号字符型数据赋给变量

　　dval=XWORD [0x0004]　　　　;把外数据存储器 0004H 地址单元的整形数据(2 B)赋给变量

3．intrins.h

C51 提供了模拟 51 单片机指令系统中空操作、位测试、移位、堆栈操作指令功能的函数，在 intrins.h 中对这些函数原型进行说明。intrins.h 的主要内容如下：

　　extern void _nop_(void);

　　extern bit _testbit_(bit);

　　extern unsigned char _cror_(unsigned char, unsigned char);

```
extern unsigned int_iror_(unsigned int, unsigned char);
extern unsigned long _lror_(unsigned long, unsigned char);
extern unsigned char _crol_(unsigned char, unsigned char);
extern unsigned int _irol_(unsigned int, unsigned char);
extern unsigned long _lrol_(unsigned long, unsigned char);
extern unsigned char _chkfloat_(float);
extern void _push_(unsigned char _sfr);
extern void _pop_(unsigned char _sfr);
```

只要在程序文件中使用"include　<intrins.h>"，在 C 程序中就可以调用其中的函数，实现相应汇编指令的功能。例如：

```
#include <intrins>h>
main( )
{
    unsigned int y;
    y=0X000F;
    y=_irol_(y, 4);
}
```

程序执行后，y 的值左移 4 位，变为 00F0H。

8.9　51 单片机内部资源应用的 C 语言编程

8.9.1　中断应用的 C 语言编程

C51 编译器支持在 C 源程序中直接开发中断程序。中断服务程序是按规定语法格式定义的一个函数。定义中断服务函数的一般形式如下：

返回值　函数名([参数])　interrupt　m　[using n]
　　{
　　　　⋮
　　}

其中：返回值、函数名([参数])部分与标准 C 语言中的意义相同。

interrupt　m 用于选择中断号。m 表示中断源的中断号，取值为 0～31 的常整数，不允许使用表达式。51 单片机中断源编号如表 8.7 所示。

表 8.7　51 单片机中断源编号

编　号	中　断　源	入口地址
0	外部中断 0	0003H
1	定时器/计数器 0	000BH
2	外部中断 1	0013H
3	定时器/计数器 1	001BH
4	串行口中断	0023H

using n 选项用于工作寄存器组的切换，n 是中断服务子程序中选用的工作寄存器组号（0～3）。在许多情况下，响应中断时需保护有关现场信息，以便中断返回后，能使被中断的程序从断点处继续正确地执行下去。在 51 单片机中，能很方便地利用工作寄存器组的切换来实现现场信息保护，即在进入中断服务程序前的程序中使用一组工作寄存器，进入中断服务程序后，由"using n"切换到另一组寄存器，中断返回后又恢复到原寄存器组。这样互相切换的两组寄存器中的内容彼此都没有被破坏。在函数体中进行相应中断事务处理。

　　例 1　图 8.3 所示是利用优先权解码芯片，在单片机 8051 的外部中断 $\overline{\text{INT1}}$ 上扩展多个中断源的原理电路图。图中是以开关闭合来模拟中断请求信号。当有任一中断源产生中断请求时，能给 8051 的 $\overline{\text{INT1}}$ 送一个有效中断信号，由 P1 的低 3 位可得对应中断源的中断号。

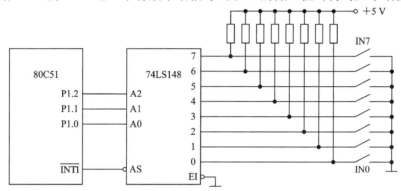

图 8.3　扩展多个中断源

在中断服务程序中仅设置标志，并保存 I/O 口输入状态。C51 程序如下：

```
# include <reg51.h>
unsigned char status;
bit flag;
void service_int() interrupt 2    using 2      /*INT1 中断服务程序，使用第 2 组工作寄存器*/
{
    flag=1;                                      /*设置标志*/
    status=p1;                                   /*存输入口状态*/
}
void   main(void)
{
   IP=0x04 ;                                     /*置 INT1 为高优先级中断*/
   IE=0x84 ;                                     /*INT1 开中断，CPU 开中断*/
   for(;   ; )
   { if(flag)                                    /*有中断*/
      { switch(status)                           /*根据中断源分支*/
         {case 0 :   break ;                     /*处理 IN0*/
         case 1 :   break ;                 /*处理 IN1*/
         case 2 :   break;                  /*处理 IN2*/
         case 3 :   break;                  /*处理 IN3*/
```

```
        default :   ;
        }
        flag=0 ;                              /*处理完成清标志 *
    }
  }
}
```

本例中说明了一个重要的中断处理技术。在实际中断系统中，如果中断处理程序比较长，放在中断服务程序中进行处理，可能会延长甚至会丢掉比该中断优先级低的中断请求。为了提高中断响应速度，只在中断服务程序中为该中断建立中断标志，而把中断处理放在主程序中作为背景程序，根据中断标志决定是否被执行。

8.9.2　定时器/计数器应用的 C 语言编程

例 2　设单片机的 fosc = 12 MHz 晶振，要求在 P1.0 脚上输出周期为 2 ms 的方波。

周期为 2 ms 的方波要求定时时间隔 1 ms 时对 P1.0 取反输出。

$$机器周期 = \frac{12}{f_{OSC}} = \frac{1000}{1} = 1\,\mu s$$

$$计数次数 = \frac{定时时间}{机器周期} = \frac{1000}{1} = 1000$$

由于计数器是加 1 计数，为达到 1000 个计数产生溢出，必须给定时器置初值为 −1000(即 1000 的补数)。

(1) 用定时器 0 的方式 1 编程，采用查询方式，程序如下：

```
    # include   <reg51.h>
    sbit   P1_0=P1^0 ;
    void main(void)
    {
      TMOD=0x01 ;                      /*设置定时器 0 为非门控制方式 1*/
      TR0=1   ;                        /*启动 T/C0*/
      for(  ;   ; )
      {
        TH0=(65536−1000)/256  ;        /*装载计数器初值*/
        TL0=(65536−1000)%256 ;
        do {   } while (!TF0) ;        /*查询等待定时器 0 定时 1 ms，TF0 置位*/
        P1_0=!P1_0;                    /*定时时间到 p1.0 反相*/
        TF0=0;                         /*软件清 TF0*/
      }
    }
```

(2) 用定时器 0 的方式 1 编程，采用中断方式。程序如下：

```
    # include   <reg51.h>
    sbit   P1_0=P1^0 ;
```

```
void    time (void) interrupt 1 using 1     /*T/C0 中断服务程序*/
{
    p1_0=!p1_0 ;                           /*p1.0 取反*/
    TH0=(65536−1000)/256;                  /*重新装载计数初值*/
    TL0=(65536−1000)%256 ;
}
void    main( void )
{
    TMOD=0x01 ;                            /*T/C0 工作在定时器非门控制方式 1*/
    P1_0=0 ;
    TH0=(65536−1000)/256;                  /*预置计数初值*/
    TL0=(65536−1000)%256 ;
    EA=1 ;                                 /*系统中断开放*/
    ET0= 1 ;                               /*T/C0 中断允许*/
    TR0=1 ;                                /*启动 T/C0 开始定时*/
    do {    } while(1) ;                   /*等待 1 ms 定时到，产生中断*/
}
```

例 3　采用 12 MHz 晶振，在 P1.0 脚上输出周期为 2.5 s，占空比为 20%脉冲信号。

12 MHz 晶振，使用定时器 10 ms。周期 2.5 s 需 250 次中断，占空比 20%，高电平应为 50 次中断。

$$计数次数 = \frac{定时时间}{机器周期} = \frac{10\,000}{1} = 10\,000$$

中断服务程序流程图如图 8.4 所示。

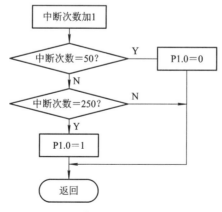

图 8.4　中断服务程序流程图

```
# include <reg51.h>
# define uchar unsigned char
sbit P_1=P1^0
uchar preiod=250;
uchar high=50;
```

```
    uchar tcount=0;
    void    timer0()interrupt 1 using 1           /*T/C0 中断服务程序*/
    {
        TH0= (65536−10000)/256 ;                  /*重置计数值*/
        TL0= (65536−1000)%256 ;
        if(++tount==high) P_1=0;                  /*高电平时间到变低*/
        else if (tcount==period)                  /*周期时间到变高*/
        {
            tcount=0 ;
            P_1=1 ;
        }
    }
    void main(void)
    {
        TMOD=Ox01   ;                             /*定时器 0 方式 1*/
        TH0 =(65536−8333)/256 ;                   /*预置计数初值*/
        TL0 =(65536−8333)%256 ;
        EA=1;                                     /*开 CPU 中断*/
        ET0=1 ;                                   /*开 T/C0 中断*/
        TR0=1 ;                                   /*启动 T/C0*/
        do { }while(1) ;
    }
```

8.9.3　串行口使用的 C 语言编程

单片机的串行口可用于与通用微机的通信、单片机间的通信和主从结构的分布式系统机间的通信。

例 4　单片机 fosc = 11.0592 MHz，波特率为 9600，各设置 32 字节的队列缓冲区用于发送接收。设计单片机和终端或另一计算机通信的程序。

编写程序前的设计工作：

(1) 用定时器 1 工作方式 2，作比特率发生器。根据以下公式计算初值，设初值为 x。

$$波特率 = \frac{2^{\text{SMOD}} \times 定时器溢出率}{32}$$

$$定时周期 = \frac{1}{溢出率}, \quad 机器周期 = \frac{12}{f_{osc}}$$

$$溢出率 = 波特率 \times 32 \quad (\text{SMOD}=0)$$

$$定时周期 = (256 - x) \cdot 机器周期$$

$$x = 256 - \frac{定时周期}{机器周期} = 256 - \frac{f_{osc}}{溢出率 \times 12} = 256 - \frac{11.592 \times 10^{6}}{9600 \times 32 \times 12} = 253 = \text{FDH}$$

(2) 设置接收和发送队列缓冲区 32 字节，定义接收队列入队和出队操作指示变量 r_{in}

和 r_{out}、发送队列入队和出队操作指示变量 t_{in} 和 t_{out}，设置接收队接满(r_fuu)、发送队列空(t_empty)、发送完成(t_done)标志变量。利用这些变量来管理队列操作。

(3) 功能模块规划。loadmsg 函数向发送队列加载数据串；processmsg 函数对接收队列中的数据进行处理；从串行口 SBUF 读取数据或向 SBUF 传送数据的操作在中断处理程序中完成。在主函数中初始化定时器，初始化串行口、调用队列装载和处理函数。

具体程序如下：

```c
# include <reg51.h>
# define uchar unsigned char
uchar xdata r_buf[32] ;                      /*在片外 RAM 区开辟接收数据缓冲区*/
uchar xdata t_buf[32] ;                      /*在片外 RAM 区开辟发送数据缓冲区*/
uchar   r_in , r_out , t_in , t_done ;       /*队列指示变量*/
bit   r_full , t_empty , t_done ;            /*队列状态标志变量*/
code uchar m[ ]={ "this is a test program \r\n"};

serial ( )   interrupt 4   using 1          /*串行口接收或发送中断处理函数*/
{
  if(RI &&  ~  r_full)                       /*读取条件是接收一个数据且接收队列不满*/
  {
    r_buf[r_in]=SBUF ;                       /*读串口数据，送接收队列*/
    RI=0;                                    /*清除接收中断标志*/
    r_in= ++r_in &0x1f;                      /*修改并提取低 5 位有效指针*/
    if (r_in= =r_out)   r_full=1;            /*接收队列的入队与出队指针相等则队满*/
  }
    else if (TI &&  ~t_empty)                /*传送条件是一个数据发送完结发送队列不空*/
    {
      SBUF=t_buf [t_out];                    /*向串口传送一个数据*/
      TI=0;                                  /*清除发送结束中断标志*/
      t_out = ++ t_out & 0x1f;               /*修改并提取低 5 位有效指针*/
      if(t_out= =t_in)   t_empty=1;          /*发送队列的入队与出队指针相等则队空*/
    }
    else if ( TI )                           /*发送队列最后一个数据发送完*/
    {
      TI=0;
      t_done=1;                              /*设置发送完成标志*/
    }
}

void   loadimsg (uchar code * msg)           /*向发送缓冲区装载数据函数*/
{
  while(( msg !=0)&&((((t_in+1)^t_out) & 0x1f) !=0))  /*测试缓冲区不满*/
```

```
    {
        t_ buf [t_in]= * msg;                          /*向发送队列转载一字节数据*/
        msg++;
        t_in = ++ t_in & 0x1f;                         /*修改指针并提取低 5 位有效指针*/
        if ( t_done )
        {
            TI = 1 ;
            t_empty =t_done =0 ;                       /*如果完成则重新开始*/
        }
    }
}

void process (uchar ch)    { return; }                 /*自定义处理接收队列一个数据的函数*/
             /*用户定义*/

void processmsg ( void )                               /*处理接收队列中数据的函数*/
{
    while ((( r_out+1 ) ^ r_in) !=0 )                  /*接收队列不空*/
    {
        process ( r_buf [r_out ] );
        r_out= ++r_out & 0x1f;
    }
}

main (    )                                            /*主函数*/
{
    TMOD=0x20;                                         /*设置定时器 1 方式 2*/
    TH1=0xfd ;                                         /*根据波特率设置定时器初值*/
    TCON=0x40;                                         /*启动定时器 1*/
    SCON=0x50;                                         /*设置串行口方式 1，允许接收*/
    IE=0x90;                                           /*允许串行口中断*/
    t_empty=t_done=1;                                  /*初始化标志变量*/
    r_full =0;
    r_out= t_in =t_out =0 ;
    r_ in=1;
    for (  ;   ;   )
    {
        loadmsg ( & m )  ;
        processmsg ( );
    }
}
```

8.10 51 单片机片外扩展的 C 语言编程

8.10.1 8255 与单片机接口 C 语言程序

例 5 通过扩展 8255 接口控制打印机。

图 8.5 是 51 单片机扩展 8255 与打印机接口的电路。打印机与单片机采用查询方式交换数据。BUSY 为打印机的状态信号，打印机忙时 BUSY = 1，空闲时 BUSY = 0。微型打印机的数据输入采用选通控制，当 $\overline{STB}$ 产生负跳变时数据进入打印机。

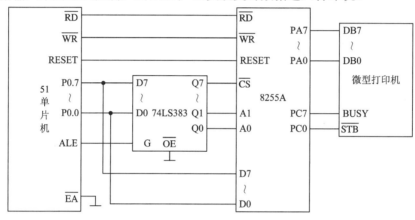

图 8.5 51 单片机扩展 8255A 与打印机接口

按照接口电路，只要单片机从 P0.7 传送的第 7 位地址为 0 即可选中 8255。这就确定了 A 口地址为 0xxxxx00。取 7CH 作 A 口地址，则 B、C、控制口地址分别为 7DH 、7EH、7FH。A 口作为向打印机传送数据的输出口，从 PC7 输入打印机的状态信号，PC0 产生选通控制信号，可设置 PC7～PC4 为输入，PC3～PC0 为输出。方式字设置为 10001xx0，取 8EH 作方式控制字。

向打印机输出字符串"WELCOME"的程序如下：

```
# include <absacc.h>                /*包含绝对地址访问头文件*/
# include <reg51.h>                 /*包含特殊功能寄存器定义头文件*/
# define uchar unsigned char
# define COM8255 XBYTE[0x007f ]     /*命令口地址*/
# define PA8255 XBYTE[ 0x007c]      /*A 口地址*/
# define PC8255 XBYTE[ 0x007e]      /*C 口地址*/
void   toprn ( uchar  * p )         /*打印字符串函数，形参为通用指针*/
{
    while ( * p!='\0' )
    {
        While (( 0x80 & PC8255)! =0) ;   /*查询等待打印机，若 BUSY = 1，则等待*/
        PA8255 = * p;                    /*输出字符*/
```

```
        COM8255 = 0x00;                        /*模拟 STB 脉冲*/
        COM8255 = 0x01;
        p++ ;
    }
}
void main( void )
{
    uchar idata prn [ ]="WELCOME" ;            /*设测试用字符串*/
    COM8255=0x8e ;                             /*输出方式选择命令*/
    toprn ( prn ) ;                            /*打印字符串*/
}
```

8.10.2 51 单片机数据采集的 C 语言编程

例 6 ADC0809 与 51 单片机接口的数据采集程序。

按图 8.6 所示接口电路，编写从 ADC0809 的 8 通道轮流采集一次数，采集的结果放在数组 ad 中的程序。

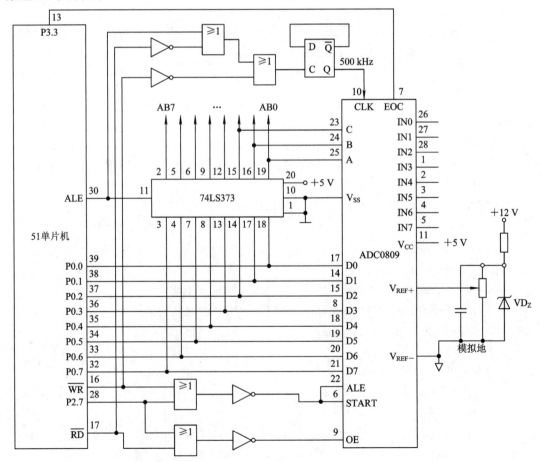

图 8.6 ADC0809 与 51 单片机的接口电路

按照图中片选线的连接，ADC0809 的模拟通道 0 地址应为：0××××××××××
××000。取 8 个通道地址：7FF8H～7FFFH。
　　程序如下：

```
    # include <absacc.h >                    /*包含绝对地址访问头文件*/
    # include <reg51.h >                     /*包含特殊功能寄存器定义头文件*/
    # define uchar unsigned char
    # define IN0 XBYTE [ 0x7ff8 ]            /*设置 AD0809 的通道 0 地址*/
    sbit ad_busy =P3^3;                      /*定义 EOC 状态位变量*/
    void ad0809 ( uchar idata *x )           /*A/D 采集函数，形参为指向片内间接访问 RAM 区
                                                通用指针*/

    {
      uchar  i ;
      uchar xdata   *ad_adr ;
      ad_adr= & IN0 ;                        /*使 ad_adr 指向通道 0*/
      for ( i=0 ; i<8 ;i++ )                 /*采集 8 个通道*/
      {
        *ad_adr=0 ;                          /*启动通道 0 转换*/
        i=i ;                                /*延时等待 EOC 变低*/
        i=i ;
        while (ad_busy = =0 ) ;              /*查询等待转换结束*/
        x[i ]= * ad_adr ;                    /*存转换结果*/
        ad_adr ++ ;                          /*下一通道*/
      }
    }
    void main ( void )
    { static uchar idata ad [ 10 ] ;
      ad0809 ( ad ) ;                        /*调用采集函数，实参为转换结果存放首地址*/

    }
```

例 7　AD574 与 51 单片机接口的数据采集程序。
　　按图 8.7 所示的接口电路，进行 12 位分辨的模拟信号采集。启动 AD574 进行一次转
换，编写一个独立函数，调用此函数可得转换结果。
　　AD574 转换程序如下：

```
    # include < absacc.h >                   /*包含绝对地址访问头文件*/
    # inlucde < reg51.h >                    /*特殊功能寄存器定义头文件包含*/
    # define uint unsigned int
    # define ADCOM XBYTE[ 0xff7c ]           /*使 A0 = 0，R/C = 0，CS = 0 */
    # define ADLO XBYTE [ 0xff7f ]           /*使 R/C = 1，A0 = 1，CS = 0 */
    # define ADHI XBYTE [ 0xff7d ]           /*使 R/C = 1，A0 = 0，CS = 0 */
    sbit r = P3 ^ 7 ;
```

```
sbit w = P3 ^ 6 ;
sbit adbusy = P1 ^ 0 ;
unit ad574 ( void )                          /* AD574 转换器*/
{
  r = 0 ;                                    /*产生 CE = 1 */
  w = 0 ;
  ADCOM = 0 ;                                /*启动转换*/
  while ( adbusy = =1 );                     /*等待转换*/
  return ((uint)(ADHI<<4)+(ADLO &0x0f ));    /*返回 12 位采样值*/
}


main ( )
{   uint idata result ;
    result =ad574 ( ) ;                      /*启动 AD574 进行一次转换，得转换结果*/
}
```

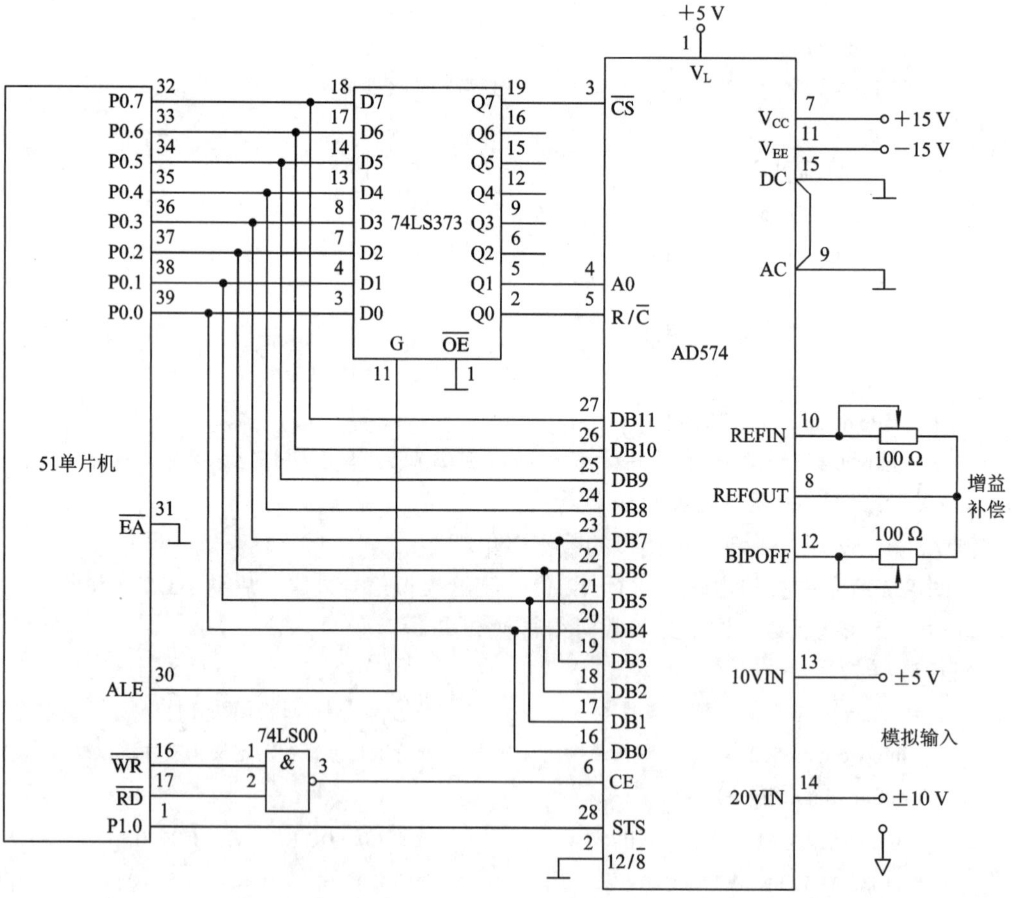

图 8.7 AD574 与 51 单片机的接口电路

例8 51单片机与TLC0831接口的数据转换程序。

51 单片机与 TLC0831 接口电路如图 8.8 所示。

TLC0832 源程序如下：

```c
#include <reg52.h>
#include <stdio.h>
#include <absacc.h>
#define uchar unsigned char
#define uint unsigned int
```

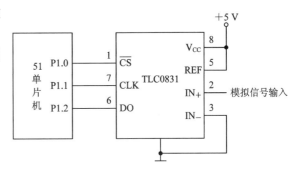

图 8.8　TLC0831 与 51 单片机的接口

```c
sbit adcdo=P1^2;            /*定义数据线位变量*/
sbit adccs=P1^0;            /*定义片选信号线位变量*/
sbit adcclk=P1^1;          /*定义时钟线位变量*/

void delay1(uchar x);
uchar readadc(void);
void adcck(void);

void main(void)
{
uchar temp;
temp = readadc( );
}

void delay1(uchar x)       /*延时函数*/
{
   uchar i;
   for(i=0;i<x;i++);
}
void adcck(void)            /*从 P1.1 产生时钟函数*/
{
   adcclk=1; delay1(2);
   adcclk=0; delay1(2);
}

uchar readadc(void)        /*读取转换数据函数*/
{  uchar i,ch;
   adccs=0;                 /*使片选信号有效*/
```

```
adcck();
ch=0;
for (;adcdo==1;) adcck();          /*产生前导时钟*/
for (i=0; i<8; i++)                /*接收 8 位数据函数*/
{ adcck();
    ch=(ch<<1)|adcdo;             /*接收一位数据进入移位寄存器变量*/
}
adccs=1;
return(ch);
}
```

8.10.3 51 单片机输出控制的 C 语言编程

例 9 51 单片机与 DAC0832 单缓冲区接口的数据转换。

接口电路如图 8.9 所示。在单片机执行输出指令时，只要从地址总线上传送地址的最低位为 0，使 $\overline{CS}$ 和 $\overline{XFER}$ 有效，即可实现数据锁存与启动。

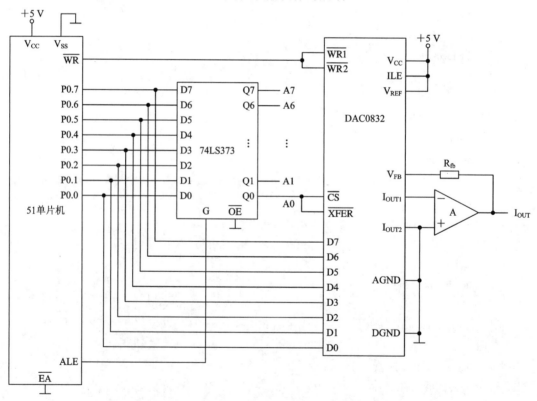

图 8.9 DAC0832 与 51 单片机的单缓冲接口电路

控制 DAC0832 转换，输出一个锯齿波电压信号的 C51 程序如下：

```
# include < absacc.h >              /*包含绝对地址访问头文件*/
# include < reg51.h >               /*包含特殊功能寄存器定义头文件*/
```

```
# define DAC832 XBYTE [0xfffe ]        /*定义 DAC0832 端口地址符号*/
# define uchar unsigned char
# define uint unsigned int
void    stair (void )
{
    uchar i ;
    while ( 1 )
    {
        for ( i=0 ;   i<=255 ;   i=i++ )      /*循环输出 0～255 数字量，产生一个锯齿波*/
        DA0832 = i;                           /*输出一个数字量并启动转换*/
    }
}
```

例 10 51 单片机与 DAC0832 双缓冲接口的数据转换程序。

接口电路如图 8.10 所示。在单片机执行输出指令时，只要从地址总线上传送相应地址，

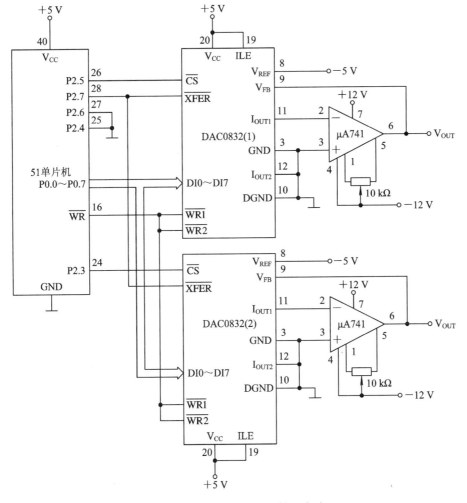

图 8.10　DAC0832 双缓冲接口电路

即可选通 DAC0832 相应锁存器，实现启动转换控制。第一片的输入寄存器(一级缓冲器)地址为 10001××××××××××××，取 8FFFH。第一片的输入锁存器(一级缓冲器)地址为 10100××××××××××××，取 A7FFH。两片的 DAC 锁存器(二级缓冲器)具有相同地址 00101××××××××××××，取 2FFFH。

将 data1 和 data2 数据同步转换为模拟量的 C51 程序如下：

```
# include < absacc.h >                    /*包含绝对地址访问头文件*/
# include < reg51.h >                     /*包含特殊功能寄存器定义头文件*/
# define INPUTR1 XBYTE[ 0x8fff ]          /*定义第一片一级缓冲器地址符号*/
# defune INPUTR2 XBYTE[ 0xa7ff]           /*定义第二片一级缓冲器地址符号*/
# define DACR    XBYTE [0x2fff ]          /*定义两片二级缓冲器地址符号*/
# define uchar    unsigned char


void dac2b (data1 ,data2 )                /*同步启动转换函数*/
uchar data1 , data2 ;
{
    INPUTR1 = data1 ;                     /*送数据到第一片一级缓冲器*/
    INPUTR2 = data2 ;                     /*送数据到第二片一级缓冲器*/
    DACR= 0 ;   }                         /*同步启动转换* /

}
```

例 11　51 单片机与 AD7521 接口的数据转换程序。

接口电路如图 8.11 所示。AD7521 是 12 位转换器，从 B1～B12 接收 12 位数字量即可启动转换。它与 51 单片机接口，必须在外部设计两级缓冲器，以实现分步转送数据，同步启动。图中用两片 74LS377 锁存器作为低 8 位数据的两级缓冲器，74LS379 作高 4 位数据缓冲器。从图可知，在单片机执行输出指令时，从地址总线传送相应地址，可分别选通缓冲器。第一级 8 位缓冲器的选通地址是 0×××××××××××××××××，取 7FFFH。第二级 8 位缓冲器和 4 位缓冲器为同一选通地址×0×××××××××××××××，取 BFFFH。单片机输出低 8 位数据，先锁存到第一级缓冲器中，接着输出高 4 位数据，在锁存高 4 位数据的同时低 8 位数据也锁存到第二级缓冲器，12 位数据同时达到 AD7521，启动转换。

使 AD7521 输出梯形波的 C51 程序如下：

```
# include   < absacc.h >                  /*包含绝对地址访问头函数*/
# include   < reg51.h >                    /*包含特殊功能寄存器定义头函数*/
# define DA7521L XBYTE[0x7fff ]           /*定义低 8 位一级缓冲器地址符号*/
# define DA7521H XBYTE[0xbfff ]           /*定义高 4 位和低 8 位二级缓冲器地址符号*/
# define UP 0x010                         /*定义数字变换步长值符号*/
# define T 1000                           /*定义延时常数符号*/
# define uint unsigned int
```

```
void   dlms ( uint a )
void   stair( void )
{
    uint   i ;
    for ( i=0 ;   i<=4095 ;   i=i+UP )              /*循环输出步长增量数字，产生梯形波*/
    {
        DA7521L= i % 256 ;                          /*送低 8 位数据到第一级缓冲器*/
        DA7521H=i /256 ;                            /*送高 4 位数据到高 4 位缓冲器，
                                                       同时低 8 位到第二级缓冲，启动转换*/

          dlms ( T ) ;                              /*调延时函数(假定已存在)*/
    }
}
```

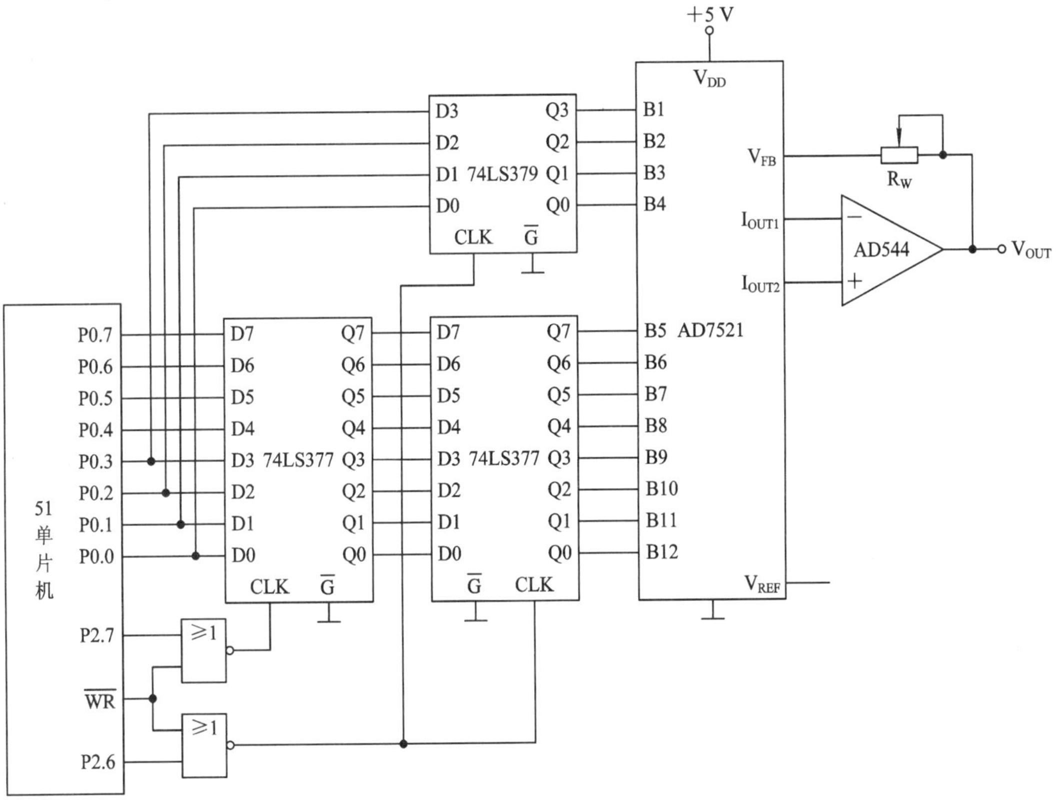

图 8.11　51 单片机与 AD5721 的接口

例 12　51 单片机与串行 D/A 转换器 MAX517 接口的数据转换程序。

MAX517 接口电路如图 8.12 所示。

转换程序就是在单片机的 P1.0 和 P1.1 口线上模拟产生 I²C 总线标准的工作时序，向 MAX517 发送数据，控制转换。51 单片机为主设备，首先单片机向 MAX517 发送一个地址字节 58H，等待应答后再发一个控制字节 00H，再次等待应答之后，再发要转换的 8 位数据。

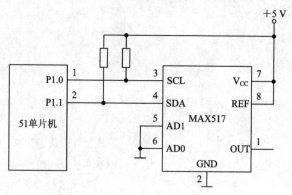

图 8.12　51 单片机与 MAX517 的接口

控制 MAX517 转换的 C51 程序如下：

```
#include <reg52.h>                  /*包含特殊功能寄存器定义头文件*/
typedef unsigned int uint;
typedef unsigned char uchar;
sbit Sda=P1^1;                      /*定义数据线符号*/
sbit Scl=P1^0;                      /*定义时钟线符号*/

void mDelay(uchar j)                /*延时函数*/
{
  uint i;
  for(;j>0;j--)
    for(i=0;i<10;i++)
  {}
}
void Start(void)                    /*产生起始时序*/
{
  sda=1;
  Scl=1;
  Sda=0;
}
void Stop(void)                     /*产生停止时序*/
{
  sda=0;
  scl=1;
  sda=1;
}
void Ack(void)                      /*产生应答时序*/
{
```

```
      sda=0;
      scl=1;
      scl=0;
  }
  void Send(uchar Dat)                        /*发送数据函数，Dat 为发送的数据*/
  {
      uchar BitCounter=8;                     /*位数控制*/
      uchar temp;
      do
      {
        temp=Dat;
        Scl=0;
        if((temp&0x80)==0x80)                 /*如果最高位是 1*/
        Sda=1;
        Else
        Sda=0;
        Scl=1;
        temp=Dat<<1;                          /*左移*/
        Dat=temp;
        BitCounter--;
      }
      while(BitCounter);
      Scl=0;
  }
  void moveout(uchar num)                     /*发送数据过程控制函数*/
  {
      Start();                                /*发送启动信号*/
      Send(0x58);                             /*发送器件地址*/
      Ack();                                  /*等应答*/
      Send(0x00);                             /*发送命令*/
      Ack();
      Send(num);                              /*发送转换数据*/
      Ack();
      Stop();
      mDelay(2);
  }
  void main(   )
  {
      uchar shuziliang;
```

```
        moveout(shuziliang );
    }
```

8.11 频率、周期测量的 C 语言编程

8.11.1 测量频率

测量频率法是指在单位时间内对被测信号进行计数。测量频率法最简单的接口电路是将频率脉冲直接连接到 51 单片机的 T1 端，用单片机的 C/T0 作定时器，用 C/T1 作计数器。在定时时间里，对频率脉冲进行计数。T/C1 的计数值便是单位定时时间里的脉冲个数。

在计数时会出现如图 8.13 所示的丢失脉冲的情况。第一个丢失的脉冲，是由于开始检测时脉冲宽度小于机器周期 T；第二个丢失的脉冲是由于脉冲的负跳变在定时之外。定时时间内出现脉冲丢失，将引起测量精度降低。脉冲频率越低，这种错误越大。显然对于较低频率的脉冲测量，最不适合采用测量频率法。

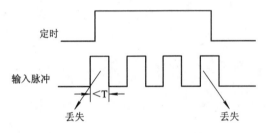

图 8.13 测量频率中的脉冲丢失

例 13 带同步控制的频率测量。

为解决图 8.13 中的第一个脉冲丢失，可用门电路实现计数开始与脉冲上升沿的同步控制。51 单片机的 T/C0 作定时器，T/C1 作计数器，对 f_x 的频率测量接口电路如图 8.14 所示。

该接口电路要求定时器在门控方式下启动。启动测量时，首先 P1.0 发一个清零负脉冲，使 U_1、U_2 两个 D 触发器复位，封锁与门 G_1 和 G_2。接着由 P1.1 发一个启动正脉冲，其上升沿置 U_1 为 1，门 G_1 开放。之后，被测脉冲上升沿通过 G_2 送 T_1 计数；同时 U_2 输出高电平使 $\overline{INT0}=1$，保证定时器 0 接收启动命令时启动。定时结束时，从 P1.0 发一负脉冲，清零 U_2，封锁 G_2，停止 T/C1 计数，完成一次频率采样过程。

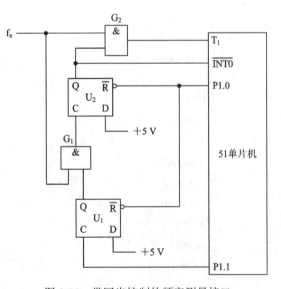

图 8.14 带同步控制的频率测量接口

设测量时间为 500 ms，由 T/C0 定时 50 ms，通过软件对 T/C0 溢出中计数 10 次。中断

次数的计数值在 msn 中。

设单片机振荡频率 fosc = 12 MHz，T/C0 设置为门控、定时、方式 1，T/C1 设置为非门控、计数、方式 1。

T/C0 定时 50 ms 的初值 = 65 536 − 50 000 = 15 536 = 3CB0H。

T/C0 允许中断，T/C1 不产生中断。在 T/C0 中断处理程序中需重装初值，进行中断次数计数，并判计数是否到达 10 次。如果未到达 10 次，则继续定时及计数。如果到 10 次，则建立 500 ms 定时到标志。设置 tf 为 500 ms 定时时间到标志。

在主函数中设置硬件连接特性，设置定时器、计数器，设置中断系统，计算测量频率等。

频率测量的 C51 程序如下：

```c
#include <reg51.h>
#define uchar unsigned char
#define uint unsigned int
#define   A   10                        /*500 ms 的中断次数*/
sbit   P1_0= P1^0;                      /*定义 P1.0 位符号*/
sbit   P1_1=P1^1;                       /*定义 P1.1 位符号*/
uchar msn=A;                            /*50 ms 定时溢出计数变量赋初值 5*/
bit idata tf=0;                         /*定义 50 ms 到标志变量*/
uint count;
void timer0 (void)    interrupt 1 using 1   /*50 ms 定时中断服务*/
{
    TH0=0X3C   ;                        /*重置初值*/
    TL0=-0XB0 ;
    msn - - ;                           /*10 ms 定时中断减 1 计数*/
    if ( msn = = 0) { tf=1 ; }          /*50 ms 定时时间到设置标志*/
}

void main(void)
{
    float rate;
    P1_0=1;  P1_0=0;                    /*产生清 0 用负脉冲*/
    TMOD=0x59;                          /*T/C0 门控、定时、方式 1，T/C0 非门控、计数、方式 1*/
    TH0=0x3C；TL0=0XB0；                /*T/C0 定时器 50 ms*/
    TH1=0x00；TL1=0x00；                /*T/C1 从 0 计数*/
    TR0=1；TR1=1；                      /*启动 T/C0 和 T/C1*/
    ET0=1；EA=1；                       /*开中断*/
    P1_0=0；  P1_0=1 ；                  /*产生启动正脉冲*/
    while (tf!=1 )  ;                   /*等待 500 ms 定时到*/
    P1_0=0；  P1_0=1 ；                  /*产生负脉冲，封锁 G2*/
```

```
        TR0=0;   TR1=0 ;                          /*关 T/C*/
        count=(TH1 256+TL1);
        rate=(1000/500)*count                     /*计算频率*/
}
```

8.11.2 测量周期

测量周期的基本原理是在被测信号周期 T 内，对某一已知周期的脉冲信号进行计数，已知周期与计数值的乘积便是被测信号周期。这种测量要求在被测周期开始启动计数，周期结束时停止计数。可用图 8.15 所示接口电路来实现测量。

74LS74 是一个双 D 触发器芯片，图中连接是利用其中的一个触发器将被测信号的周期转换成图 8.16 所示的分频信号。Q 端输出的分频信号接单片机的外部中断 0 上。用单片机 T/C0 的门控方式，在被测信号的一个周期内，对内部机器周期信号进行计数。测量时，从 P1.0 输出 0，清除 D 触发器，Q 端输出为 0，定时器不能启动。在被测信号上升沿到来时，Q 端输出高电平，此时启动定时器对内部机器周期计数。在被测信号的第一个周期内 Q 端保持高电平，周期结束时变为低电平，停止定时器计数，同时产生中断请求。在中断程序中，读取计数值，即可测量出被测信号的周期。

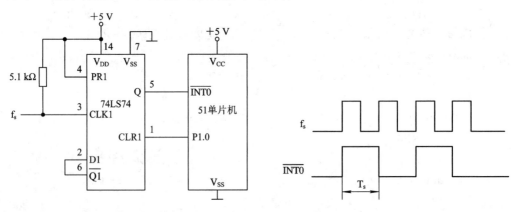

图 8.15 周期测量接口   图 8.16 频率周期波形

如果单片机振荡频率 fosc = 6 MHz，则机器周期为 2 μs，被测信号的周期为

$$T = 定时器计数值 \times 2 \ \mu s$$

例 14 测量周期的程序。

针对图 8.15 测量周期的 C51 程序如下：

```
#include<reg51.h>
#define uint unsigned int
sbit   P1_0=P1^0;
uint count ,period;
bit rflag=0;                              /*周期标志*/
void cotrol (void)
{
    TMOD=0x09;                            /*定时器/计数器门控、定时、0 方式*/
```

```
    IT0=1;                              /*设置外部中断 0 位边沿触发*/
    TH0=0；TL0=0;                        /*从 0 计数*/
    P1_0=0;                             /*触发器清零，实现被测信号上升沿同步计数*/
    P1_0=1;                             /*为被测信号上升沿触发*/
    ET0=1；EA=1;                         /*开中断*/
    TR0=1;                              /*在被测信号上升沿时启动定时器*/
}
void int_0(void)interrupt 0 using 1    /* INT0 中断函数*/
{
    EA=0；TR0=0;                         /*关中断，停止计数*/
    count=TL0+TH0*256;                  /*取计数值*/
    rflag=1;                            /*设置周期结束标志*/
    EA=1
}

void main(void)
{   contro1();
    while(rflag==0);                    /*等待一个周期结束*/
    period=count*2;                     /*计算周期值*/
}
```

8.12　51 单片机间通信的 C 语言编程

8.12.1　点对点的串行异步通信

1．通信双方的硬件连接

如果采用单片机自身的 TTL 电平直接传输信息，其传输距离一般不超过 1.5 m。51 单片机一般采用 RS-232C 标准进行点对点的通信连接。图 8.17 是两个 51 单片机间的连接方法，信号采用 RS-232C 电平传输，电平转换芯片采用 MAX232。

2．通信双方的约定

按照图 8.17 所示的接口电路。假定 A 机 SYSTEM1 是发送者，B 机 SYSTEM2 是接收者。当 A 机开始发送时，先送一个"AA"信号，B 机收到后回答一个"BB"，表示同意接收。当 A 机收到"BB"后，开始发送数据，每发送一次求"校验和"，假定数据块长度为 16 个字节，数据缓冲区为 buf，数据块发送完后马上发送"校验和"。

B 机接收数据并将其转存到数据缓冲区 buf，每接收到一个数据便计算一次"校验和"，当接收完一个数据块后，再接收 A 机发来的校验和，并将它与 B 机求出的校验和进行比较。若两者相等，说明接收正确，B 机回答 00H；若两者不等，说明接收不正确，B 机回答 0FFH，请求重发。

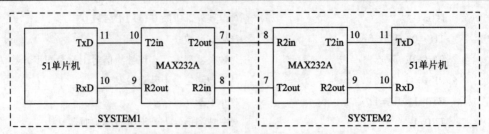

图 8.17 51 单片机间 RS-232C 电平信号转换

A 机收到 00H 的回答后，结束发送。若收到的答复非零，则将数据再重发一次。双方约定的传输波特率若为 1200 波特，在双方的 $f_{OSC} = 11.0592\,MHz$ 下，T1 工作在定时器方式 2，TH1 = TL1 = 0E8H，PCON 寄存器的 SMOD 位为 0。按照上述约定，发送和接收程序框图如图 8.18 所示。

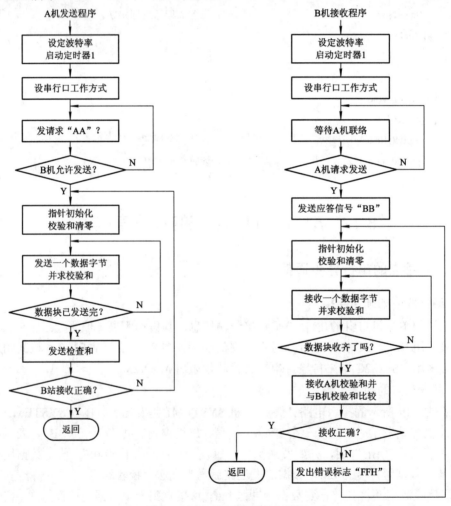

图 8.18 点对点通信的程序框图

3. 点对点通信编程

点对点通信的双方基本等同，只是人为规定一个为发送，一个为接收。要求两机串行口的波特率相同，因而发送和接收方串行口的初始化相同。双方可编制相同的初始化函数、

发送函数、接收函数和主函数。为了区分是发送还是接收，定义一个状态变量 TRF，发送
方设置 TRF = 0，接收方设置 TRF = 1。在主函数中，采用条件判别决定使用发送函数还是
接收函数。

例 15　点对点通信程序。

点对点通信的程序如下：

```
#include<reg51.h>
#define uchar unsigned char
#define TRF 0                        /*发送 TRF = 0，接收 TRF = 1，发送*/
uchar idata buf[10];                 /*定义片内 RAM 缓冲区*/
uchar pf;                            /*定义校验和变量*/
void init(void)                      /*初始化函数*/
{
    TMOD=0x20;                       /*设 T/C1 为非门控、定时、方式 2*/
    TH1=0xe8;                        /*设定波特率*/
    TL1=0xe8;
    PCON=0x00;                       /*设 SMOD = 0*/
    TR1=1;                           /*启动 T/C1*/
    SCON=050;                        /*串行口工作在方式 1，允许接收*/
}
void send(uc • har idata *d)         /*发送函数*/
{
    uchar i;
    do
    {
        SBUF=0xaa;                   /*发送联络信号*/
        while(TI= =0);               /*等待发送出去*/
        TI=0;                        /*清除发送中断标志*/
        while(RI= =0);               /*等待接收方应答*/
        RI=0;                        /*清除接收中断标志*/
    }while((SBUF^0xbb)!=0);          /*接收方未准备好，继续联络*/
    do                               /*发送 TRF = 0，接收 TRF = 1，发送*/
    {
        pf=0;                        /*清校验和*/
        for ( i=0; i<16; i++)        /*发送数据块*/
        {
            SBUF=d[i];               /*发送一个数据*/
            pf+ =d[i];               /*求校验和*/
            while(TI= =0); TI=0;     /*等待一个数据发送完毕*/
        }
```

```
        SBUF=pf;                        /*发送校验和*/
        while(TI= =0); TI=0;            /*等待校验和发送完毕*/
        while(RI= =0);  RI=0;           /*等待接收方应答*/
    }while(SBUF!=0);                     /*应答出错，则重发*/
}
void receive (uchar idata *d)           /*接收函数*/
{
    uchar i;
    do
    {
        while (RI= =0);    RI=0;         /*等待 A 机请求*/
    }while ((SBUF^0xxa)! =0);            /*判 A 机请求信号*/
    SBUF=0xbb;                           /*发应答信号*/
    while (TI= =0);    TI=0;             /*等待应答信号发送完毕*/
    while (1)
    {
      pf=0;                              /*清校验和*/
      for ( i=0; i<16; i++)
      {
          while (RI= =0);    RI=0;
          d[ i ]=SBUF;                   /*接收一个数据*/
          pf+ =d[i];                     /*求校验和*/
      }
      while (RI= =0);    RI=0;           /*接收 A 机校验和*/
      if ((SBUF^ pf) = =0)               /*比较校验和*/
      {
        SBUF=0x00;                       /*校验和相同发"00"，结束接收*/
        break;
      }
      else
      {
        SBUF=0xff;                       /*出错发"FF"，重新接收*/
        while(TI= =0);    TI=0;
      }
    }
}
void main (void)
{
    init ( );                            /*调用初始化函数*/
```

```
        if(TRF= =0)                          /*发送方调用发送函数*/
        {
            send(buf);
        }
        else                                 /*接收方调用接收函数*/
        {
            receive(buf);
        }
    }
```

8.12.2　多机通信

1．通信接口

单片机多机系统中常采用总线型主从式结构。其接口结构见图 2.25。多机主从系统通信时，只有一个单片机是主机，其余都为从机。在多机系统中，51 单片机串行口必须选择方式 2 或方式 3。在采用不同的通信标准通信时，还需进行相应的电平转换，也可以对传输信号进行光电隔离。通常采用 RS-422 或 RS-485 串行标准总线进行数据传输。

2．通信协议

根据 51 单片机串行口的多机通信能力，多机通信可以按照以下协议进行：

(1) 首先使所有从机的 SM2 位置 1 处于只接收地址帧的状态。

(2) 主机先发送一帧地址信息，其中前 8 位为地址，第 9 位为地址/数据的标志位，该位置 1 表示该帧为地址信息。

(3) 从机接收到地址帧后，各自将接收的地址与本机的地址比较。对于地址相符的从机，使 SM2 位清 0，以接收主机随后发来的所有信息；对于地址不符的从机，仍保持 SM2=1，对主机随后发来的数据不予理睬。

(4) 当从机发送数据结束后，发送一帧校验和，并置第 9 位(TB8)为 1，作为从机数据传送结束标志。

(5) 主机接收数据时，先判断数据结束标志(RB8)，若 RB8 = 1，表示数据传送结束，并比较此帧校验和，若正确，则会送正确信号 00H，此信号令该从机复位(即重新等待地址帧)；若校验和出错，则发送 0FFH，令该从机重发数据。若接收帧的 RB8 = 0，则送数据到缓冲区，并准备接收下帧信息。

(6) 若主机向从机发送数据，从机在第 3 步中比较地址相符后，置 SM2 = 0，同时把本机地址发回主机，作为应答之后才能收到主机发送来的数据。其他从机(SM2 = 1)无法收到数据。

(7) 主机收到从机的应答地址后，确认地址是否相符。如果地址不符，发复位信号(数据帧中 TB8 = 1)；如果地址相符，则清 TB8，开始发送数据。

(8) 从机接收到复位命令后，回到监听地址状态(SM2 = 1)；否则，开始接收数据和命令。

3．通信程序

设主机发送的从机地址有 00H、01H、02H，地址 FFH 是命令各从机恢复 SM2 为 1，即复位。

主机的命令编码为：

01H 请求从机接收主机的数据

02H 请求从机向主机发送数据

其他都按从机向主机发送数据命令 02H 对待。

从机的状态字节格式为：

D7	D6	D5	D4	D3	D2	D1	D0
ERR	0	0	0	0	0	TRDY	RRDY

RRDY = 1：从机准备好接收主机的数据。

TRDY = 1：从机准备好向主机发送数据。

ERR = 1：从机有错误。

通常从机以中断方式控制和主机的通信。程序可分成主机程序和从机程序，约定一次传送的数据为 16 个字节，以 02H 地址的从机为例。

例 16 主从式多机通信程序。

(1) 主机程序。主机程序流程图如图 8.19 所示。

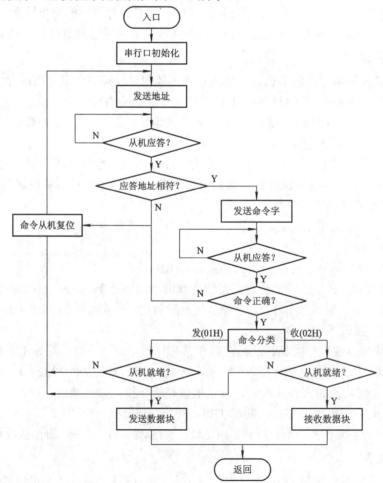

图 8.19 多机通信的主机程序流程图

主机程序如下：

```c
#include <reg51.h>
#define uchar unsigned char
#define SLAVE 0x02                       /*从机地址*/
#define BN 16                            /*定义数据块字节数*/
uchar idata rbuf [16];                   /*定义接收缓冲数组*/
uchar idata tbuf [16]={"master transmit"};  /*定义发送缓冲数组及数据块*/
void err (void)                          /*出错处理函数*/
{
    SBUF=0xff;                           /*发送出错信息*/
    while(TI!=1); TI=0;                  /*等待出错信息发送完毕*/
}


uchar master (char addr, uchar command)  /*发送/接收函数，形参：缓冲区地址，命令*/
{
    uchar aa, i,p;
    while(1)
    {
      SBUF=SLAVE;                         /*发送从机地址*/
      while (TI!=1); TI=0;                /*等待地址发送完毕*/
      while (RI!=1); RI=0;                /*等待从机地址回复*/
      if(SBUF!=addr) err();              /*地址不符，调用出错处理函数*/
      else                               /*地址符合，发送命令*/
       {
          TB8=0;                          /*清地址标志*/
          SBUF=command;                   /*向从机发送命令*/
          while (TI!=1); TI=0;            /*等待命令发送完毕*/
          while (RI!=1); RI=0;            /*等待从机对命令的回复*/
          aa=SBUF;                        /*接收从机状态字*/
          if((aa&0x80)= =0x80) {TB=1;  err(); }  /*有错，发复位信号*/
          else                            /*正常则进行命令操作*/
             if ( command= =0x01)         /*如果是发送命令，则向从机发送数据*/
             {
                if ((aa&0x01)= =0x01)      /*如果 RRDY=1，从机接受准备好*/
                {
                  do
                  {
                      p=0;                 /*清校验和*/
                      for(i=0; i<BN; i++)  /*逐一发送数据块数据*/
```

```
            {
                SBUF=tbuf[i];                /*发送一个数据*/
                p+=tbuf[i];                  /*计算校验和*/
                while(TI!=1); TI=0;          /*等待一个数据发送完毕*/
            }
            SBUF=p;                          /*发送校验和*/
            while (TI!= =0); TI=0;           /*等待校验和发送完毕*/
            while (RI!= =0); RI=0;           /*等待从机对校验和回复*/
        }while (SBUF! =0);                   /*回复信息不等于0，重新发送数据块*/
        TB8=1;                               /*数据块发送完毕，置地址发送状态*/
        return(0)
    }
}
else                                         /*如果是接收命令，则接收从机数据*/
{
if((aa&0x02)= =0x02)                         /*如果 TRDY = 1，从机发送准备好*/
{
    while(1)                                 /*接收数据块，直到正确接收完毕*/
    {
        p=0;                                 /*清校验和*/
        for(i=0; i<BN; i++)                  /*逐一接收数据*/
        {
            while (RI! =1);   RI=0;          /*等待接收一个数据*/
            rbuf[i]=SBUF;                    /*送数据到缓冲区*/
            p+=rubf[i];                      /*计算校验和*/
        }
        while(RI= =0); RI=0;                 /*等待接收校验和*/
        if(SBUF= =p)                         /*如果接收校验和与本机计算校验和相等*/
        {
            SBUF=0x00;                       /*发送正确接收完数据块回复信息*/
            while(TI= =0); TI=0;             /*等待回复信息发送完毕*/
            break;                           /*结束数据块发送*/
        }
        else                                 /*如果接收校验和与本机计算校验和不等*/
        {
            SBUF=0xff;                       /*发送数据块接收不正确信息，重新接收*/
            while(TI= =0); TI=0;
        }
    }
```

```
            TB8=1;                              /*数据块发送完毕，置地址发送状态*/
            Retuen(0);
          }
        }
      }
    }
  }

  void main (viod)
  {
      TMOD=0x20;                              /* T/C1 定义为方式 2 */
      TL1=0xfd；TH1=0xfd;                     /*置波特率初值*/
      PCON=0x00;                              /*置 SMOD = 1 */
      TR1=1;                                  /*启动定时器*/
      SCON=0xf0;                              /*设置串行口为多机、方式 3、允许接收*/
      master(SLAVE，0x01);                    /*从机接收数据命令调用*/
      master( SLAVE,0x02 );                   /*从机发送数据命令调用*/
  }
```

(2) 从机程序。从机接收、发送数据是通过串行口中断方式来实现的。从机程序中断服务程序的流程图如图 8.20 所示。

从机程序如下：

```
  #include <reg51.h>
  #define uchar unsigned char
  #define SLAVE    0x02                       /*定义从机地址符号*/
  #define BN   16                             /*定义数据块字节数*/
  uchar idata trbuf[16];                      /*定义发送数据缓冲数组*/
  uchar idata rebuf[16];                      /*定义接收数据缓冲数组*/
  bit tready;                                 /*定义发送准备好状态位变量*/
  bit rready;                                 /*定义接收准备好状态位变量*/

  void main (void)
  {
      TMOD=0x20;                              /*设置 T/C1 为非门控、定时、方式 2*/
      TL1=0xfd;                               /*设置波特率初值*/
      TH1=0xfd;
      PCON=0x00;                              /*设置 SMOD=0*/
      TR1=1;                                  /*启动定时器*/
      SCON=0xf0;                              /*设置串行口为多机、方式 3、允许接收*/
      ES=1；EA=1;                             /*开串行口中断*/
```

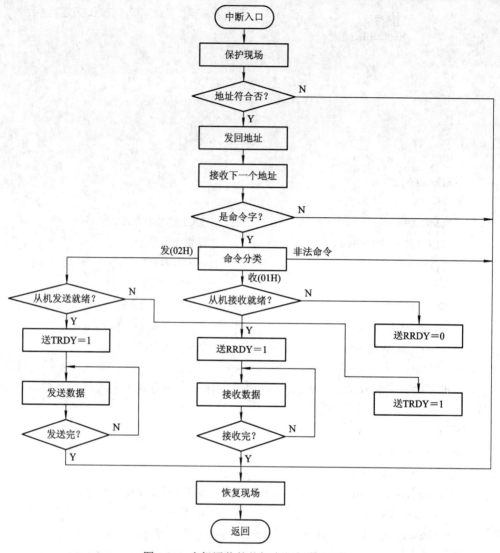

图 8.20　多机通信的从机中断程序流程图

```
    while(1) {tready=1；  rready=1；}              /*等待串行口中断，假定准备好发送和接收*/
}


void ssio (void ) interrupt 4 using 1            /*串行口中断服务程序，使用工作寄存器组 1*/
{
    void str(void);
    void sre(void);
    uchar a,i;
    RI=0;                                        /*关串行口 I 中断*/
    ES=0;
    if(SBUF! =SLAVE)  {ES=1；goto reti；}         /*接收到非本机地址，继续监听*/
```

```
        SM2=0 ;                              /*接收到本机地址，解除监听*/
        SBUF=SLAVE；                          /*向主机发送本机地址*/
        while ( TI ! =1 )；TI =0;             /*等待地址发送完毕*/
        while ( RI !=1)；   RI =0 ；           /*等待接收主机命令*/
        if (RB8 == 1){ SM2=1；EA=1；goto reti；}   /*接收到复位信号，恢复监听*/
        a=SBUF;                              /*读取主机，命令字*/
        if (a ==0x01 )                       /*如果命令接收主机数据 0*/
        {
           if (rready = =1) SBUF =0x01 ;     /*如果 RRDY = 1，向主机发准备好状态字*/
           else
           SBUF=0x00 ;                       /*如果 RRDY = 0，向主机发未准备好状态字*/
           while ( TI ! =1 ) ；TI=0 ；        /*等待状态字发送完毕*/
           while ( RI ! =1 ) ；  RI =0 ；      /*等待接收主机命令*/
           if (RB8= =1){ SM2 =1；ES =1；goto reti；}/*如果接收到复位命令，进入监听*/
           sre( ) ；                         /*否则调接收数据函数*/
        }
        else                                 /*如果不是接收主机数据的命令*/
        {
           if( a= =0x02 )                    /*如果是向主机发送数据的命令*/
           {
             if (tready = =1 )SBUF =0x02;     /*如果准备好，则发准备好状态字*/
             else SBUF=0x00 ;                /*如果未准备好，则不发准备好状态字*/
             while (TI ! = 1 ) ；  TI =0;     /*等待状态字发送完毕*/
             while (RI ! =1 ) ；RI =0 ；        /*等待接收主机命令*/
             if (RB8 = =1 ){ SM2 =1；ES =1；goto reti ；} /*如果是复位命令，进入监听*/
             str ( ) ；                       /*否则调用发送数据函数*/
           }
           else                              /*如果不是接收命令，又不是发送命令*/
           {
             SBUF = 0x80 ;                   /*向主机发错误状态字*/
             while ( TI ! =1 ) ；  TI =0 ；    /*等待状态字发送完毕*/
reti：       SM2 =1 ；  ES =1 ；              /*进入监听*/
           }
        }
}


void    str (void )                          /*发数据块函数*/
{
    uchar p ,i;
```

```c
    tready =0;                              /*置发送数据忙状态*/
    do                                      /*发送数据*/
    {
      p=0 ;                                 /*清校验和*/
      for (i= 0;   i<BN ;  i++ )            /*逐一发送数据块数据*/
      {
        SBUF= trbuf[ i ];                   /*发送一个数据*/
        p+=trbuf[i ] ;                      /*计算校验和*/
        while (TI !=1 )TI =0;               /*等待一个数据发送完毕*/
      }
      SUBF= p ;                             /*发送校验和*/
      while (TI = =0 ) ;   TI =0;           /*等待校验和发送完毕*/
      while (RI= =0 );   RI =0;             /*等待主机对校验和的回复命令*/
    } while (SBUF !=0 ) ;                    /*回复不正确，重新发送*/
    SM2=1;
    ES = 1;
}


void   sre(void )                           /*接收数据块函数*/
{
    uchar   p , i ;
    rready = 0;                             /*置接收数据忙状态*/
    while (1)                               /*接收数据，直到数据块正确接收完毕*/
    {
      p= 0;                                 /*清校验和*/
      for (i =0 ;   i< BN ;   i++)          /*逐一接收数据*/
      {
        while (RI !=1) RI =0;               /*等待接收一个数据*/
        rebuf [ i ] =SBUF;                  /*送存接收数据到缓冲数组* /
        p+=rebuf [ i ];                     /*计算校验和*/
      }
      while (RI !=1 )  ;  RI =0;            /*等待接收校验和*/
      if (SBUF = = p){SBUF= 0x00;  break; } /*如果与主机校验和相符，结束接收*/
      else                                  /*如果接收到的主机校验和与本机不符*/
      {
        SBUF=0xff;                          /*发送不符合信息*/
        while ( TI = =0 ) ;                 /*等待不符合信息发送完毕*/
      }
    }
```

```
    SM2 = 1；                          /*置多机通信初始状态*/
    ES = 1；
}
```

8.13 键盘和数码显示人机交互的 C 语言编程

单片机应用系统经常使用简单的键盘和显示器来完成输入/输出操作。

8.13.1 行列式键盘与 51 单片机接口的 C51 编程

例 17 4×4 键盘的扫描程序。

行列式键盘与 51 单片机的接口及扫描原理已在 6.1 节介绍过。下面以图 8.21 所示的接口为例，说明 C 语言键盘扫描程序。

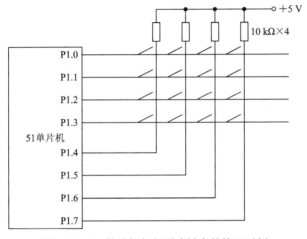

图 8.21 51 单片机与行列式键盘的接口示例

扫描函数的返回值为键特征码，若无键按下，返回值为 0。程序如下：

```
# include <reg51.h>
# define uchar unsigned char
# define uint unsigned int
void dlms( void );                     /*函数声明*/
void kbscan( void ) ;

void   main ( void )                   /*主函数间隔一定时间调用扫描函数*/
{
    uchar key ;
    while ( 1 )
    {
        key =kbscan ( );
        dlms( ) ;
```

```
        }
    }
    void   dlms( void )                      /*延时函数*/
    {
        uchar i ;
        for ( i=200 ;  i>0 ;  i--) {  }
    }
    uchar kbscan ( void )                    /*键盘扫描函数*/
    {
        uchar scode ,recode;
        P1=0xf0 ;
        if ( (P1 & 0xf0 ) ! =0xf0 )          /*从 P1.0～P1.3 输出 4 位全 0 的行扫描码*/
        {
            dlms ( );                        /*延时去抖动*/
            if (( P1 & 0xf0 )! = 0xf0 )       /*如果 P1 口低 4 位不全为 0, 则该行右键按下*/
            {
                scode =0xfe ;                /*逐行扫描码初始值*/
                while (( scode & 0x10 ) !=0 ) /*当逐行扫描码的第 4 位不为 0, 4 行扫描未完*/
                {
                    P1=scode ;               /*输出行扫描码*/
                    if (( P1 & 0xf0 )! =0xf0 ) /*如果 P1 口高 4 位不全为 1, 则本行有键按下*/
                    {
                        recode=(P1 & 0xf0)| 0x0f;   /*保留高 4 位列线码, 低 4 位置 1*/
                        return ((~scode )+(~recode)); /*行码、列码取反组合, 作为键特征码*/
                    }
                    else                     /*如果 P1 口高 4 位全为 1, 则扫描下一行*/
                        scode = ( scode < < 1)| 0x01 ;  /*行扫描码左移一位*/
                }
            }
        }
        return ( 0 ) ;
    }
```

8.13.2　七段数码管显示与 51 单片机接口的 C51 编程

数码管与 51 单片机的接口及显示原理已在 6.2 节介绍过。下面以图 8.22 所示的接口为例，说明数码管动态显示的 C 语言程序。

例 18　8155 控制的动态 LED 显示。

图 8.22 是 8155 与 6 位 LED 显示器接口。8155PB 口作段码输出，经 7407 驱动与 LED 的段码线相连；8155PA 口作位选码输出，经 7406 驱动与 LED 的位选线相连。8155 的端口

地址有 P2.7 和 P2.6 传送地址确定。控制口地址为 11×××××××××××××00，取 FFF0H。PA、PB、PC 口地址一次取 FFF1H、FFF2H、FFF3H。

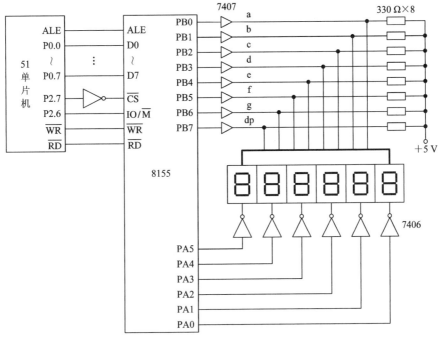

图 8.22　经 8155 扩展 I/O 口的 6 位 LED 动态显示器接口

6 位待显示字符从左到右依次放在 dis_buf 数组中，显示顺序从右向左。段码表存放在 table 数组中。以下是动态显示 6 位字符的程序。8155 的方式命令字为 07H，假定延时函数 dl_ms 已存在，可供调用。

```c
# include < absacc.h >
# include < reg51.h >
# define    COM8155    XBYTE[ 0xfff0 ]        /*定义 8155 控制口符号*/
# define    PA8155     XBYTE[ 0xfff1 ]        /*定义 8155PA 口符号*/
# define    PB8155     XBYTE[ 0xfff2 ]        /*定义 8155PB 口符号*/
# define    PC8155     XBYTE[ 0xfff3 ]        /*定义 8155PC 口符号*/
uchar idata dis_buf[6] = { 2,4,6,8,10,12 };   /*定义显示缓冲数组，初始化显示字符*/
uchar code table[18 ]= { 0x3f ,0x06,0x5b,0x4f,0x66,0x6d,0x7d,0x07,0x7f,   /*段码表数组*/
                 0x6f, 0x77,0x7c,0x39,0x5e,0x79,0x71,0x40,0x00 } ;

void    dl_ms (uchar d );
void    display(uchar idata * p )              /*显示函数，形参为指针*/
{
  uchar sel ,i ;
   COM8155 = 0x07 ;                            /*初始化 8155 */
   sel = 0x01 ;                                /*初始位选码，选通最右一位 */
   for (i= 0 ;   i<6 ;   i++ )
```

```
    {
        PB8155=table [ * p ] ;                    /*从 PB 口输出段码*/
        PA8155=sel ;                              /*从 PA 口输出位选码*/
        dl_ms ( 1 ) ;                             /*调延时函数*/
        p⁻⁻;                                      /*缓冲区前移 1 个字符 */
        sel =sel << 1                             /*修改位选码*/
    }
}
void main ( void )                                /*在主函数中调显示函数*/
{
    display ( dis_buf +5 );
}
```

8.13.3　字符型液晶显示模块(LCM)与 51 单片机的接口

单片机对字符型 LCM 的控制原理在 6.3 节介绍过。这里举例说明 C51 控制程序。

例 19　51 单片机字符型 LCM 控制的 C51 编程。

接口电路如图 8.23 所示。单片机通过 P2.2、P2.1、P2.0 模拟产生字符型 LCM 控制时序，经 P0 传送显示字符数据。程序中定义了初始化函数、读状态函数、读数据函数、写命令函数、写数据函数、显示字符函数、显示字符串函数和延时函数。通过对这些函数模块的协调调用来实现对 LCM 的显示控制。程序中使用的字符型 LCM 的命令字,需参阅表 6.3。

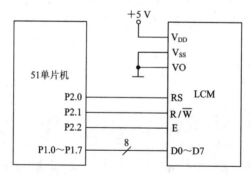

图 8.23　51 单片机与字符型 LCM 的接口

字符型 LCM 显示控制程序如下：

```
#include <reg51..h>                              /*特殊功能寄存器定义头函数*/
#include<stdio.h>                                /*输入输出头函数*/
#include<stdlib.h>                               /*标准库函数头函数*/
#include<intrins.h>                              /*51 单片机移位、空操作函数头文件*/
#include<absacc.h>                               /*绝对地址访问头文件*/
#define LCM_RS    P2_0                           /*定义 LCM 寄存器选择接口线符号*/
#define LCM_RW    P2_1                           /*定义 LCM 读写控制接口线符号*/
#define LCM_E     P2_2                           /*定义 LCM 使能信号接口线符号*/
```

```
#define LCM_DataPort    P1                       /*定义 LCM 数据线接口符号*/
#define Busy    0x80                             /*定义 LCM 状态字中的 Busy 标识*/
#define uchar usigned char

void WriteDataLCM(uchar WDLCM);                  /*函数声明*/
void WriteCommandLCM(uchar WCLCM,BuysC);
uchar ReadDataLCM(void);
uchar ReadStatusLCM(void);
void LCMInit(void);
void DisplayOneChar(uchar X, uchar Y, uchar DData);
void DisplayListChar(uchar X, uchar Y, uchar code *DData);
void Delay5Ms(void);
void Delay400Ms(void);
uchar code huanyin[] = {"welcome！"};
uchar code exampl[] = {"www.xduph.com"};

void main( )                                     /*主函数*/
{
   Delay400Ms();                                 /*调用延时，等 LCM 启动*/
   LCMInit();                                    /*调用 LCM 初始化函数*/
   while(1)
   {
      DisplayListChar(2, 0, huanyin);            /*调用显示函数，显示"welcome！"*/
      DisplayListChar(0, 1, exampl);            /*调用显示函数，显示" www.xduph.com "*/
   }
}

void WriteDataLCM(uchar WDLCM)                   /*写数据函数*/
{
   ReadStatusLCM( );                             /*调用读 LCM 状态函数，检测忙*/
   LCM_Data = WDLCM;                             /*向 LCM 输出数据*/
   LCM_RS = 1;                                   /*选通 LCM 数据寄存器*/
   LCM_RW = 0;                                   /*使 LCM 写控制信号有效*/
   LCM_E = 0;                                    /*使 LCM 处于非受控状态，保证操作可靠*/
   LCM_E = 0;
   LCM_E = 1;                                    /*回复 LCM 受控状态，为接收后继命令*/
}

/*命令写入函数，形参为：命令，是否检测 LCM 状态标志（"1"检测，"0"不检测)*/
```

```
void WriteCommandLCM(uchar WCLCM,BuysC)
{
    if (BuysC) ReadStatusLCM();           /*如果 BuysC 为 1，调用读状态函数并检测*/
    LCM_DataPort = WCLCM;                  /*向 LCM 输出命令*/
    LCM_RS = 0;                            /*选通命令寄存器*/
    LCM_RW = 0;                            /*使 LCM 写控制信号有效*/
    LCM_E = 0;                             /*使 LCM 处于非受控状态，保证操作可靠*/
    LCM_E = 0;
    LCM_E = 1;                             /*回复 LCM 受控状态，为接收后继命令*/
}


/*读数据函数*/
uchar ReadDataLCM(void)
{
    LCM_RS = 1;                            /*选通 LCM 数据寄存器*/
    LCM_RW = 1;                            /*使 LCM 读控制信号有效*/
    LCM_E = 0;                             /*使 LCM 处于非受控状态，保证操作可靠*/
    LCM_E = 0;
    LCM_E = 1;                             /*回复 LCM 受控状态，为接收后继命令*/
    return(LCM_DataPort);                  /*返回数据口数据*/
}


/*读忙状态函数，在正常读写操作之前检测 LCD 模块的忙状态*/
uchar ReadStatusLCM(void)
{
    LCM_DataPort = 0xFF;                   /*因为 P1 口是准双向口，输入时置 FFH*/
    LCM_RS = 0;                            /*选通 LCM 数据寄存器*/
    LCM_RW = 1;                            /*使 LCM 读控制信号有效*/
    LCM_E = 0;                             /*使 LCM 处于非受控状态，保证操作可靠*/
    LCM_E = 0;
    LCM_E = 1;                             /*回复 LCM 受控状态，为接收后继命令*/
    while (LCM_DataPort & Busy)   ;        /*等待读取状态*/
    return(LCM_Data);                      /*返回状态字*/

}


/*LCM 初始化函数，向 LCD 模块写入不同命令，完成必要的初始化过程*/
void LCMInit(void)
{
```

```
    LCM_DataPort = 0;
    WriteCommandLCM(0x38,1);   /* 0x38 位功能设定命令字，8 位数据、2 行、5×10 点阵*/
    WriteCommandLCM(0x0c,1);   /* 0x0C 是关显示器命令*/
    WriteCommandLCM(0x01,1);   /* 0x01 是清屏命令*/
    WriteCommandLCM(0x14,1);   /* 0x14 光标移动命令字，光标右移一个字符位*/
    WriteCommandLCM(0x0C,1);   /* 0x0C 开显示及光标设置命令，光标不显示、不闪烁*/
    Delay5Ms( );                      /*延时 5 ms，等待可靠初始化*/
}


/*按指定位置显示字符函数，形参：X 是列定位，Y 是行定位，DData 是显示字符数据*/
void DisplayOneChar(uchar X, uchar Y, uchar DData)
{
    Y &= 0x1;                          /*取有效行号*/
    X &= 0xF;                          /*取有效列号*/
    if (Y)   X |= 0x40;                /*由行、列号计算 DDRAM 地址*/
    X |= 0x80;
    WriteCommandLCM(X, 0);             /*不检测忙信号，发送地址码*/
    WriteDataLCM(DData);               /*向 LCM 输出数据，即显示*/
}


/*按指定位置显示字符串函数，形参：X 是列位置，Y 是行位置，*DData 是串指针*/
void DisplayListChar(uchar X, uchar Y, uchar code *DData)
{
    uchar ListLength;
    ListLength = 0;
    Y &= 0x1;                          /*取有效行号*/
    X &= 0xF;                          /*取有效列号*/
    while (DData[ListLength]>0x20)     /*若到达字串尾则退出，字符长度小于 32 */
    {
        if (X <= 0xF)                  /*X 坐标应小于 0xF(15) */
        {
            DisplayOneChar(X, Y, DData[ListLength]);    /*显示单个字符*/
            ListLength++;
            X++;
        }
    }
}
/*延时 5Ms 函数*/
void Delay5Ms(void)
```

```
    {
        unsigned int T_Cyc = 5552;                        /*延时常数*/
        while(T_Cyc--);
    }
    /*延时 400 Ms 函数*/
    void Delay400Ms(void)
    {
        uchar T_CycA = 5;
        unsigned int T_CycB;
        while(T_CycA--);
        {
            T_CycB=7269;
            While(T_CycB--)  ;
        }
    }
```

习 题 八

8-1　C51 编程与标准 C 语言编程有什么主要区别？

8-2　51 单片机能直接进行处理的 C51 数据类型有哪几种？

8-3　C51 中 51 单片机不能进行处理的数据类型有哪几种？C51 编译器需做什么处理？

8-4　多字节数据在 51 单片机中的存储结构与通用微机中的存储有什么不同？

8-5　简述 C51 存储类型与 51 单片机存储空间的对应关系。

8-6　C51 中 51 单片机的特殊功能寄存器如何定义？试举例说明。

8-7　C51 中 51 单片机的并行口如何定义？试举例说明。

8-8　C51 中使用 51 单片机的位单元的变量如何定义？试举例说明。

8-9　C51 中构造数据型(数组、结构体、共用体等)的定义与标准 C 语言中的定义有何异同？

8-10　C51 中指针的定义和使用与标准 C 语言有何异同？试举例说明。

8-11　编一段程序从 P1 口输入两次数,把第二次的输入值和前一次的输入值进行比较,然后产生一个 8 位数,这个数中的位为 "1" 的条件是仅当新输入的位为 "0",而前一次输入的位为 "1"。

8-12　设 f_{osc} = 6 MHz,利用定时器 0 的方式 1 在 P1.6 口产生一串 50 Hz 的方波。定时器溢出时采用中断方式处理。

8-13　希望 8051 单片机定时器 0 的定时值以内部 RAM 的 20H 单元的内容为条件而可变:当(20H) = 00H 时,定时值为 10 ms,当(20H) = 01H 时,定时值为 20 ms。请根据以上要求对定时器 0 初始化。单片机时钟频率为 12 MHz。

8-14　外部 RAM 以 DAT1 开始的数据区中有 100 个数据,现在要求每隔 150 ms 向内部 RAM 以 DAT2 开始的数据区传送 10 个数据。通过 10 次传送把数据全部传送完。以定时器 1 作为定时,编写有关的程序。单片机的时钟频率为 6 MHz。

8-15　用单片机和内部定时器来产生矩形波,要求频率为 100 kHz,占空比为 2∶1(高电平的时间长)。设单片机时钟频率为 12 MHz。写出有关的程序。

8-16　设某个生产过程有六个工序,每道工序的时间分别为 10 s、8 s、12 s、15 s、9 s、和 6 s。设延迟程序 DYLA 的延时为 1 s,用单片机通过 8255 的口 A 来进行控制,口 A 中的一位控制某一工序的起停。试编写有关的程序。

8-17　利用图 8.7 的接口电路,编写由 ADC0809 的通道 6 连续采集 20 个数据放在数组中的程序。

8-18　用 8051 内部定时器控制对模拟信号的采集。8051 和 ADC0809 的连接采用图 8.6 的方式。要求每分钟采集一次模拟信号,写出对 8 路信号采集一遍的程序。

8-19　利用图 8.7 的接口电路,编写用 AD574 连续采集 20 个数据,除去最大值和最小值后求平均值的程序。

8-20　编程实现由 DAC0832 输出幅度和频率都可以控制的三角波,即从 0 上升到最大值,再从最大值下降到 0,并不断重复。

8-21　当 8051 串行口工作方式在方式 2、方式 3 时,它的第 9 个数据位可用作"奇偶校验位"进行传送,接收端用它来核对传送数据正确与否,编写一串方式 2 发送带奇偶校验位的一帧数据的程序。

8-22　利用图 8.22 的接口电路编程。要求在 LED 显示器上显示"HELLO"。试编写初始化程序和显示程序。

8-23　利用图 8.23 的接口电路编程。要求在 LCM 显示器上显示"HELLO WORLD"。试编写显示程序。

附录A ASCII 码表

列		0	1	2	3	4	5	6	7
行	位 654→ ↓ 3210	000	001	010	011	100	101	110	111
0	0000	NUL	DLE	SP	0	@	P	、	p
1	0001	SOH	DC1	!	1	A	Q	a	q
2	0010	STX	DC2	"	2	B	R	b	r
3	0011	ETX	DC3	#	3	C	S	c	s
4	0100	EOT	DC4	$	4	D	T	d	t
5	0101	ENQ	NAK	%	5	E	U	e	u
6	0110	ACK	SYN	&	6	F	V	f	v
7	0111	BEL	ETB	'	7	G	W	g	w
8	1000	BS	CAN	(	8	H	X	h	x
9	1001	HT	EM	)	9	I	Y	i	y
A	1010	LF	SUB	*	:	J	Z	j	z
B	1011	VT	ESC	+	;	K	[	k	{
C	1100	FF	FS	,	<	L	\	l		
D	1101	CR	GS	—	=	M	]	m	}
E	1110	SO	RS	.	>	N	Ω	n	～
F	1111	SI	US	/	?	O	—	o	DEL

注：

NUL	空	SOH	标题开始	STX	正文结束	ETX	本文结束
EOT	传输结果	ENQ	询问	ACK	承认	BEL	报警符(可听见的信号)
BS	退一格	HT	横向列表（穿孔卡片指令）			LF	换行
VT	垂直制表	FF	走纸控制	CR	回车	SO	移位输出
SI	移位输入	SP	空格符	DLE	数据链	DC1	设备控制1
DC2	设备控制2	DC3	设备控制3	DC4	设备控制4	NAK	否定
SYN	空转同步	ETB	信息组传送结束			CAN	作废
EM	纸尽	SUB	减	ESC	换码	FS	文字分隔符
GS	组分隔符	RS	记录分隔符	US	单元分隔符	DEL	删除

附录 B 51 单片机指令表

表 B.1 按字母顺序排列的指令表

操作码	操作数	代　码	字节数	机器周期
ACALL	addr11	&1 addr7~0 (注)	2	2
ADD	A，Rn	28~2F	1	1
ADD	A，direct	25 direct	2	1
ADD	A，@ Ri	26~27	1	1
ADD	A，# data	24 data	2	1
ADDC	A，Rn	38~3F	1	1
ADDC	A，direct	35 direct	2	1
ADDC	A，@Ri	36~37	1	1
ADDC	A，# data	34 data	2	1
AJMP	addr11	&0 addr7~0(注)	2	2
ANL	A，Rn	58~5F	1	1
ANL	A，direct	55 direct	2	1
ANL	A，@ Ri	56~57	1	1
ANL	A，# data	54 data	2	1
ANL	direct，A	52 direct	2	1
ANL	direct，# data	53 direct data	3	2
ANL	C，bit	82 bit	2	2
ANL	C，/ bit	B0 bit	2	2
CJNE	A，direct，rel	B5 direct rel	3	2
CJNE	A，# data，rel	B4 data rel	3	2
CJNE	Rn，# data，rel	B8~BF data rel	3	2
CJNE	@Ri，# data，rel	B6~B7 data rel	3	2
CLR	A	E4	1	1
CLR	C	C3	1	1
CLR	bit	C2 bit	2	1
CPL	A	F4	1	1
CPL	C	B3	1	1
CPL	bit	B2 bit	2	1
DA	A	D4	1	1
DEC	A	14	1	1
DEC	Rn	18~1F	1	1
DEC	direct	15 direct	2	1
DEC	@Ri	16~17	1	1
DIV	AB	84	1	4
DJNZ	Rn，rel	D8~DF rel	2	2

操作码	操作数	代　码	字节数	机器周期
DJNZ	direct，rel	D5 direct rel	3	2
INC	A	04	1	1
INC	Rn	08~0F	1	1
INC	direct	05 direct	2	1
INC	@Ri	06~07	1	1
INC	DPTR	A3	1	2
JB	bit，rel	20 bit rel	3	2
JBC	bit，rel	10 bit rel	3	2
JC	rel	40 rel	2	2
JMP	@A+DPTR	73	1	2
JNB	bit，rel	30 bit rel	3	2
JNC	rel	50 rel	2	2
JNZ	rel	70 rel	2	2
JZ	rel	60 rel	2	2
LCALL	addr16	12 addr15~8 addr7~0	3	2
LJMP	addr16	02 addr15~8 addr7~0	3	2
MOV	A，Rn	E8~EF	1	1
MOV	A，direct	E5 direct	2	1
MOV	A，@Ri	E6~E7	1	1
MOV	A，# data	74 data	2	1
MOV	Rn，A	F8~FF	1	1
MOV	Rn，direct	A8~AF direct	2	1
MOV	Rn，# data	78~7F data	2	1
MOV	direct，A	F5~direct	2	1
MOV	direct，Rn	88~8F direct	2	1
MOV	direct2，direct1	85 direct1 direct2	3	2
MOV	direct，@Ri	86~87 direct	2	2
MOV	direct，# data	75 direct data	3	2
MOV	@Ri，A	F6~F7	1	1
MOV	@Ri，direct	A6~A7 direct	2	2
MOV	@Ri，# data	76~77data	2	1
MOV	B，bit	A2 bit	2	2
MOV	bit，C	92 bit	2	2
MOV	DPTR，# data16	90 data 15~8 data 7~0	3	2
MOVC	A，@DPTR	93	1	2
MOVC	A，@A+PC	83	1	2
MOVX	A，@Ri	E2~E3	1	2
MOVX	A，@DPTR	E0	1	2
MOVX	@Ri，A	F2~F3	1	2

操作码	操作数	代　码	字节数	机器周期
MOVX	@DPTR，A	F0	1	2
MUL	AB	A4	1	4
NOP		00	1	1
ORL	A，Rn	48～4F	1	1
ORL	A，direct	45 direct	2	1
ORL	A，@Ri	46～47	1	
ORL	A,# data	44 data	2	1
ORL	direct，A	42 direct	2	1
ORL	direct，# data	43 direct，data	3	2
ORL	C，bit	72 bit	2	2
ORL	C，/bit	A0 bit	2	
POP	direct	D0 direct	2	2
PUSH	direct	C0 direct	2	2
RET		22	1	2
RETI		32	1	2
RL	A	23	1	1
RLC	A	33	1	1
RR	A	03	1	1
RRC	A	13	1	1
SETB	C	D3	1	1
SETB	bit	D2 bit	2	1
SJMP	rel	80 rel	2	2
SUBB	A，Rn	98～9F	1	1
SUBB	A，direct	95 direct	2	1
SUBB	A，@Ri	96～97	1	1
SUBB	A，#data	94 data	2	1
SWAP	A	C4	1	1
XCH	A，Rn	C8～CF	1	1
XCH	A，direct	C5～direct	2	1
XCH	A，@Ri	C6～C7	1	1
XCHD	A，@Ri	D6～D7	1	1
XRL	A，Rn	68～6F	1	1
XRL	A，direct	65 direct	2	1
XRL	A，@Ri	66～67	1	1
XRL	A，#data	64 data	2	1
XRL	direct，A	62 direct	2	1
XRL	direct，#data	63 direct data	3	2

注：　&0=$a_{10}a_9a_8$0001

$\qquad$ &1=$a_{10}a_9a_8$1001

表 B.2 按功能顺序排列的指令表

1. 数据传送指令表

助 记 符	操 作 功 能	机 器 码	字节数	机器周期数
MOV A，#data	立即数送累加器	74 data	2	1
MOV Rn，#data	立即数送寄存器	78～7F data	2	1
MOV @Ri，#data	立即数送间接寻址的片内 RAM	76、77 data	2	1
MOV direct，#data	立即数送直接寻址单元	75 drect data	3	2
MOV DPTR，#data16	16 位立即数送数据指针寄存器	90 data15～8 data7～0	3	2
MOV direct，Rn	寄存器内容送直接寻址单元	88～8F direct	2	2
MOV A，Rn	寄存器内容送累加器	E8～EF	1	1
MOV Rn，A	累加器送寄存器	F8～FF	1	1
MOV direct，A	累加器送直接寻址单元	F5 direct	2	1
MOV @Ri ，A	累加器送片内 RAM 单元	F6、F7	1	1
MOV Rn，direct	直接寻址单元内容送寄存器	A8～AF direct	2	2
MOV A，direct	直接寻址单元内容送累加器	E5 direct	2	1
MOV @Ri ，direct	直接寻址单元内容送片内 RAM	A6、A7 direct	2	2
MOV direct，direct	直接寻址单元送另一直接寻址单元	85 direct direct	3	2
MOV direct，@Ri	片内 RAM 内容送直接寻址单元	86、87 direct	2	2
MOV A，@Ri	片内 RAM 内容送累加器	E6、E7	1	1
MOVX A，@Ri	片外 RAM 内容送累加器(8 位地址)	E2、E3	1	2
MOVX @Ri，A	累加器内容送片外 RAM(8 位地址)	F2、F3	1	2
MOVX A，@DPTR	片外 RAM 内容送累加器(16 位地址)	E0	1	2
MOVX @DPTR，A	累加器内容送片外 RAM(16 位地址)	F0	1	2
MOVC A，@A+DPTR	相对数据指针内容送累加器	93	1	2
MOVC A，@A+PC	相对程序计数器内容送累加器	83	1	2
XCH A，Rn	累加器与寄存器内容交换	C8～CF	1	1
XCH A，@Ri	累加器与片内 RAM 交换内容	C6、C7	1	1
XCH A，direct	累加器与直接寻址单元交换内容	C5 direct	2	1
XCHD A，@Ri	累加器与片内 RAM 交换低半字节内容	D6、D7	1	1
SWAP A	累加器交换高半字节与低半字节内容	C4	1	1
PUSH direct	直接寻址单元内容压入堆栈	C0 direct	2	2
POP direct	栈顶单元内容弹出到直接寻址单元	D0 direct	2	2

2．算术运算指令表

助 记 符	操 作 功 能	机 器 码	字节数	机器周期数
ADD A，Rn	寄存器与累加器内容相加	28～2F	1	1
ADD A，@Ri	片内 RAM 与累加器内容相加	26、27	1	1
ADD A，direct	直接地址单元与累加器内容相加	25 direct	2	1
ADD A，#data	立即数与累加器内容相加	24 data	2	1
ADDC A，Rn	寄存器、累加器与进位位内容相加	38～3F	1	1
ADDC A，@Ri	片内 RAM、累加器与进位位内容相加	36、37	1	1
ADDC A，direct	直接寻址单元、累加器与进位位内容相加	35 direct	2	1
ADDC A，#data	立即数、累加器与进位位内容相加	34 data	2	2
SUBB A，Rn	累加器内容减寄存器与进位位内容	98～9F	1	1
SUBB A，@Ri	累加器内容减片内 RAM 与进位位内容	96、97	1	1
SUBB A，direct	累加器内容减直接寻址单元与进位位内容	95 direct	2	1
SUBB A，#data	累加器内容减立即数与进位位内容	94 data	2	1
INC A	累加器内容加 1	04	1	1
INC Rn	寄存器内容加 1	08～0F	1	1
INC @Ri	片内 RAM 内容加 1	06、07	1	1
INC direct	直接地址单元内容加 1	05 direct	2	1
INC DPTR	数据指针寄存器内容加 1	A3	1	2
DEC A	累加器内容减 1	14	1	1
DEC Rn	寄存器内容减 1	18～1F	1	1
DEC @Ri	片内 RAM 内容减 1	16、17	1	1
DEC direct	数据指针寄存器内容减 1	15 direct	2	1
DA A	累加器内容十进制调整	D4	1	1
MUL AB	累加器内容乘寄存器 B 内容	A4	1	4
DIV AB	累加器内容除寄存器 B 内容	84	1	4

3. 逻辑操作指令表

助 记 符	操 作 功 能	机 器 码	字节数	机器周期数
ANL A，Rn	寄存器内容与累加器内容	58～5F	1	1
ANL A，@Ri	片内 RAM 内容与累加器内容	56、57	1	1
ANL A，direct	直接地址单元内容与累加器内容	55 direct	2	1
ANL direct，A	累加器内容与直接地址单元内容	52 data	2	1
ANL A，#data	立即数与累加器内容	54 data	2	1
ANL direct，#data	立即数与直接地址单元内容	53 direct data	3	2
ORL A，Rn	寄存器内容或累加器内容	48～4F	1	1
ORL A，@Ri	片内 RAM 内容或累加器内容	46、47	1	1
ORL A，direct	直接地址单元内容或累加器内容	45 direct	2	1
ORL direct，A	累加器内容或直接地址单元内容	42 data	2	1
ORL A，#data	立即数或累加器内容	44 data	2	1
ORL direct，#data	立即数或直接地址单元内容	43 direct data	3	2
XRL A，Rn	寄存器内容异或累加器内容	68～6F	1	1
XRL A，@Ri	片内 RAM 内容异或累加器内容	66、67	1	1
XRL A，direct	直接地址单元内容异或累加器内容	65 direct	2	1
XRL direct，A	累加器内容异或直接地址单元内容	62 data	2	1
XRL A，#data	立即数异或累加器内容	64 data	2	1
XRL direct，#data	立即数异或直接地址单元内容	63 direct data	3	2
CPL A	累加器内容取反	F4	1	1
CLR A	累加器内容清零	E4	1	1
RL A	累加器内容循环左移一位	23	1	1
RR A	寄存器内容循环右移一位	03	1	1
RLC	累加器内容带进位循环左移一位	33	1	1
RRC A	寄存器内容带进位循环右移一位	13	1	1

4．控制转移类指令表

助 记 符	操 作 功 能	机 器 码	字节数	机器周期数
AJMP addr11	绝对转移(2 KB 地址空间内)	&0addr7~0	2	2
LJMP addr16	长转移(64 KB 地址空间内)	02 addr$_h$addr$_l$	3	2
SJMP rel	相对转移(−128~+127 字节内)	80 rel	2	2
JMP @A+DPTR	相对长转移	73	1	2
JZ rel	累加器内容为零转移	60 rel	2	2
JNZ rel	累加器内容不为零转移	70 rel	2	2
CJNE A，direct，rel	累加器与直接地址单元内容不等转移	B5 direct rel	3	2
CJNE A，#data，rel	累加器内容与立即数不等转移	B4 data rel	3	2
CJNE Rn，#data，rel	寄存器内容与立即数不等转移	B8~BF data rel	3	2
CJNE @Ri，#data，rel	片内 RAM 内容不等转移	B6、B7 data rel	3	2
DJNZ Rn，rel	累加器内容减 1 不为零转移	D8~DF rel	2	2
DJNZ direct，rel	直接寻址单元内容减 1 不为零转移	D5 direct rel	3	2
ACALL addr11	绝对调用(2 KB 地址空间内)	&1 addr7~0	2	2
LCALL addr16	长调用(64 KB 地址空间内)	12 addr$_h$addr$_l$	3	2
RET	子程序返回	22	1	2
RETI	中断服务程序返回	32	1	2
NOP	空操作	00	1	1

5．位操作指令表

助 记 符	操 作 功 能	机 器 码	字节数	机器周期数
MOV C，bit	直接寻址位内容送进位位	A2 bit	2	1
MOV bit，C	进位位内容送直接寻址位	92 bit	2	1
CPL C	进位位取反	B3	1	1
CLR C	进位位清零	C3	1	1
SETB C	进位位置位	D3	1	1
CPL bit	直接寻址位取反	B2 bit	2	1
CLR bit	直接寻址位清零	C2 bit	2	1
SETB bit	直接寻址位置位	D2 bit	2	1
ANL C，bit	直接寻址位内容和进位位内容相与	82 bit	2	2
ORL C，bit	直接寻址位内容和进位位内容相或	72 bit	2	2
ANL C，/bit	直接寻址位内容的反和进位位内容相与	B0 bit	2	2
ORL C，/bit	直接寻址位内容的反和进位位内容相或	A0 bit	2	2
JC rel	进位位为 1 转	40 rel	2	2
JNC rel	进位位不为 1 转	50 rel	2	2
JB bit，rel	直接寻址位为 1 转	20 bit rel	3	2
JNB bit，rel	直接寻址位不为 1 转	30 bit rel	3	2
JBC bit，rel	直接寻址位为 1 转且该位清零	10 bit rel	3	2

附录 C　利用 μVision4 开发应用程序指导

C.1　μVision4 简介

μVision 是 Keil 开发系统提供的一个集成开发环境，它集成了 C 编译器、宏汇编、连接器、库管理和一个功能强大的仿真调试器等在内的完整开发方案。通过它可以完成应用程序的编辑、编译、连接、调试、仿真等开发流程。

μVision4 引入了灵活的窗口管理系统，能够拖放窗口到视图内的任何地方，支持多显示器窗口，能进一步提高开发人员的生产力，实现更快、更有效的程序开发。

μVision4 开发应用程序要经过以下步骤：

(1) 创建项目(工程)；

(2) 配置设备支持；

(3) 设置项目(工程)配置参数；

(4) 建立或打开源程序文件；

(5) 编译和连接项目；

(6) 仿真调试项目；

(7) 下载项目代码到开发目标板。

项目(也称之为工程)是 μVision4 开发环境中一个非常重要的概念，所有开发工作都是围绕项目展开。项目是用户组织一个应用的所有源文件、设置编译连接选项、生成可调试下载文件和最终目标文件的一个基本结构。一个项目管理一个应用的所有源文件、库文件、其他输入文件，并根据实际情况进行相应的编译连接。

C.2　在 μVision4 中创建应用

1. 打开 μVision4

按应用程序方式打开 μVision4，出现主界面窗口。在这个窗口中开始创建项目、编辑文件、配置开发工具、编译/连接、仿真项目调试等一系列开发工作。

2. 创建项目

创建一个项目通常有以下步骤：

(1) 为项目建立一个文件夹，以备存放项目的所有文件，如 C:\keil\exaple。

(2) 在主窗口中，如图 C.1 所示，选择[Project] →[New project…]将弹出一个对话框。

(3) 在图 C.2 所示对话框中，输入项目保存位置和项目名，点击[保存]，将弹出一个选择设备的对话框。

(4) 在图 C.3 所示对话框中，从 "Data base" 下拉列表中选择单片机系列及型号，点击[OK]，在 "priject" 窗口中出现 "Target 1"。至此，完成一个新项目创建。

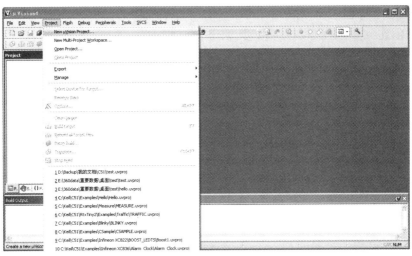

图 C.1　从 μVision4 主窗口开始创建项目

图 C.2　创建新工程对话框

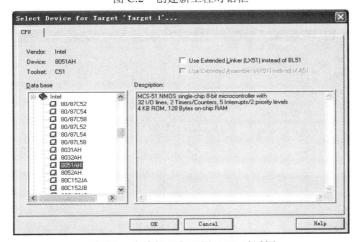

图 C.3　为建新工程配置 CPU 对话框

如果对已存在的工程进行重新配置、编译、连接等，则选择[Project]→[Open project…]即可。

3. 创建一个 C 程序

给项目创建一个 C 程序，需以下步骤：

(1) 在主窗口中，选择[File]→[New…]，出现一个标题为<text1>的窗口，在此窗口编写源程序代码。程序编写完后，选择[File]→[Save as]，在弹出的对话框中，输入文件存放的位置和文件名，点击[保存]。注意：C 程序的扩展名为".c"，C++程序的扩展名为".cpp"，汇编语言程序的扩展名为".asm"。

(2) 把源程序文件加入到项目文件中。如图 C.4 所示，鼠标指向"Source File"，单击右键，从快捷下拉菜单中选择[Add Files to Group source files]，选中文件后，点击[Add]按钮关闭对话框。

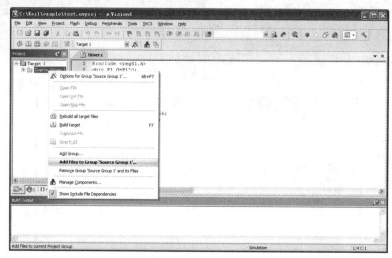

图 C.4　为建新工程配置 CPU 对话框

4. 编译和连接项目

如图 C.5 所示，选择[File] →[Reduild all target files]，或点击工具条按钮，开始编译。在"Build Output"窗口中会显示编译连接中的有关信息。如果编译不成功，则需修改程序或有关配置，直到成功为止。

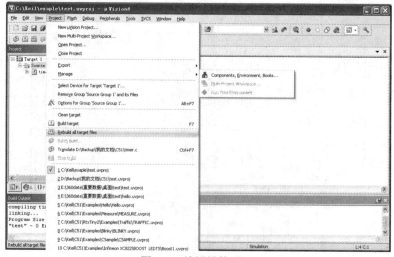

图 C.5　编译链接项目

5. 仿真调试项目

编译连接成功后，可以进入仿真调试。选择[Debug]→[Start/Stop Debug Session]，或工具条上的按钮 $\textcircled{Q}$，就进入调试与仿真状态，如图 C.6 所示。

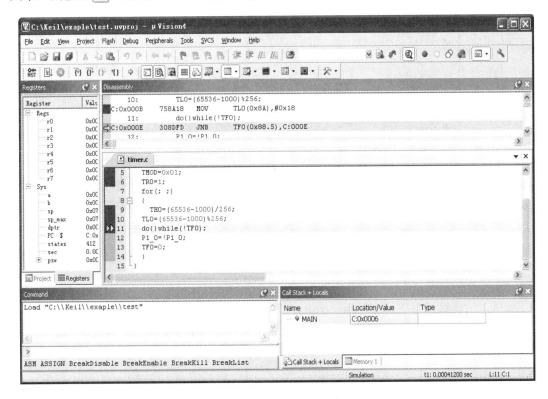

图 C.6　仿真与调试窗口

在 Debug 下拉菜单中提供了多种调试操作命令，命令后提供了快捷键，在调试窗口上面又提供了多种快捷按钮，通过选中点下拉菜单中的命令或快捷键或点击快捷按钮，可方便地进行相关调试操作。

调试窗口提供了单片机内部资源状态、变量状态、汇编指令和源程序窗口，在仿真与调试过程中可很方便地查看项目执行的状态，及时发现问题并进行修改。

C.3　项目参数配置

启动一个新项目时需要对项目使用的单片机、存储器模式、编译器、特殊芯片连接器以及编译链接的输出文件等参数进行配置。选择[Project] →[Options for Target …]，出现图 C.7 所示窗口，通过此窗口可实现各种参数配置。

图 C.7 显示的是"Target"标签对话框，在其上可选择晶振频率、存储器模式等；在"Device"标签上可为项目选择单片机型号；在"Output"标签上可选择编译连接输出文件的类型及存储位置。其他标签对话框根据选择的工具链不同而不同，可根据需要选配。

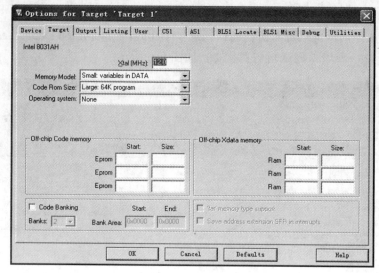

图 C.7　项目配置窗口

C.4　单片机外部设备仿真

当进入仿真调试状态，在[Peripherals]菜单下就出现一些外部设备的菜单项，根据不同的目标芯片，通过装入不同的 CPU 动态库文件来实现各种单片机外围集成功能的仿真。

1. 中断

选择[Peripherals] →[Interrupt] →[P3.3/Int0]，将出现如图 C.8 所示中断系统对话框，显示目标单片机中断系统状态。选中某一中断源，将出现与之对应的"中断允许"和"中断标志位"的复选框。通过对这些标志位的置位或复位(选中或不选中)，很容易实现对单片机中断系统的仿真。选中[P3.3/Int1]的情况与此相似。

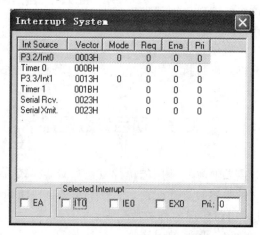

图 C.8　中断系统仿真对话框

2. 并行 I/O 口

选择[Peripherals] →[I/O-ports]，再分别选中 port0、port1、port2、port3，将分别弹出

如图 C.9 所示 4 个仿真对话框。上面是锁存器状态，Pins 是引脚状态。它们各位的状态可根据需要修改。

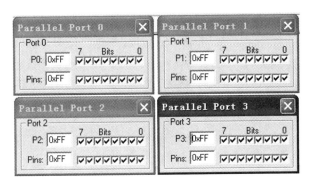

图 C.9　中断系统仿真对话框

3. 串行口

选择[Peripherals] →[Serial]，将弹出如图 C.10 所示的仿真对话框。通过"Mode"的下拉列表可选择串行口 4 种工作方式之一，通过单选框选择有关状态，可自动生成方式控制字、波特率，可向 SBUF 置数。

图 C.10　串行口仿真对话框

4. 定时器/计数器

选择[Peripherals]→[Timer]，再分别选中 Timer0、Timer1，将分别弹出如图 C.11 所示的 2 个仿真对话框。在对话框中可以选择工作方式、设置初值、控制启停等。

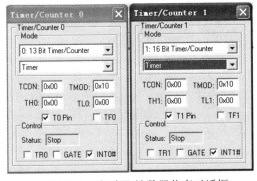

图 C.11　定时器/计数器仿真对话框